你 所 需 要 的 都 在 这 里

CCSK

云安全知识

认证考试完全指南

［美］ 格雷汉姆·汤普森 著

方红琴 译

中国电力出版社
CHINA ELECTRIC POWER PRESS

Mc
Graw
Hill

Graham Thompson
CCSK Certificate of Cloud Security Knowledge All-in-One Exam Guide
ISBN: 978-1-260-46008-7

Copyright © 2020 by McGraw-Hill Education.

All Rights reserved. No part of this publication may be reproduced or transmitted in any form or by any means, electronic or mechanical, including without limitation photocopying, recording, taping, or any database, information or retrieval system, without the prior written permission of the publisher.

This authorized Chinese translation edition is jointly published by McGraw-Hill Education and China Electric Power Press. This edition is authorized for sale in the People's Republic of China only, excluding Hong Kong, Macao SAR and Taiwan.

Copyright © 2022 by McGraw-Hill Education and China Electric Power Press.

图书在版编目（CIP）数据

CCSK 云安全知识认证考试完全指南 / （美）格雷汉姆•汤普森（Graham Thompson）著；方红琴译.-- 北京：中国电力出版社，2022.10
书名原文：CCSK Certificate of Cloud Security Knowledge All-in-One Exam Guide
ISBN 978-7-5198-6630-3

Ⅰ.①C... Ⅱ.①格...②方... Ⅲ.①计算机网络 - 网络安全 - 资格考试 - 自学参考资料 Ⅳ.① TP393.08

中国版本图书馆 CIP 数据核字 (2022) 第 048654 号

北京市版权局著作权合同登记号 图字：01-2021-0702

出版发行：中国电力出版社
地　　址：北京市东城区北京站西街 19 号（邮政编码 100005）
网　　址：http://www.cepp.sgcc.com.cn
责任编辑：马首鳌
责任校对：黄　蓓　常燕昆
装帧设计：王红柳
责任印制：杨晓东

印　　刷：三河市航远印刷有限公司
版　　次：2022 年 10 月第一版
印　　次：2022 年 10 月北京第一次印刷
开　　本：787 毫米 ×1092 毫米　16 开本
印　　张：21.25
字　　数：360 千字
定　　价：98.00 元

谨以此书献给广大读者。希望大家能够从书中的知识获益。每当想到本书能够对读者有所帮助，我就会更加努力地完成书中的每个章节。预祝大家能够在阅读本书过程中收获满满。

前　言

当今，我们正在经历一场技术盛宴，各种技术飞速发展，新的技术也是层出不穷。在这种形势下，如果不考虑安全问题，很有可能会损失惨重。云技术无疑是最重要并且使用最广泛的技术之一。从某种意义上来说，云技术是全球经济的中枢，消费者、公司和政府部门每天都在使用云。以前，公司通常将所有的 IT 系统部署在公司内部。采用云技术之后，公司可以轻松地扩大 IT 系统部署的规模。无论公司规模大小，按需部署 IT 系统越来越受到公司的青睐。在今后一段时间内，按需部署 IT 系统的需求还会持续增长。

在网络安全范畴内，云安全是最重要的一个部分。云安全联盟（Cloud Security Alliance，CSA）于 2009 年应运而生。CSA 主要解决云安全方面的问题，提出基本的云安全最佳解决方案，并且研发云安全教学项目。CSA 已成长为世界上最大的安全组织，在五大洲分布着 100 多个分会和办公室。CSA 举办云安全知识认证（Certificate of Cloud Security Knowledge，CCSK）考试。从业者通过 CCSK 考试之后，就具备了解决云计算安全问题的一系列技能。CCSK 得到了社会广泛的认可，许多公司要求应聘者通过 CCSK 考试。

现在，我们所掌握的网络安全技能远远不够。很多想学网络安全的从业者几乎完全不了解相关知识。在从事网络安全相关工作的人员中，大多数只掌握了传统内部部署系统相关的安全知识。这些从业者需要升级自己的知识储备和技能，以适应云计算对网络安全带来的新变化。CCSK 是通往网络安全从业道路的一把钥匙，取得 CCSK 证书后，会获取更多的就业机会。

为什么要提升网络安全方面的知识才能解决云安全方面的问题呢？因为云计算处于持续变化的状态，并且具有独特的责任共担模式。与管理员完全控制一台计算机时会碰到的安全问题相比，解决云安全方面的问题时使用的解决方案存在着很多细节上的差异。例如，在传统系统上执行漏洞扫描时，必须既要保证扫描结果准确，又要保证运行的其他系统不受影响。而云本身具备较强自动化管理的能力，它可以解决自身出现的很多问题，例如可以自动进行补丁管理、根据系统规模的变化自动进行调整等。DevSecOps 是一种全新的解决云安全问题的方法，它借鉴敏捷开发的思想，使用云自动化管理工具实现云安全。对于理解云相关操作、风险管理来说，弄清楚 DevSecOps 的相关技术是非常有必要的。在制定云安全和隐私策略的过程中，DevSecOps 更是必不可少的。

为了切实提高云安全方面的技能，我强力推荐大家学习 McGraw-Hill 出版的《CCSK 云安全知识认证考试完全指南》一书。本书的作者是格雷汉姆·汤普森（Graham Thompson），他是资深的 CCSK 培训讲师。在完成本书的过程中，CSA 小组与 McGraw-Hill 一直密切合作，高质量地完成了本书的审校。本书内容包含一系列不同的主题，这些主题涵盖了 CCSK 的主要内容，读者学好本书的知识即可通过 CCSK 考试。本书的读者都会收到一个折扣码，在参加考试时可以使用此折扣码享受折扣。

CSA 是一个非营利性组织，它一直致力于解决云安全相关的问题，在保护信息安全方面提出了很多实用的解决方案。感谢您选用本书，祝您通过云安全知识认证考试。

Jim Reavis

云安全联盟 CEO

致　谢

首先感谢我的小公主和四个儿子，Graham Jr., Nathan, Ryan 和 Tristan。我一直以来潜心于自己的事业，不断努力提高自己。正因为如此，大大减少了陪伴你们的时间。你们给予了我梦寐以求的生活，并极度信任我。

在 CSA 工作的 Ryan Bergsma, Daniele Catteddu 和 Peter van Eijk 为本书的付梓提供了极大的帮助。他们对书中的内容进行了技术审核，而且对其中的一部分提出了建设性的意见和建议，使得本书更加完美。正因为有这些技术人员的参与，本书不仅能用于准备 CCSK 考试，而且对读者安全方面的知识提升会有很大的帮助。

我还要对 CSA 的创始人和 CEO Jim Reavis 表示由衷的感谢，从我准备创作本书时，他就为我提供各种帮助。没有他的帮助，本书也不可能面世。我和我的家人对 Jim Reavis 的友善和支持感激不尽。

我是初次完成一本书的创作。作为出版"小白"的我总是会有一些奇奇怪怪的问题，Wendy 和 McGraw-Hill 团队成员都非常耐心地解答我的所有问题。在写本书之前，我从来没有因为一本好书感谢相关出版人员的想法。本书出版之后，我以后在书店看到一本好书，会默默地感谢相关工作人员的付出。

我感谢过去二十年和我一起工作的每一个人。特别感谢我在 CTP 工作时小组里的每个人，非常荣幸能和你们共事。虽然我只是个顾问，但我同样在团队工作中感受到了家一样的温暖。我还记得我们一起打造了一艘船。Liz，那盘兰花还活着，在我们家占有重要的一隅之地。

最后，感谢我妈妈 Florence Thompson（姓为 Kingan）。她是一个很坚强的女性，总是在生活中激励我。作为一个单亲母亲，妈妈竭尽所能养育了我这个"熊孩子"。真希望妈妈能和我们在一起，看看我们现在的工作和生活。

大约在 2007 年，云计算广泛地应用于各个领域，但业内很多人不理解云相关的概念，也无法清楚地说明云与虚拟化技术、大型机、网格计算及其他相关技术之间的差异。正因为如此，有些公司也不能采取适当的技术措施保障在云上存储和处理数据的安全性。为了帮助企业能够更加安全地享用云服务，CSA 在 2009 年完成了《云计算关键领域安全指南》（本书之后称之为"指南"），这是业界第一部云安全指南。

从指南发布以来，已是几经改版（现在是第 4 版），它为千万家企业在安全云服务方面提供了参考。云计算安全知识认证（CCSK）考试的基础就是指南。本书旨在帮读者理解 CSA 指南及其相关文档涵盖的各个知识点。系统学完本书的知识之后，不仅能够通过 CCSK 考试，而且可以成为营造公司云安全环境的专家。

为什么要获得 CCSK 认证证书？

如今，无论公司规模大小，几乎所有的公司都在使用云服务。这些公司都已经意识到，使用云服务或管理云时，解决云相关安全问题的方法与传统计算中完全不同。从业人员急需提升云安全领域方面的技能。CCSK 是第一个在实际工作环境中使用的云安全方面的标杆。从 CCSK 诞生至今虽然已过去了 20 年，但依然能够广泛得到业界的肯定。获得 CCSK 认证之后，就具备了正确处理各种云环境中安全问题的能力，也能找到更好的工作。

如何通过认证？

CCSK 考试采用在线考试的形式，没有监考人员现场监考。可以在任何时间使用连接 Internet 网络的计算机参加考试。参加 CCSK 考试也不要求有任何工作经验。当然，如果有 IT 安全方面的经验，会对通过考试有很大的帮助。在本书出版之时，CCSK 考试包含 60 个问题，需要在 90 分钟之内完成答题，考试成绩为 80 或 80 以上通过考试。CCSK 考试是开卷考试，但万不可掉以轻心，通过 CCSK 考试是很难的。

在准备参加 CCSK 考试时，我有两点建议：第一是理解本书涵盖的相关概念；第二是学习 CCSK 考试相关的文档，如 CSA 指南（第 4 版）和《ENISA 云计算的效益、风险及其信息安全推荐方案》。CCSK 考试相关文档都是免费的，可以在 CSA 网站上查看。强烈建议在参加考试的过程中打开这些文档。如果参加考试时，能够使用两个显示器就最好了。一个用于考试答题，另一个用于显示指南和《ENISA 云计算的效益、风险及其信息安全推荐方案》。《云安全控制矩阵（Cloud Controls Matrix）》也具有很高的参考价值。

还有三点需要提醒。第一，与其他所有技术考试类似，要注意出题人挖的"陷阱"，这时候需要抽丝剥茧找到题目真正的含义是什么；第二，不要因为是开卷考试就掉以轻心，认为可以从网上搜到答案。在 CCSK 考试中每道题平均只有 1 分 30 秒的答题时间（90 分钟内回答 60 个问题）。千万不要打开类似 Google 的搜索引擎，不可能在网上搜索每个题目的答案。CCSK 认证考试是 CSA 的最佳实践，不是在网络能够快速搜到那些知识的。

最后，相信自己从本书中学到的知识，凭自己的直觉回答问题。本书正是为准备参加 CCSK 考试的读者量身定制的，涵盖 CCSK 考试的全部内容。如果不是后面碰到的某道题证实你的答题错了，最好还是相信自己的直觉。如果犹豫不决而修改了答案，百分之九十是你对这个问题想太多了，改成了错误的答案。理解问题、相信直觉答题，然后按同样的方式回答下一个问题。

一旦通过了 CCSK 考试，就终身拥有 CCSK 资格认证证书了。随着 CSA 指南更新，考试的版本也会升级。例如，当前指南版本为第 4 版，CCSK 考试也为第 4 版。CCSK 不需要参加继续专业教育，也不需要交年费。通过 CCSK 资格认证考试之后，证书是长期有效的，不需要再次参加考试。也许有人需要根据指南的版本提升自己的 CCSK 资格认证，但首要任务是先通过认证。

CCSK 考试范围

CCSK 考试包含的知识点非常庞杂，而且覆盖范围很广。这也是 CCSK 考试很难通过的原因，也是其具有较高含金量的原因。如果仅仅能够配置一个安全小组，肯定不能通过 CCSK 考试。CCSK 考试并不针对任何安全提供商，其内容涵盖广泛 [包括治理、风险和规范（GRC）]。此外，还需要关注适用于新技术（如大数据、无服务计算和容器）的安全控制方式。CCSK 考试主要以 CSA 指南和 ENISA 文档为基础，其考试范围主要包括以下 14 个模块。

范围 1：云计算的概念和架构

本部分涉及云安全标准的基础知识，包括相关组织（例如，NIST 和 ISO）发布的标准参考模型。学习这部分时，重点需要关注云计算的重要特征、服务模型、部署模型和逻辑模型。其中最重要的是逻辑模型。只有理解逻辑模型之后，才能真正理解公司采用云计算服务的责任共担模式。

范围 2：云治理和企业风险管理

云治理和企业风险管理涉及的范围非常广泛。企业使用云服务之后，云治理、风险管理（包括企业风险管理和信息风险管理）和信息安全等都会随之变化。本部分主要包括应对这些变化的相关技术。可以说这部分也是真正发挥云安全从业人员作用的关键点。如果将管理的数据存储在某个云服务提供商（Cloud Service Provider，CSP）的云上，而这个云服务提供商为了降低成本将数据存储在偏远地区廉价的云存储设备上，基本没有采取任何安全措施，那么这种情况下出现了安全问题，云安全人员是要负责任的。确实，虽然是因为云服务提供商使用廉价云存储设备而引起的安全问题，他们有错在先，但是最终面对由此产生所有不利后果的人还是云安全人员，他们必须面对一系统法律问题，如参与法庭辩护、向监管部门澄清事实等。换句话说，云安全人员脱不了干系。因此，在出现问题之前，就应该尽职尽责地找出合适的解决方案。

范围 3：法律法规、合约和电子举证

因为在云治理过程中会出现一系列的问题，本部分主要包括在使用云服务或提供云服务过程中可能碰到的法律问题。具体包括例如管理权限和电子搜索中涉及的法律问题、第三方合约和第三方访问存储在云环境中的数据等内容。在考虑云相关的法律问题时，需要特别关注以下两点：第一，法律不是特地为云安全从业人员制定的，它是律师进行诉讼的依据，其中包含很多法律细节问题，全球所有地区基本如此；第二，云安全人员通常不会兼职做公司律师的工作，因此无权指示公司按照某项法规使用云服务，这样会在管理权限等方面埋下很多隐患。云安全从业人员应该了解使用云服务时潜在的法律问题，有些情况下可能需要专门学习相关的法律知识。

范围 4：合规和审计管理

制定策略的前提是其必须合规。审计保证所有参与的人员都按照合规的策略行事。对于云安全从业人员来说，存在一个优势，即云安全领域使用的安全策略与传统 IT 领域使用的安全策略类似，可以按部就班地使用之前的安全策略。但也有一个问题，那就是虽然制定了各种合规的策略，但没有人按策略行事。为什么会出现这种情况呢？再仔细想想，云提供商会告知公司管理人员云可能存在的风险，实际上管理人员无法全面了解云可能存在的风险。这部分讨论如何将云相关的合规策略和审计程序加入现有系统中。

范围 5：信息治理

当谈到云治理和信息安全时，应该在哪个层面提供云安全保护呢？是应该保护系统安全或者是保护存储在系统中信息的安全呢？如果没有处理好这些问题，有可能会给公司带来极大的损失。下面以用户信息数据为例来说明这个问题。假设将用户信息存储在云中。数据的安全级别是什么？数据存储在哪里？保护数据安全的措施有什么？哪些人有权访问这些数据？在定制云中存储数据的治理和保护策略时，就需要先回答这些问题。这部分包含这些问题的解决方案及后续策略。

范围 6：云计算管理平面和保持业务持续性

通过管理平面，可以在云中创建并管理系统。可以将管理平面看作是人与云实现之间的接口。无论使用什么云服务模型，加强接口的安全是构造云安全环境最重要的一个方面。想要一键单击实现加密软件即服务的数据吗？使用管理平面即可。想要在基础设施即服务（IaaS）中创建新的服务器实例吗？使用管理平面即可。想要创建故障转移区，晚上跨国界或在全球范围内复制数据和图像，从而满足灾难恢复和保持业务持续性需求吗？当然也可以使用管理平面来完成。在 IaaS 中保持业务持续性和实现灾难恢复时，会使用什么架构，采用什么策略呢？如果考虑使用多云部署的方案，我真的劝你要慎重（总而言之，这不是一个很好的选择）。

范围 7：基础设施安全

与虚拟机相比，云环境中的工作负载大大增加。现在，云技术使用软件定义网络、容器、不可变实例、无服务计算以及相关的其他技术。如何来保护这些虚拟的基础设施呢？如何检测安全问题并采取相应的应对措施呢？日志文档存放在哪里比较合适？账户安全受到威胁时，这些数据还受到保护吗？如果使用代理保护这些数据的安全，漏洞评估过程中进行扫描时，会因为 IP 地址的问题而受到限制。在云环境中，需要采用其他方式保证安全。

范围 8：虚拟化和容器

虚拟化是云的核心技术，它不仅仅只是虚拟机器。虚拟化是创建计算、网络和存储池资源的方法，也是云服务为多个租户提供服务的基础。本部分讲解如何进行责任划分，才能保证安全地使用各种虚拟化技术——云服务提供商应该采取什么措施，云使用者应该采取什么措施。传统的虚拟化网络技术已无法适用于云环境，本部分会对此进行说明。本部分还介绍了与容器相关的各种组件以及安全使用这些组件的方法。

范围 9：应急响应

古人云："凡事预则立，不预则废"。如果没有在使用云环境中不断地完善规划并反复测试应急响应预案，当紧急事件发生时，公司上上下下肯定会乱作一团。应急响应小组经常碰到的问题是：为什么突然连不上服务器了呢？应急响应小组具有连接新虚拟环境的虚拟工具吗？应急响应程序是否完全满足云服务应急响应的需求？虽然使用云环境之后和使用云环境之前在很多方面没有太大改变，但应急响应处理一定要根据云环境进行调整。如果没有制定适合云环境的应急响应方案，本来几分钟就能解决的问题，有时候甚至几个小时也无法解决。

范围 10：应用安全

当将应用迁移到云上运行时，其安全策略基本不会发生变化。云原生应用则与此大相径庭。云原生应用开始时可以使用永久的身份认证信息（如访问密钥）或临时的身份认证信息（如角色继承）。如果使用永久的身份认证信息，这些身份认证信息如何随着安全策略的变化而变化？如果使用临时身份认证信息，如何检查访问者拥有的基本权限（例如，开发者应该拥有开发权限）？如果云原生应用与其他 CSP 服务存在一系列的关联，而因为某些 CSP 服务可能存在安全隐患，公司禁止使用这些服务，这时候应该如何应对呢？

范围 11：数据安全和加密

　　云中采用的有效加密方法大多基于数据分类策略。由于监管或所制定策略的需求，可能需要制定加密方案，此时需要弄清 3 类信息的位置：数据存储的位置、加密引擎的位置和密钥的位置。每个公司的风险承受范围都是不同的。有些公司要求在本地管理密钥，有些公司可能要求一键管理。本部分介绍如何制定各种静态加密服务（例如，云服务提供商管理密钥服务和云消费方管理密钥服务）中的权宜之计。

范围 12：身份认证、授权和访问管理

　　在实现或评估云服务时，主要检查的是访问控制。与传统的 IT 领域类似，在给个人用户分配权限时，根据他们的工作范围分配最小的够用的权限，不给用户分配多余的权限。这看上去好像是最佳方案，但这就足够了吗？当然不是。虽然有时候会单独给每个用户授权，但在 S3 中存储有数百万用户，如果对每个用户单独授权个人可访问信息（Personally Identifiable Information，PII）显然是不可能的。那应该怎么办呢？通过 JSON 脚本进行授权，并利用 IaaS 评估和审计策略验证用户是否具有信息访问权限。必须清楚用户是怎么具有访问权限的，以及用户究竟具有哪些访问权限。

范围 13：安全即服务

　　使用安全即服务（Security as a Service，SecaaS），可以通过云提供的服务保护云安全和传统 IT 平台安全。安全即服务的另一种说法是安全软件即服务（Security Software as a Service）。部署安全即服务之后有很多好处，例如，可以使用其他人的基础设置，这就使得共享基础设施更加安全。提供商可以提供大量的安全服务，从身份识别管理到漏洞评估均可。即使不使用提供商提供的云产品，公司的安全策略也可能会因为云的广泛使用受到影响。由于云产品的广泛使用，研究云安全会带来更大的收益。因此云版本的研究和开发工作会获得较大的支持，而传统平台的解决方案越来越不受到重视。

范围 14：相关技术

　　CSA 指南最后一个部分涵盖了一些技术安全相关的内容。其中这些技术不仅包括专门用于云的技术，而且包括通常在云上部署的技术（由于云计算具有弹性

和网络访问等特征，因此会将某些技术部署在云上）。CSA 涉及 4 大技术：大数据、物联网、移动设备和无服务计算。其中，需要重点关注的是大数据。加强大数据的安全通常面临着巨大挑战，因为加强大数据安全时需要采用一系列的安全技术，其中每种技术都有自己的安全需求和处理需求。通用大数据系统主要包括分布式数据采集、分布式存储和分布式处理。

ENISA 云计算：信息安全的效益、风险及推荐方案

此文档涵盖了 CCSK 考试中的全部内容，包括云计算的安全效益、相关风险、漏洞和推荐方案。虽然此文档由 ENISA 在 2009 年完成，但它在云服务风险方面仍有重要的参考价值，且具有一定的实时性。CSA 指南中包含此文档的大部分内容，但有些内容未包含其中，例如漏洞，与云计算相关组织、技术、法律关联的风险及其他常见风险。

传统安全与云安全的差异

云计算兴起之后，安全原则其实没有发生变化。同样需要按照用户的角色给用户授权。安全 CIA（保密性、完整性、可用性）三部曲依然适用，采用阻止、检测和响应的方式实现安全策略的模式也还存在。云计算出现后最大的变化是："谁"来控制安全以及"如何"控制安全。以用于个人可访问信息数据安全的 SaaS 系统为例。如果云服务提供商未实现静态数据加密，你就必须保护自己客户的数据安全，并对其安全性进行监测。如果数据被盗用了，不可能告诉客户："我们以为云服务提供商会加密数据，但他们没有对数据进行加密"。虽然有些情况下，CSP（云服务提供商）会实现安全控制，但无论如何，公司都要确保数据的安全性和隐私性。

迁移到云上后，联合信息治理和相关策略不需要进行升级，但其内容需要覆盖云服务。如果使用公有云服务，时刻需要提醒自己是在第三方基础之上提供的网络供应链，而自己对第三方提供的服务几乎是不能控制的。2017 年发表的 McAfee 研究成果表明，调查的公司中有 52% 的公司都发现有恶意软件对 SaaS 应用进行过攻击。这个实例说明，无论在哪个云服务提供商的云上存储或处理数据，都需要自己来保证数据的安全。现在，CSP 实际为企业提供的服务与企业的期望值相差甚远，许多企业希望 SaaS 提供商能够包办一切。可以设想一下，如果公司没有人维护 CSP 提供的身份认证和访问管理（IMA）策略，谁又会自觉地按策略

实施相关规定呢？

 提示：可以访问 https://www.mcafee.com/enterprise/en-us/assets/executive-summaries/
es-building-trust-cloudy-sky.pdf，阅读 McAfee 研究成果——在云空间创建信任
机制（Building Trust in a Cloudy Sky）。

前面基本已经包含了云安全相关的基础知识，云安全看起来似乎简单明了。
但实际并非如此，尽职完成各项任务，安排专职人员管理提供商的安全设置，一
切仿佛都走上了正轨。对 SaaS 来说，安全策略确实简单明了。但 IaaS 却完全是
另一番景象。

IaaS 看起来与 SaaS 类似，但在部署 IaaS 时却要费一番周折。如果将应用从
数据中心迁移至 IaaS 提供商的云上，根本不需要改变应用（应用结构）级和数据（信
息结构）级的安全策略。操作系统的安全策略也是如此，与应用本身的安全控制
类似。都了解如何配置并保障系统安全了吗？然而，保障应用程序运行的虚拟环
境（元结构）的安全却并不简单，而且其物理环境（基础设施结构）属于部署在
公有云上的第三方，我们有可能无法访问第三方，因此物理环境的安全也是一大
难题。本书的大部分内容都是计划解决元结构层的安全控制问题，包括阻止、检
测及响应等。

另外，创建云原生应用会使公司面临很多新的安全问题，可能由提供商进行
安全控制，或者安全控制受到限制，又或者根本没有进行安全控制。无服务应用
会调用未知的服务，并且存在一些未知的因素，这将会带来安全和授权相关的问
题。即使应用程序使用可靠的服务，也必须考虑与访问所谓服务相关的权限级别。
开发者使用永久身份认证还是临时身份认证？

市面上也有一些免费的云产品，通常情况下，不希望客户感知 CSP 在提供相
关的服务，但这些所谓"免费"的提供商往往会植入"免费"产品的广告，并且
要求将存储在提供商环境中的全部数据授权给他们所有。这种模式很难真正地吸
引客户。

总体来说，云安全依然遵循二八定律——在 IT 安全方面相关的工作中，80%
都是按部就班的工作，只有 20% 会改变整个安全领域的格局。

非常希望在准备云安全认证考试的时候选择了本书，我们现在就开始学习吧！
你一定会成功的！

目　录

云计算的概念和架构

本章涵盖 CSA 指南范围 1 中相关的内容，主要包括：

- 云逻辑模型。
- 云计算的定义。
- 云服务模型。
- 云部署模型。
- 参考和架构模型。
- 云安全、法律法规和责任共担模型。
- 云安全中需要重点关注的方面。

> *做事情最重要的就是要有良好的开局！*
>
> *——柏拉图*

正如柏拉图所说的，做事情最重要的就是要有良好的开局！我们首先要打好基础。本章就是后续章节的基础，主要包括一些基本概念。要成功通过 CSA 的云安全知识认证（CCSK）考试，必须理解这些概念。本章讲述了云计算的基本概念及相关术语，并详细介绍了云计算的整个逻辑框架和云计算架构，例如国际标准化组织 / 国际电工委员会（ISO/IEC）17789 标准和美国国家标准与技术研究院（NIST）800-145 和 500-292 标准。全书都会讨论这些标准中相关的内容。

 考试提示：本书中很多地方都参考了 NIST 或其他组织的标准。在备考 CCSK 时，其实并不需要去看这些文档。CCSK 考试的主要内容是云安全，其主要依据是 CSA 的指南，而不是 NIST 标准。CCSK 考试是开卷考试，如果碰到的问题与 NIST 特别出版物编号（仅出现编号，并不包括其中的内容）相关时，可以直接在 CSA 指南文档中迅速搜索相关编号。对于 CSA 指南本身而言，本书完全覆盖了 CCSK 考试相关的内容，因此也不需要去查看指南，使用本书就足够了。

对客户来说，云服务的使用体验是很友好的，但云需要支持上百万的客户，因此其实现方式与传统平台的实现方式完全不同，很多资深的 IT 专家在实现云服务时都需要适应一段时间。云服务提供商（CSP）会创建并管理由各种资源池（计算资源、网络资源、存储资源）组成的云产品，可以使用控制器调用应用程序接口（API）来访问相关资源池。正是因为能够通过 API 访问资源池，才使得云具有一些重要的特性（例如，自动管理、弹性和资源共用等）。图 1-1 所示为云服务控制器和资源池的示意图。从图 1-1 中可以看出，采用抽象（不是直接访问硬件）和编排方式（进程相互配合）提供资源时，控制器发挥了重要的作用。总而言之，在请求云服务（计算资源、网络资源、存储资源）时，通过控制器请求即可，控制器可以完成整个请求操作。

 提示：通常情况下，会使用 RESTful API（REST 是 Representational State Transfer 的缩写，意思是表述性状态转移）请求云服务，因为与简单对象访问协议（Simple Object Access Protocol, SOAP）API 相比，RESTful API 的量级更轻一些。在使用 SOAP API 请求云服务时，安全服务通常是 API 调用的一部分，因而造成其相关的负载大大增加，从而增加 API 请求开销。第 6 章会更详细地讨论 RESTful API 和 SOAP API。

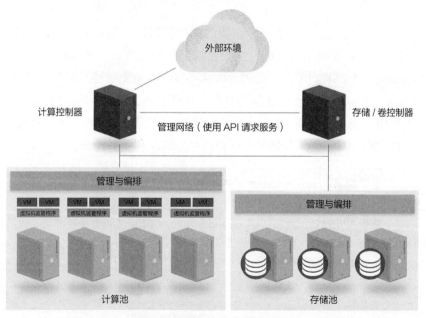

图 1-1　云控制器和资源池（获云安全联盟许可使用）

每当提到云的时候，大多数人都认为云比传统信息技术（Information Technology，IT）架构要便宜很多。的确，除了少数情况外，使用云计算大多会降低成本。云计算之所以便宜，主要是因为云服务提供商实现了规模经济。云服务提供商不会为所有的客户大包大揽地提供全面的安全策略。也就是说，云服务提供商不会满足每个用户个性化的安全需求。如果与云服务提供商实现安全责任共担，可以节省不少成本。虽然云服务提供商默认会提供一些安全控制，但不一定能满足客户个性化的需求，因此客户必须自己也负责部分安全控制。总之一句话，不能完全依靠云服务提供商提供安全策略，否则有可能会造成灾难性的后果。虽然责任共担模型主要基于服务模型 [即软件即服务（SaaS）、平台即服务（PaaS）、基础设施即服务（IaaS）]，但是在客户必须实现某些云安全控制的情况下，部署模型是也非常重要的。

云计算在敏捷性、灵活性和经济性上具有得天独厚的优势。使用云计算之后，企业可以快速迁移部署（因为不需要购买硬件，也不需要堆叠服务器）；减少宕机时间（如果在架构服务时充分利用云计算的灵活性特征，可以大大减少宕机时间），还可以节约成本（没有设备相关的费用，如果根据实际需求选择合适规格和数量的服务器，还可以减少运营费用）。如果云服务提供商要持续提供稳定的服务，其业务模型需要进行全面的安全保障（如果某个云服务提供商的服务一年中因超过 3 次被黑客攻击而无法提供正常服务，你还会使用其云计算服务吗？）虽然不需要云服务提供商倾其所有提供完整的安全解决方案，但他们应该花费一定的时间和成本确保自己的云服务架构具有较强的安全性。通常情况下，云服务提供商也会关注自己提供服务的安全性能。实际上，云服务提供的安全措施基本还是很好的。我的意思是，没有太多的公司会专门花费几个月的时间解决产品的安全问题。在大多数公司中，通常看到的情形是：如果应用程序在星期六要部署了，星期三才开始考虑产品的安全问题。这种情况都算好的了，很多公司直接在开发下一个版本时才考虑安全问题。

可以根据实际情况选择使用云计算。可以使用将物理系统虚拟化（physical-to-virtual，P2V）的技术将服务器迁移至云上，从而在云环境中创建了一个与物理服务器完全相同的镜像。这是使用云服务最简单的方法。实际上，这种方式也存在很多问题，它只是在云环境中部署了一个物理服务器的镜像，相当于在另一个物理环境中运行了一台服务器，而你对这个新的物理环境是无法控制的，这很可能出现单点失效的状况。

其实云在两种情况下能够更好地发挥它的作用，第一种情况是采用云原生模型部署服务，第二种情况是充分利用云平台的优势调整现有服务的结构或控制。如果云服务的架构合理，部署的服务会完全为你所用，而不需要时不时地对它进行修补。传统环境的服务通常都是长期使用的资源，如果能够合理地架构云服务，云服务完全可以像传统环境的服务一样成为长期使用的资源。在云上部署服务之后，就从"使用 X 台服务器提供服务"转换成了"使用这个应用程序同时连接并提供 X 个服务"。实际上，如果采用无服务计算技术（使用第三代移动通信网络的认证与密钥协商协议 aka），根本不需要管理服务器。尽管目前还没有讲到无服务计算（第 7 章会涉及相关内容），但这里还是要强调云环境中的安全控制会发生巨大的变化，其会随着使用云服务方式的变化而变化。

本章后面的内容是本书的基础，可以帮助读者理解云计算。本章介绍了云和传统计算之间的区别，并引导读者采用云原生方法加强服务安全，规避安全风险。

云逻辑模型

云逻辑模型是 CSA 提出来的概念，它清晰地定义了云服务 4 个层级的功能。无论是传统系统还是云环境，都可以使用相关概念实现服务安全。云逻辑模型主要包括以下几个功能层。

- 基础设施层，实现基础设施安全。
- 元结构层，实现虚拟环境安全。
- 信息结构层，实现数据安全。
- 应用结构层，实现应用和操作系统安全。

 考试提示： 必须理解逻辑模型各个层的相关内容！只有理解了逻辑模型的分层结构，才能够理解云部署时的安全责任转换，并顺利通过 CCSK 考试。

下面详细介绍云逻辑模型各层的具体功能。

基础设施层

服务器、网络搭建、存储池均属于基础设施层。基础设施层的安全主要实现包括物理设备的安全。如果将服务部署在私有云上，则自己可以操控基础设施层。如果将服务部署在公有云上，则由云服务提供商对基础设施层进行操控，我们只能在云服务提供商的基础设施之上运行。

元结构层

元结构层与基础设施层完全不同，可以在元结构层进行各种配置，也可以在元结构层部署各种服务。需要强调的是，云计算和传统 IT 之间最根本的区别是数据中心的元结构。云计算中所需的虚拟工具正是在元结构层创建的。

可以通过图形化用户界面（GUI）、命令行接口（CLI）或 API 在管理平面（Management Plane）进行相关配置。具体的配置工具是由云服务提供商提供的。在使用云服务时，经常要用到虚拟工具。例如，可以使用虚拟工具添加 SaaS 新用户，也可以使用虚拟工具在 IaaS 中创建零信任网络。这些事情都是在元结构层完成的。

如果团队中其他人都不太懂元结构层，他们也不会知道在云服务中进行安全配置、管理云服务或者云服务的应急响应。毫无疑问，配置和管理元结构层的任务对你来说是责无旁贷。有很多公司在使用云服务时都有失败的经历，这些失败大都是由于元结构层配置或管理出现错误而造成的。如果不弄清楚元结构的配置，以后还会重蹈覆辙。

 考试提示：需要特别强调的是，管理平面是属于元结构层的。

元结构层安全的重要性

下面举例说明元结构层安全的重要性。

问题：为什么已经解雇 6 个月的员工还能访问工资数据库？

答案：元结构安全层漏洞。

问题：为什么报纸头版经常报道成千上万顾客信息被泄漏？

答案：元结构安全层漏洞。

下表所示为亚马逊简单存储服务（Amazon Simple Storage Service，Amazon S3）中出现在不安全元结构配置。因为安全人员授权每个人都能访问某些文件，所以出现了这些问题。虽然不能对所有人授权读取文件的权限是显而易见的事情，但这种情况依然司空见惯。因此，基本的安全策略还是很重要的。

日期	记录条数（单位：百万）	暴露的信息
2017 年 6 月	198	投票人员信息，包含个人身份标识信息（姓名、生日、地址等）
2017 年 7 月	6	公司用于验证客户身份信息的个人身份标识信息、账户详情和 PIN
2017 年 12 月	123	人口普查和信用等级数据，几乎覆盖全美每个家庭
2019 年 4 月	540	Facebook 账户数据，包括用户、喜好、评论等

你肯定会问，这是怎么回事？泄漏了上亿条数据！创建和维护安全元结构方面有一个重要的案例：代码空间（Code Space）公司。不需要去查该公司的网站了，这家公司已于 2014 年倒闭了。

尽管不同的公司可能会出现不同的安全问题，但大部分安全事故背后基本都是某个不怀好意的人获取了公司平台的控制权（元结构层），以此敲诈公司，当不满公司处理结果的时候毁坏公司的全部数据。当元结构层安全出现问题时，数百万记录的泄漏导致了公司破产。无论如何，元结构层安全问题是不可忽视的。

在 Code Space 公司倒闭之前，其网站上显示了这样的信息：数据备份虽然很重要，但如果没有数据灾难恢复方案，数据备份基本没有什么用。数据灾难恢复方案也不能流于形式，它必须是经过实践检验，在实践中不断改进的有效的数据灾难恢复方案。Code Space 公司的数据灾难恢复方案是经过成百上千家公司检验的，实践证明，我们的方案是全面有效的解决方案。虽然 Code Space 公司食言了，可以说给客户开出了空头支票，但这种说法是没问题的，安全和隐私权对于我们每个人都很重要。

信息结构层

信息结构层包括相关信息和数据。可以将信息和数据存放在文件或数据库中。与传统 IT 相比，信息结构层的安全策略几乎没有变化。无论采用哪种具体的安全措施，数据安全的原则依旧相同。

应用结构层

应用结构层主要包括应用程序。此外，应用结构层还包括创建或维护应用程序相关的服务。可以在自己的 Windows 或 Linux 服务器上运行应用程序，也可以采用一些新技术运行应用程序，例如容器、微服务或无服务网络（本书后面会介绍这些技术）。如果创建现有系统的镜像并将其迁移到云上，其安全策略没有太大变化。在这种情况下，创建系统镜像的同时需要创建操作系统，采用原来的安全策略即可。如果使用云计算的新特性创建云原生应用程序，安全策略会发生很大的变化，第 10 章将会对此进行详细介绍。

提示：如果采用镜像的方式将应用程序从数据中心迁移至云服务中，应用程序安全评估不会发生变化。同样，操作系统的安全控制也不会发生变化。在这种情况下，需要重点关注的是元结构层安全。

云计算的定义

业界流行着很多关于"云"的定义。如果要通过 CCSK 考试，只需要关注 NIST 和 CSA 对相关概念的定义，理解这两个组织是如何描述云构成要素的。无论是 NIST 还是 CSA，都将云的概念归纳为 5 个重要特征、3 个服务模型和 4 个部署模型，如图 1-2 所示。要通过 CCSK 考试，必须记住这些内容。

提示：ISO/IEC 17788 中提到，云的第 6 大特征为多租户。

基本特征

简单来说，所谓重要特征，是指用于判断提供商提供的服务是否为云服务的标志性特征。如果某个公司提供的所谓"云服务"不具备以下几个特征，那么使用的"云服务"仅仅是"云洗白"云服务（"云洗白"这个术语表示只是标榜为基于云的方案以便于跟上时代的潮流，但并没有提供真正的云服务），并不能让客户从真正的云服务获益。

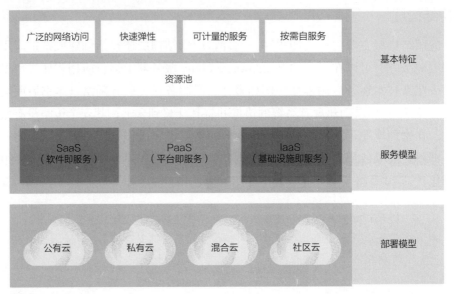

图 1-2　云有 5 个重要特征、3 个服务模型和 4 个部署模型（获云安全联盟许可使用）

资源池

资源（计算资源、网络资源和存储资源）是云的基本特征。构造资源池之后，授予每个客户相应的访问权限。在访问资源池时，客户之间是完全隔离的。通常由云服务提供商来制定相应的隔离策略。NIST 800-145 指出，多租户也是云的一个重要特征。

广泛的网络访问

可以通过网络（如 Internet）使用云服务。在使用云服务时，不需要直接使用物理互联，也不需要通过云服务提供商的网络连接。例如，可以通过手机的浏览器管理整个 IaaS。当然，特别不推荐使用手机使用云服务，还是要好好保护自己的眼睛。

快速弹性

快速弹性是云具有强大的功能的体现。客户可以随时根据自己的需求获取对应规模资源。增加或减少获取的资源都是自动完成的（虽然可以手动访问资源，但增加或减少获取资源规模通常是自动完成的）。可以采用多种方式改变获取资源的规模。纵向扩展（Scaling up）通常指使用性能更强的服务器（例如，原来配置两个 CPU，现在配置 4 个 CPU)，而横向扩展（Scaling out）指增加服务器（例如，在 Web 农场中增加几台服务器处理服务请求）。由于不同应用程序及架构的需求不同，需要确定云服务提供商是否支持纵向扩展和横向扩展。通常情况下，会因为需求增加而增加资源，但有时候也会因为需求减少而减少资源，即纵向收缩或横向收缩。资源规模能否进行收缩也是一个很重要的方面。有时候只是临时需要增加资源，如果不能进行资源规模收缩，有可能增加不必要的预算。

能提供可计量的服务

能提供可计量的服务是云计算一个很重要的特征。正因为能够提供可计量的服务，使得云计算能够按照"随用随付"的模式运行。这样，用户用多少资源，就付多少费用。CSA 指南中提到了另一个类似的术语，即"效用计算"，这个术语表明云计算的付费方式与付电费或水费类似。

按需自服务

在不需要云服务提供商提供任何帮助的情况下，客户通常能够管理自己的资源。如果在创建新服务器实例时，云服务提供商提出需要 48～72 小时的时间对服务器进行相关配置，那云服务提供商很有可能提供的不是真正的云服务。本书第 10 章将详细介绍按需自服务特征，通过事件驱动安全机制，使用 API 即可实现自动安全响应。

 考试提示：这些重要特征是 CCSK 考试中最重要的一部分。NIST（SP800-145）只介绍了云的 5 个重要特征。ISO/NIST 将多租户列为云的第 6 个重要特征。NIST 将多租户看作资源池的一部分，但 CSA 认为多租户是云的基本特征。实际上，3 个组织都将云看作是多租户环境，但只有 ISO/IEC 将多租户特征单独提出来了。

云服务模型

ISO/IEC 17789 和 NIST 500-292 文档（CSA 也使用 NIST 模型）的云参考架构是云服务模型的一部分。为了充分理解云服务提供商能够提供什么服务，可以将服务模型看成一个堆栈。可以将这个堆栈称之为 SPI（SaaS、PaaS、IaaS）堆栈或 SPI 层级结构。图 1-3 所示为云服务模型，从中可以看出各层是如何形成SPI 堆栈的。

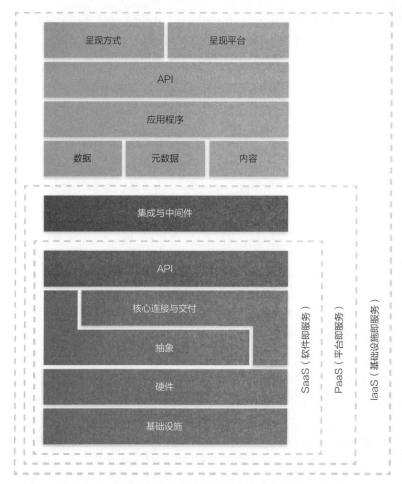

图 1-3 SPI 堆栈中的服务模型（获云安全联盟许可使用）

值得注意的是，人们经常滥用"XX 即服务"，出现了很多相关说法，如身份认证即服务（Identity as a Service，IDaaS）、功能即服务（Function as a Service，FaaS）等。实际上，在 CCSK 考试范围中，形成 SPI 堆栈（或者说 SPI 层级结构）的只有 3 种服务模式。

提示：本书第 13 章提到，CSA 将安全即服务（Security as a Service）看作另外一个服务模型，但根据本章讨论的内容，可以将安全即服务看作安全软件即服务（Security Software as a Service）。

　　关于 SPI 堆栈还需要强调的一点是，有一些服务并不只属于 SPI 堆栈中的某一个层次，有些服务是跨层次的。仅仅是为了清楚地理解云服务提供商的产品能够提供什么服务，才提出了 SPI 堆栈的概念。实际上并不存在严格意义上的三层堆栈。

基础设施即服务

　　IaaS 在最底层，它由物理设备和基础设施硬件组成。与任何数据中心类似，可以使用定制硬件、专有硬件或者标准硬件。不同的是，这些硬件在资源池中，它们是抽象的、自动化的并且特意编排的。所谓抽象，是指服务器、网络和 / 或存储是虚拟的。正因为具有抽象性，才能够创建资源池（例如，一组虚拟监管程序可以一起运行）。编排的目标是让控制器能够从资源池请求资源，控制器调用 API（大多数为 RESTful API）自动从资源池请求资源。

虚拟监管程序

　　最常用的虚拟化技术是虚拟机（Virtual Machine）。虚拟监管程序是虚拟机的另一种说法（也可以称之为虚拟机监视器或 VMM）。需要说明的是，虚拟监管程序可以用作主机，或者使用单个硬件服务器管理多台虚拟机，可以将这些虚拟机看作"客户"。在虚拟监管程序的控制下，每台客户虚拟机都认为自己能够直接访问底层硬件。实际情况是，为每台客户虚拟机分配虚拟硬件资源，它们都运行在相互隔离的虚拟环境中（虚拟监管程序是一个抽象层，它将物理硬件与客户虚拟机操作系统解耦）。

　　有两种类型的虚拟监管程序。第一种类型是直接安装在物理层的虚拟监管程序（例如，VMware ESXi、Xen 或 KVM），另一种类型是在服务器中操作系统之上安装的虚拟监管程序（例如，VMware Workstation、VMware Workstation Player 或 Oracle VM VirtualBox）。大多数云服务提供商都采用第一种类型的虚拟监管程序。

　　云服务提供商提供的虚拟监管程序会对用户使用云服务产生影响，因此在选择云服务提供商时先要了解服务提供商所使用虚拟监管程序的性能。不同云服务提供商使用的虚拟监管程序在性能和功能上良莠不齐。

考试提示： IaaS 系统基本由设备（物理数据中心）、硬件（专门定制硬件的或标准化的硬件）、抽象（虚拟化）和编排（API）组成。

下面来看看具体的例子。假设想要创建一个 Ubuntu 服务器实例，这台服务器有 2 个 CPU、12GB RAM、2TB 存储空间以及 2 个网卡，云服务提供商需要完成下面的任务（参见图 1-4）。

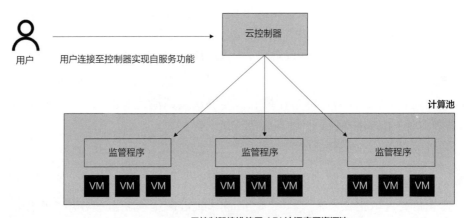

图 1-4　云组件自动化和编排

1. 云控制器向计算控制器发出请求，创建带有 2 个 CPU 和 12GB RAM 的新服务器。

2. 云控制器向存储控制器发出请求，分配 2TB 存储空间。

3. 云控制器向网络控制器发出请求，创建两个虚拟网络接口卡。

这些操作完成之后，云控制器请求 Ubuntu 服务器镜像，并将其复制到新创建的虚拟服务器中，操作系统自检并对其进行配置。几秒或数分钟之后，服务器启动完成，控制器将连接信息交给客户。

可以通过多种接口访问 IaaS 服务，例如通过 Web、CLI 或 API 进行访问。云服务提供商创建不同的接口并部署好之后提供给用户，用户用这些接口来访问虚拟环境。这就是所谓的云管理平面（本章之前曾提到过，云管理平面属于元结构逻辑模型的一部分）。实际上，使用 Web 接口是最便利的。云服务提供商采用图形化的形式执行某些功能，并且将这些功能转换成以后执行的 API。作为云服务客户，通过 Web 接口能完成的任何操作，也可以调用云服务提供商提供的 API 调用来完成。大多数资深云服务客户都通过程序访问 API 的方式实现云。实际上，每个云服务客户都应该尽量使用程序的方式控制虚拟基础设施（称之为软件定义的基础设施，第 6 章将对此进行详细介绍）。通过 Web 浏览器的人为干预越少越好，因为人为干预得少会最大限度地减少人为错误，并提高灵活性。

平台即服务

在 3 种服务模型中，PaaS 的概念是最模糊的。根据 CSA 的定义，PaaS 是一个层，它集合了应用程序开发框架、中间件，以及数据库、消息发送和队列功能。图 1-5 所示为在 IaaS 之上构建的 PaaS 服务，它创建了一个共享平台，应用程序可以在此平台上运行。

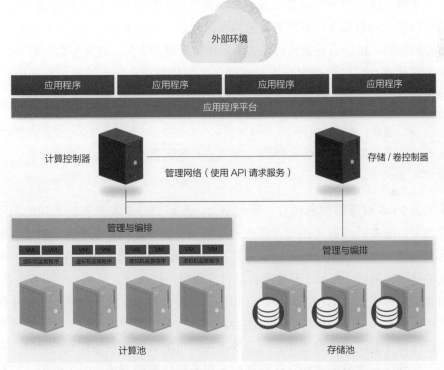

图 1-5　在 IaaS 基础之上构建的 PaaS 服务（获云安全联盟许可使用）

在 PaaS 服务模型中，云服务提供商构建基础设置（或者在其他服务提供商基础之上提升 IaaS 服务）；创建共享平台，用户在此共享平台之上进行操作；还可以提供安全控制，用户可以使用它进行安全控制。使用 PaaS 最大的好处是用户不需要创建和维护服务器，这些任务都由云服务提供商来完成（云服务提供商提供的服务对于用户来说是类似于一个黑盒子）。虽然这个多租户平台完全由云服务提供商来管理，但用户可以在此基础之上完成其他功能。

可以将 PaaS 看成一个开发平台，用户能够使用此平台创建一个开发环境，快速访问这个开发环境，并在此基础上创建应用或者升级环境中的功能。以"数据库即服务"的 PaaS 服务为例。用户不需要运行数据库实例、配置操作系统、安装或配置选择的 SQL，使用此服务后，用户所做的事情大大减少，只需要选择 SQL 平台并回答几个问题，在几分钟之类便可以创建好数据库。

在安全方面，相对于 IaaS 服务来说，PaaS 服务允许用户自己进行的安全控制更少一些。下面举例说明，云服务提供商的 SQL PaaS 服务要求主 SQL 账号密码为 8 个字符。这个服务内嵌在云服务提供商提供的服务中，在云服务提供商的集成访问管理（IAM）服务中都没有提到相关的服务。服务中没有加强密码的复杂度，没有密码轮换，也没有检查密码是否满足相关策略的方法。这并不意味着 PaaS 不安全，它比在自己的数据中心或 IaaS 服务上创建的符合规范的应用程序更安全。符合规范不一定安全，反之亦然。

提示： 我曾经碰到过一种情况，一个客户因为不能配置网络时钟协议（NTP），希望在 SQL PaaS 服务基础上使用内部 NTP 服务器满足公司策略需求。

因为 PaaS 服务提供商拥有并管理平台，所以另一个需要引起重视的问题是管理变更。服务提供商现在或者将来的某一天会选择支持某个平台或者废弃某个平台。应该尽早发现潜在的问题，并且在云服务提供商宣布这些消息之前就解决相关的问题。例如，在某个开发平台运行应用程序代码时，从某个时间节点开始，逐渐收到服务提供商的相关邮件，告知你平台将会发生变化，如果应用程序代码还依赖即将废弃的平台运行，有可能会崩溃。这种情况下，云服务提供商相当于提前告知要注意应对平台变化。云服务提供商可能会给你预留几周的时间，有时候甚至会预留几个月的时间。这都得看云服务提供商的安排，因为他们才拥有平台的控制权限。

软件即服务

可以将 SaaS 模型简单地定义为"从云服务提供商租用完整并可立即使用的应用程序"。所有 SaaS 应用程序本身就是多租户应用程序，支持通过 Web 浏览器和移动应用访问。在大多数情况下，SaaS 应用程序还支持通过 API 调用的方式访问。所支持 API 的类型（是 REST 类型还是 SOAP 类型）以及 API 能够提供的功能都由云服务提供商来确定。

　　SaaS 应用程序的架构既可以提供单服务器运行 Web 和 SQL 服务（这种情况下需要注意单点失效问题），也可以是包含负载均衡、冗余服务、无服务组件等功能的复杂系统。对于 SaaS（或其他服务模型）服务提供商需要提供什么功能并没有一定之规。

　　提示："我们公司有 10 个非常聪明的工作人员，只要做出正确的决策，就能够保证程序的安全。"这是一家数亿美元市值公司的审计人员所说的话。我认为他把 SaaS 服务提供商的 CTO 看成自己公司的一员了，他认为服务提供商的 CTO 应该保障系统的安全。不言而喻的是，云服务提供商其实和公司的业务没什么太大关系。没有任何的法律或规则强制云服务提供商应该达到什么样的安全级别。SaaS 尤其如此，相对于 IaaS 来说，SaaS 的启动成本可以说是微不足道的。

　　从安全和责任的角度来讲，SaaS 服务一个很重要的方面是：SaaS 服务提供商可以分别使用不同的 IaaS 和 PaaS 提供商。销售人员往往会说，因为运行在不同服务提供商的网络上，因此应用程序会更加安全。其实这有点夸大其词，如果听信他们的话，有可能会造成很大的安全隐患。实话讲，如果因为疏忽或者因为服务提供商对客户撒谎而出现安全问题，我也是无话可说了。正如你所知道的，云是责任共担的，而 SaaS 销售商其实也是 IaaS 的客户。如果应用程序在其结构层出现了安全问题（例如，出现权限提升问题），那么百分之百是 SaaS 销售商的错。同样地，SaaS 销售商也说他们的应用程序是符合 PCI 或 HIPAA 认证的，因为运行在合规的基础设施之上就相当于在无知的情况下犯错。第 1 章将会更加详细地介绍合规继承相关的概念。

云部署模型

　　云部署模型指如何掌握和使用云相关的技术，NIST 和 ISO/IEC 均提出了 4 种部署模型。部署模型与服务模型是完全独立性的。例如，使用部署模型，完全可以配置一个私有的 PaaS 服务。在 CCSK 考试中，只需要记住，可使用各种模型区分使用同样服务的其他租户的信任级别。

公有云

公有云是最简单的部署模型，世界上任何有信用卡的人都可以注册使用公有云服务。公有云的基础设施由第三方管理，通常位于公司以外的其他地方。

私有云

私有云是为某个组织单独创建的，通常会在一定时期内存在。与公有云不同，这里不会强调谁是私有云基础设施的所有者和管理者。私有云有可能在公司内部，也可能在公司外部。它可以是任何组合形式，可以在自己的数据中心由自己的小组安装并管理云基础设施，也可以找私有云服务提供商，让他们在私有云服务提供商的数据中心为你安装并管理云基础设施。最重要的是，仅让信任的人访问私有云（最低限度，只能是组织内部的人才能访问云）。实际上，私有云也并不是什么太复杂的东西，它之所以能够持续提供服务，是因为控制器软件自动并且有编排地访问资源池。

提示：私有云也有多租户。举例来说，私有云的租户可以是公司的各个小组成员，例如 HR 小组成员和财物小组成员。对于私有云来说，HR 小组成员和财务小组成员是两组独立性的租户，因为 HR 小组成员与财务小组成员访问的资源不能完全相同，反之亦然。私有云最大的不同点在于，私有云的租户都是可信任的。

社区云

社区云通常属于多个可信任的组织，这些组织具有相同的关注点（例如，都关注风险预测）。社区云与私有云非常类似，它既可以由公司创建并管理，也可以由外部机构创建或管理。社区云的租户都会受到合约的约束。私有云和社区云最关键的区别在于：社区云上多个合约上相互信任的组织共同分担财务风险。

提示：不需要过度纠结于私有云和社区云的区别是什么。可以将社区云与特许经营模式进行类比。ACME 汉堡联合公司是一个很大的公司，它创建了云。公司会向特许经营商收取一笔费用，用于创建并管理社区云。所有的特许经营商都会使用社区云存储财务、市场、材料、订单状态等数据。

混合云

混合云是一个很有趣的模型。数年来，一直无法给混合云下一个明确的定义。可以选用标准或专有技术将两种云（例如，公有云和私有云）连接在一起，使得数据和应用程序使用起来更加便利。历史上曾经将两种云之间的这种连接称为混合云。但是，在过去几年，将混合云的概念进行了扩展，其还可以包括连接或桥接至云服务提供商的非云数据中心。

混合部署模型最重要的特征是便利性和云爆发（Cloud Bursting）。便利性是指可以方便地将工作负载迁移，例如，可以方便地创建物理服务器的 P2V 镜像，并将其迁移至云环境。数据中心和云环境之间存在连接（混合云），使得这种迁移操作起来非常便利。云爆发促使云服务提供商再提供更多的资源，以满足负载增长的需要。在这种情况下，可以使用一个负载均衡器。负载均衡器可以根据当前的负载将进入的 Web 访问流量导入内部系统或基于云的系统。

 考试提示：在学习云爆发实例时，别陷在应用程序结构层无法自拔。Web 应用程序处理问题的方式类似于状态转移，在云爆发中，不考虑其他类型应用程序的相关问题。对于 CCSK 考试来说，只需要理解以下实例即可：根据当前负载的情况，使用负载均衡器将进入 Web 服务器的流量发送至自己的数据中心或云主机系统。

云安全范围和责任共担模型

从加强和审查云环境安全方面来说，必须始终牢记的是，CSP 应该为实现和配置计算环境的某些方面负责，自己也应该为实现和配置计算环境的其他方面负责，各有各的责任。这种责任分配方式被称为云的责任共担模型（Shared Responsibility Model）。从云安全方面来说，参与各方的责任正是由责任共担模型确定的。

责任共担模型

云具有安全责任分配的情况。因为元结构层包含管理平面，所以通常在元结构层实现安全责任分配。所有传统的安全原则和领域同样适用于云。云安全的不同之处在于本身风险性较高、不同的角度有不同的安全责任、安全控制的实现经常发生很大的变化。

对于云安全责任分配方面，需要注意的是：云服务提供商能够提供给用户的安全措施只能满足大多数需求，不能过于依赖云服务提供商提供的安全措施。云服务提供商无法知道公司最近解雇了哪个职员，应该自己来取消解雇职员的访问权限。

从风险的角度来看，每个公司，甚至针对每个公司的功能模块都应该制定不同的安全策略，云服务提供商不可能解决每个用户存在的安全风险问题，对于更加详细的安全策略，云服务提供商更是无能为力。对于所有的模型来说，有一种通用的解决安全风险问题的方法：接收云服务商提供的安全措施，然后通过部署更多的安全控件处理安全风险问题，以使安全风险影响最小，或者直接避免风险。

提示： 有些情况下，云服务提供商能够提供的安全措施已经足够了，但却往往不能满足公司的具体需求。我以前工作的一个公司，所有设备连接网络之前必须经过全面细致的检查。如果云服务提供商对设备安全性并没有太高的要求，这就算是公司自己具体的要求了。此时只有两种选择：接收云服务提供商的安全措施或者放弃云服务提供商。

对于 CCSK 考试来说，需要理解云架构栈中每个角色应该负责哪部分安全风险控制，这也是服务模型的主要任务。

表 1-1 所示为在 SPI 栈中每种服务模型中的安全责任分配。表中还将每种服务模型的安全责任分配与传统的（公司内部部署的）数据中心进行了比较。

表 1-1　不同服务模型的安全责任分配表

安全责任	公司内部部署	IaaS	PaaS	SaaS
数据治理	用户	用户	用户	用户
客户访问终端	用户	用户	用户	用户
身份认证和访问控制	用户	用户	用户	用户
应用程序安全	用户	用户	用户和云服务提供商	服务提供商
网络安全	用户	用户	用户和云服务提供商	服务提供商
操作系统安全	用户	用户	服务提供商	服务提供商
物理安全	用户	服务提供商	服务提供商	服务提供商

在表 1-1 中，需要注意的是，无论在哪种模型中，用户都应该负相应的安全责任，不能将所有的安全问题都交由云服务提供商来解决。

下面介绍每个服务模型的几个实例，以帮助读者更好地理解表 1-1。

- **SaaS 实例**。假设使用云服务提供商提供的完整并可立即使用的应用程序，云服务提供商提供"开箱即用"的应用程序，由他们负责应用程序相关的全部事情，从应用程序开发、部署、维护，一直到物理层安全。从用户方面来说，只能对云服务提供商提供的配置项进行配置。例如，用户只能使用云服务提供商提供的功能创建应用程序新账户，并且为新账户分配权限，或者只能创建一种类型的账户。所有这些功能都是由云服务提供商确定的，可以根据自己的安全风险承受能力确定是否使用云服务提供商提供的应用程序。

- **PaaS 实例**。在这个实例中，我们来看看应用程序安全及网络安全相关的责任共担的情况。假设使用 PaaS 运行自己创建的客户管理应用程序，所有与应用程序代码相关的安全必须自己负责——毕竟是自己的程序！但这为何有责任共担呢？其实，应用程序运行平台的安全是由云服务提供商提供的。至于网络安全部分，云服务提供商维护网络并提供标准的安全控制（例如，防火墙和入侵检测系统），但如果想要阻止某个 IP 访问应用程序呢？这种情况下就需要将相关的安全控制写入应用程序代码中，或者使用 Web 应用程序防火墙。

- **IaaS 实例**。这个实例最简单，对吧？除了设备、物理硬件和虚拟监管程序之外，所有的事情都得自己负责。例如，云服务提供商可能提供已经打好最新补丁的操作系统镜像，但一旦运行镜像创建自己的实例，自己就必须根据自己的安全策略打补丁，并完成其他安全控制。至于网络安全方面，这是最有意思的部分。可以使用云服务提供商提供的网络控制实现网络安全（例如，类似安全小组的虚拟防火墙服务）。云服务提供商创建虚拟防火墙服务，并将其提供给用户，用户可以根据自己的需求配置虚拟防火墙。云服务提供商不会负责虚拟防火墙的具体配置。

图 1-6 示出了基于服务模型的云安全责任分配。

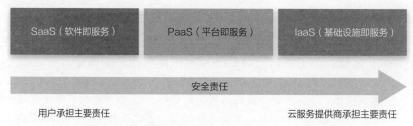

图 1-6　基于服务模型的云安全责任分配（获云安全联盟许可使用）

云安全中最重要的就是确定在给定工作负载的情况下由谁来负责具体的安全控制。换句话说，不能要求云服务提供商提供某种具体的安全控制，它们只提供具体的服务模型（SaaS、PaaS 和 IaaS）。正如前面提到的，服务模型仅是为了更好地理解云，它并不是一个固定的框架。为了彻底弄清楚谁应该负责云安全的哪一部分，在每个项目中都需要考虑以下几个问题。

- 服务提供商能够提供什么服务？
- 用户需要做什么来保证云安全？
- 云服务提供商提供的安全控制对于用户来说是否够用？
- 云服务提供商提供给用户的文档中包含哪些内容？
- 云服务提供商在合约和服务协议中保证提供哪些服务？

考试提示：CCSK 考试很有可能考查云服务提供商和用户之间的责任共担。对于云服务提供商及用户之间的安全责任共担最好注意以下几点。第一，云服务提供商应该正确地设计与实现安全控制。应该将内部安全控制和用户能使用的安全功能清楚地写入文档，这样用户能够确定是否满足自己的安全需求。第二，用户应该创建一个安全责任表格，确定由谁来实现安全控制，以及如何实现安全控制。这些都应该在各方负载的基础之上考虑。应该按照所需的合规标准选择安全控制。

云安全联盟工具

前面详细介绍了安全责任共担模型，在此模型中，用户需要根据合规标准确定在什么位置需要什么安全控制，云服务提供商必须实现适当的安全控制并且告知用户。那么，在调查云服务提供商的云安全能力时，如何选择控制模型或框架呢？幸运的是，CSA 有一套用于评估云环境中安全控制的工具，即云控制矩阵（Cloud Controls Matrix，CCM）和共识评估调查问卷（Consensus Assessments Initiative Questionnaire，CAIQ）。CSA 还提供了免费使用的由云服务提供商完成的 CAIQ 问卷项目，称之为安全信任与保证项目（Security Trust Assurance and Risk，STAR）注册。本书将讨论与 CCSK 考试要求相关的部分。

考试提示：不需要花专门的时间记住 CSA 工具检测的所有安全控制。下载最新版本的 CCM 和 CAIQ，熟悉每个文档的格式及其用途，参加 CCSK 考试时，打开这些文档就行。千万记住，CCSK 考试是开卷考试。

云控制矩阵

CCM 工具包含 16 个安全范围，共有超过 130 个云安全控制，这些云安全控制与多个安全和合规标准对应。3.0.1 版的 CCM 是 CCSK 第 4 版考试的一部分。

CCM 最方便的地方是：在公司云系统环境中，云服务提供商的安全控制和自己应该完成的安全控制都可以利用 CCM 形成文档。

如果还没有完成相关的工作，可以花点时间从 CSA 网站（cloudsecurityalliance.org）下载 CCM。也可以顺便把 CAIQ 下载到本地，本书接下来介绍的内容将会使用到 CAIQ。因为篇幅有限，不可能详细介绍 CCM 中的每一项内容，我将介绍 CCM 中第一个安全控制的使用方法，以帮助读者理解其用法。

CCM 本身分为以下几个部分。

- **安全控制范围和安全控制**。本部分列出了安全控制范围及独立的安全控制。例如，CCM 中第一个安全控制范围为"应用程序和接口安全"，其中"应用程序安全"是一个独立的安全控制。
- **安全控制 ID**。安全控制 ID 用于对独立的安全控制进行简单的标识，以便于对其进行讨论。以第一项安全控制为例，其安全控制 ID 为 AIS-01。
- **更新安全控制说明**。本部分用于对安全控制进行客观的描述。例如，对安全控制 AIS-01 的具体描述为：必须根据最新的工业标准（例如，Web 应用程序的相关标准 OWASP）设计、开发、部署和测试应用程序接口（API），这些过程还要受到法律、法规或监管的约束。
- **架构相关的内容**。本部分描述安全控制会对什么产生影响。以 AIS-01 为例，此安全控制可用于计算、存储、应用程序和数据。它不可用于系统的物理或网络组件。
- **公司治理相关的内容**。此安全控制是公司治理项目，还是技术问题？ AIS-01 的描述为：AIS-01 不是一个公司治理项目。
- **提供云服务模型的适用性**。此安全控制适用于什么服务模型（SaaS、PaaS、IaaS）。AIS-01 适用于所有的服务模型。
- **安全责任划分**。由谁来实现此安全控制？由云服务提供商、用户实现此安全控制，或者二者同时实现？以 AIS-01 为例，由云服务提供商来实现此项安全控制。
- **云安全范围的适用性**。这部分描述此项安全控制与其他的标准（例如 NIST、PCI、COBIT、ISO 等）的对应关系。以 PCI 3.0 为例，CCM AIS-01 与 PCI DSS v3.0 安全控制 6.5 对应。

现在大家对文档的基本结构有了一个大体的了解，但我还是想要强调几点：第一，对于 CCSK 考试来说，之所以有各种规模大小的公司广泛地使用 CCM 进行云安全评估，是因为每项安全控制的"云安全范围的适用性"部分包含的信息。因此在 CCSK 考试过程中需要关注这部分。但是不需要记住所有的对应关系；第二，这是一个可以遵循的框架。与其他标准类似，并不需要遵循所有的安全控制要求，可以选择 CCM 框架中的部分安全控制，或者调整其中的部分安全控制。换句话说，CCM 只是一个根据合规需求创建安全评估清单的起点，但它不可能适用于每种场景中的所有公司。

 考试提示：需要注意的是，CCM 是根据已有合规需求创建云安全评估流程的起点，但需要根据需要调整其中的内容。

共识评估调查问卷

云服务提供商可以使用 CAIQ 模板将其安全控制与合规控制文档化。CAIQ 的结构与 CCM 类似，但有一个最大的区别：与 CCM 中的安全控制说明相比，CAIQ 中包含的问题更加直接并且清晰明确。以 AIS-01 安全控制为例。CCM 对其具体描述为：必须根据最新的工业标准（例如，Web 应用程序的相关标准 OWASP）设计、开发、部署和测试应用程序接口（API），这些过程还要受到法律、法规或监管的约束。

除了 CCM 具体内容之外，CAIQ 还包括以下四类判断对错的问题（还有一个备注栏，云服务提供商通常会使用备注栏对相关问题进行扩展）。

- 是否在系统 / 软件开发生命周期（Systems/Software Development Lifecycle，SDLC）内使用工业标准 [构建软件安全成熟度模型（Building Security in Maturity Model，BSIMM）标准、开放群组 ACS 可信技术提供商框架（Open Group ACS Trusted Technology Provider Framework）、NIST 等] 进行安全控制？
- 在代码发布之前，使用自动化源代码分析工具检测代码是否存在安全漏洞？
- 在代码发布之前，是否人工分析源代码存在安全漏洞？
- 是否验证所有的软件提供商是否符合系统 / 软件开发生命周期（SDLC）安全控制的工业标准？

提示：“客户正是使用 CAIQ 来评估我们提供服务安全性的！”当我将 CAIQ 呈现给 CISO，告知他们可以使用 CAIQ 向用户证明所提供的 SaaS 服务是安全的时，他们的第一反应就是如此。结果 CISO 频繁（几乎每周）从客户的角度使用 CAIQ 问题来检测服务的安全性。

STAR 注册

STAR 注册最大的作用是它从提供商处收集反馈的 CAIQ 答卷。这些答卷是可以免费使用的，可以使用这些答卷来考查云服务提供商的安全控制。

 考试提示：对整个 STAR 还需要了解几点。CAIQ 可以用于“安全自评估”。STAR 将每个安全自评估的项列为“1 级”STAR 项。

在下面的列表中，我特意省略掉了几个注册项，因为它们不在 CCSK 考试范围内。实际上，“2 级”STAR 项也不在考试范围内，但它们对于考查云提供商很有价值，因此后面有相关的介绍。后面的内容会包含几个不同级别的 STAR 注册项。

- **1 级 STAR：自评估**。列在这里的项都没有监管或第三方审查。也就是说，没有云提供商会真正在 STAR 项中将安全缺陷列出来的。因为列出来的缺陷传播开之后，云提供商的名誉会受到极大的损失。这也是称之为“自审查”的原因。如果希望查看第三方的看法，需要查看 2 级 STAR 项。

- **2 级 STAR：第三方认证**。如果将云服务提供商列为 2 级 STAR，只有两种可能性：获得 STAR 认证或 STAR 证书。云环境必须满足 ISO 27001 的要求才能获得 STAR 证书。STAR 认证要求遵循服务组织控制 2（Service Organization Control 2，SOC 2）标准。二者都需要独立的第三方对云提供商的环境进行评估。

- **3 级 STAR：持续审计**。本级别为将来持续审计预留。现在任何服务提供商都不能使用此级别，因为这个标准均在开发中。

 考试提示：需要注意的是，STAR 注册包含云提供商填写的 CAIQ 项，这些 CAIQ 项在没有任何第三方检查和评估的情况下上传至云安全联盟。

云参考模型与架构模型

模型是可用于引导进行安全控制决策的工具。CSA 将模型分为会种不同的类别。

- **概念模型**。概念模型包括用于解释概念和原理的图片及文字描述。每层上的逻辑模型（信息结构、应用程序结构、元结构和基础设施）就是概念模型的实例。

- **安全控制模型**。安全控制模型将安全控制进行分类，并进行对安全控制及安全控制分类进行详细说明。CCM 和 ISO 27017 即为 CSA 推荐的安全控制模型。

- **参考架构**。十个不同的人对"参考架构"有十种不同的理解。根据 CSA 的观点，参考架构可以包括从高度抽象的高级概念到关注细节的概念，甚至具体安全控制和功能的所有内容。NIST 500-299（图 1-7 所示的架构示例）和 CSA 企业架构（见图 1-8）均为 CSA 推荐的参考架构。

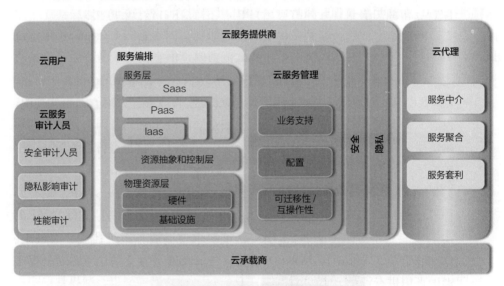

图 1-7　NIST 500-29 参考架构示例（来源：NIST 500-292）

图 1-8　CSA 企业参考架构示例（获云安全联盟许可使用）

- **设计模式**。设计模式可以看作是对某个特定安全问题可重用的解决方案。以 IaaS 环境中的日志管理为例。可以实现日志管理系统，然后将其升级至已创建的其他系统中。与参考架构类似，设计模式可以是抽象的，也可以是对特定平台的具体说明。

云安全控制操作模型

下面是 CSA 推荐的用于标识管理云安全控制的高级操作的步骤。这里省略了细节、安全控制和操作步骤，因为这里只是想列出应该执行的操作列表。需要根据特定的工作负载确定其具体的执行过程中，图 1-9 所示为具体的步骤。

 提示：在执行这些步骤之前，需要完成一项任务——对数据进行分类。如果不对数据进行分类，不能确定数据的价值和重要性，也就不能确定所需的安全控制及合规控制了。只有对数据进行分类后，才可以执行下面的步骤。

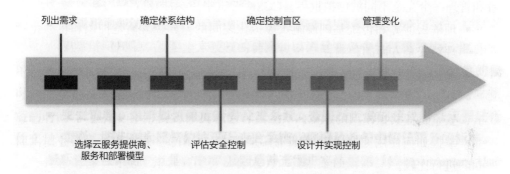

图 1-9　云安全控制操作模型（获云安全联盟许可使用）

第 1 步：根据合规要求，确定云安全控制和合规控制方案。无论采用什么方式运行系统，都必须要满足合规要求。

第 2 步：选择云服务提供商、服务模型和部署模型。在这个过程中，你会逐步深入了解责任共担模型。

第 3 步：确定云架构。系统使用什么组件和服务？如果不知道某个部分实现什么功能，或者这部分与其他系统或组件是如何交互的，如何保障这部分的安全呢？

第 4 步：评估安全控制策略。需要谨记，实现安全控制不仅仅是服务提供商的责任，也是你自己的责任。

第 5 步：确定安全控制盲区。你应该对所需的每个合规需求及可以使用什么安全策略是很清楚的。此外，还需要找出尚未实现的安全控制策略。

第 6 步：设计并实现安全控制策略消除安全控制盲区。如果云服务提供商未提供所需的安全控制，那就需要自己动手实现安全控制来消除安全控制盲区了。

第 7 步：随时应对安全突发情况。安全控制（尤其是云安全控制）没有一劳永逸的方法，必须随时关注云服务提供商，如果他们的安全控制策略发生变化了，应该立即更新自己的安全控制策略。还必须时刻保持警惕，随时应对新发现的安全控制盲区。

本章小结

本章所包含的内容是全书后面部分的基础。要通过 CCSK 考试，必须对逻辑模型非常清楚。尤其需要关注其中的元结构层，在元结构层，会通过管理平面配置和管理一个完全不同的虚拟世界。CCSK 考试中还会涉及以下内容。

- 理解云计算和传统基础设施及虚拟化之间的差异，弄清楚抽象和自动化管理对安全方面的影响。
- 熟知云计算相关的定义（如服务），深入学习部署模型及其相关的属性。
- 熟悉云计算的 NIST 模型及 CSA 参考架构，理解它们是如何影响云计算的安全责任共担模型的。
- 掌握如何使用 CSA 的共识评估调查问卷（CAIQ）评估和对云服务提供商进行比较。
- 掌握如何使用 CSA 的云安全控制矩阵评估云部署项目的安全性、云部署项目是否满足合规要求以及云部署项目的安全控制，确定谁来负责相关部分。在此基础之上形成文档。
- 使用云安全控制操作模型选择云服务提供商、设计架构、确定安全控制盲区，并实现安全控制和合规控制。

本章练习

问题

1. 在 STAR 注册机制中，哪一种类型的文档为 1 级 STAR 项目？

   A. CCM

    B. CAIQ

    C. 云服务提供商关于合规方面的描述

    D. 政府发布的操作信件授权方面的内容

2. 使用下面哪种服务模型时，云服务提供商应该在安全方面负更大的责任？

    A. SaaS

    B. PaaS

    C. IaaS

    D. 在责任分配方面，以上 3 个模型分配方案相同

3. 下面哪种模型包括客户可使用的管理平面？

    A. 信息结构模型

    B. 应用结构模型

    C. 元结构模型

    D. 基础设施模型

4. 如果在 IaaS 环境中运行一台服务器为客户提供服务，客户打电话说服务器受损了。这可能是哪个逻辑模型出问题了呢？

    A. 信息结构模型

    B. 应用结构模型

    C. 元结构模型

    D. 基础设施模型

5. 根据 NIST 架构，下面哪一项不是云的重要特征？

    A. 弹性

    B. 多租户

    C. 资源池

    D. 按需自服务

6. 应该在哪个逻辑模型中实现虚拟防火墙？

    A. 信息结构模型

    B. 应用结构模型

    C. 元结构模型

    D. 基础设施模型

7. 在公有云环境中，如何将某个客户的访问与其他用户的访问完全隔离开来？

    A. 使用高强度密码

B. RBAC

C. 由云服务提供商实现安全策略

D. 由使用云服务的用户实现安全策略

8. 使用编排，控制器可以从资源池请求资源。这个过程是如何实现的？

A. 通过系统按照支持级别确定用户的优先级别

B. 通过使用 REST API

C. 通过使用 RPC

D. 通过网络调用

9. 如果要创建 8 核和 8GB RAM 的服务器，应该使用以下哪个服务模型？

A. SaaS

B. PaaS

C. IaaS

D. 没有云服务提供商支持 8CPU 的机器

10. 如果公司要求 PaaS 服务提供商管理基于 Python 2.7 的应用程序。一天，服务提供商发来一封邮件，声称不再支持 Python 2.7 平台，并且需要在两周内将所有的应用升级至使用 Python 3.6。收到邮件后，首先要采取什么措施？

A. 使用 Python 3.6 测试应用程序

B. 回复服务提供商两周内无法完成升级

C. 法律规定服务提供商不能私自要求升级应用

D. 使用法律武器反对服务提供商私自升级系统

答案及解析

1. B。云服务提供商将向 STAR 注册中上传已填写的 CAIQ 问卷。尽管可能会将 ISO 和 / 或 SOC 作为 2 级 STAR 项，但 1 级 STAR 项使用 CAIQ，不是使用 CCM。

2. A。SaaS 模型中要求云服务提供商负责大部分的安全控制（不是全部安全控制）。

3. C。管理平面是元结构逻辑模型的一部分。

4. B。Web 服务器是应用结构的一部分。与 Web 服务器相关的安全控制是在元结构层实现的，但 Web 服务器本身在应用结构层（数据在信息结构层）。

5. C。NIST 认为多租户不是云的重要特征。但是，ISO 认为资源池是云的重要特征，而多租户是资源池这个重要特征的一部分。

6. C。在虚拟环境中的所有安全控制是在元结构层实现的。如果与安装防火墙代理相关的问题，应该是属于应用结构层相关的问题。

7. C。通过服务提供商提供的安全措施来保障租户的私密性。一个租户永远都不可能感知其他租户的网络传输数据。实际上，一个租户应该永远不知道云中还存在其他哪些租户，不能感知其他任何租户的存在。尽管客户会有自己的安全措施，但云服务提供商必须保证负载和租户之间完全隔离。因此 C 是最佳答案。

8. B。编排通常使用 REST API 调用。尽管编排是通过网络执行的，但 REST API 调用是最佳答案。这题的备选答案有一定的迷惑性。

9. C。这个实例可以说明为什么使用 IaaS 访问云的核心基础计算。

10. A。当云服务提供商不再支持某个平台时，服务提供商通常会提供一个测试环境，可以使用这个测试环境测试应用程序在新平台上的运行情况。对于问题中提出的时间期限，就是我曾经碰到的一个极端情况，但是没有相关法律法规限制云服务提供商应该给出多长时间进行服务器迁移。

第 2 章

治理及企业风险管理

本章涵盖 CSA 指南范围 2 中相关的内容，主要包括：

- 治理工具。
- 云上的企业风险管理。
- 各种服务和部署模型的效果。
- 云风险权衡及风险权衡工具。

> 责无旁贷！
>
> ——Harry S. Truman 总统

尽管杜鲁门总统在位的时候还没有云计算，但将系统部署到云上时，应该谨记这句名言。虽然可以让第三方服务提供商负责全部云环境安全相关事务，但自己对于安全方面万不可放松警惕。因此，治理对于实现云部署的高度安全具有重要的作用。

本章的标题仅包含了治理和企业风险管理两个方面。但是，为了实现更高级别的治理和风险管理，应该关注四个方面，即治理、企业风险管理、信息风险管理和信息安全。下面对这四个方面进行详细介绍。

- **治理**。包括组织运维的策略、过程和内部控制，从结构、策略到团队领导等管理机制。可以将治理看作是采用指令的方式控制云安全。通常根据公司的宗旨制定将要付诸实施的相关策略，主要目的是使公司的策略符合各种法律法规、条例和标准。为了使项目持续运行，公司上下必须严格按要求执行相关策略。
- **企业风险管理**。包括企业全面的风险管理，是与组织治理和风险承受能力一致的概念。企业风险管理（ERM）包括风险管理的方方面面，不仅仅是与技术相关的部分。
- **信息风险管理**。解决信息风险相关的问题，包括信息技术（IT）。组织会面对各种各样的风险，从财务风险到物理设备风险都有。信息风险是各组织必须面对的风险隐患之一。如果从事 IT 行业方面的工作，应该对信息风险相关的问题比较熟悉。

- **信息安全**。包括管理信息风险的工具和具体实践方案。信息安全不是管理信息风险的全部，更不是信息风险管理的终极解决方案。管理策略、合约、保险费或其他机制（包括非数字信息的物理安全）也在信息安全中起着重要的作用。但是，信息安全的主要作用是确定访问电子信息和系统所需的处理流程及安全控制策略，从而保护它们的安全。

如果将层级系统进行简化，可以将信息安全看作是信息风险管理的工具，而信息风险管理是企业风险管理的工具，企业风险管理又是治理的工具。这四个方面是紧密联系的，但又需要独立解决各自的问题，拥有不同的处理流程和工具。

提示：虽然 CSA 制定了自己的治理标准，但 CCSK 考试中涉及到的相关内容并没有涵盖全部的标准。如果你还是不太放心，可以阅读下面列出来的部分内容。CSA 测试的重点是这些标准对云的影响，而不是治理标准。

—ISO/IEC 38500:2015 - 信息技术 - 组织的 IT 治理

—COBIT - 治理商用框架，管理企业 IT

—ISO/IEC 27014:2013 - 信息技术 - 安全技术 - 信息安全治理

治理

本部分包含两个方面的内容：第一，治理背景知识。主要介绍公司治理的作用，以及治理对云服务的影响；第二，云治理相关问题的重要性。

提示：本书中的背景知识主要介绍某个主题相关的知识盲区，扫除这些知识盲区之后，再讨论相关主题。CCSK 考试中通常不包含背景知识相关的内容。

治理背景知识

我们经常会听到"需要从顶层设计开始"。无论企业规模是大还是小，企业治理都需要从顶层开始设计。企业治理主要涉及董事会或执行层面。治理包含很多方面的内容，从企业治理到 IT 治理，但最重要的事情是：治理的唯一目标是使组织能够达到自己的目标。因此，需要从顶层开始设计治理，甚至从更高的层次上来讲，治理可以反过来与企业领导层确定的公司实际目标关联。

构成公司治理的组件范围非常广。图 2-1 所示为一些普遍接受的公司治理组件的高级视图。

图 2-1　公司治理框架

近年来，"英美模式"的治理体系中，认为公司存在的目标是为了股东获利，它最大的目标是最大化股东的利益。2019 年 8 月，美国商业圆桌会议（Business Roundtable，由近 200 名美国领先公司首席执行官组成的组织）重新定义了美国公司的目标：给员工投资，向顾客输送公司价值观，与供应商交易遵守道德底线，支持本地社区，坚持可持续发展来保持环境，为股东带来长期价值。这个定义非常精准，因为它定义了公司的具体目标，这个定义将使治理满足这些目标。不仅如此，这个定义将会使治理满足法律、法规、标准或公司的其他要求。

紧接着公司治理的是 IT 治理。可以将 IT 治理定义为：为了保证组织达到其目标，保证能有效并且高效使用 IT 的过程。图 2-2 所示为 IT 治理的各种组件，其中对 IT 治理的各种功能有所简化。例如，最新版本的 COBIT 核心模型包括与 IT 治理相关的 40 条治理和管理目标。CCSK 考试不会测试这些内容，但了解 IT 治理相关的知识也是有必要的。

与治理相关的背景知识就这么多，下面看看治理对云服务会产生什么影响。

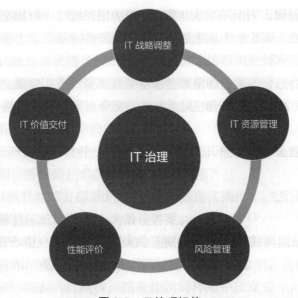

图 2-2　IT 治理组件

云治理

　　因为公司通常将云计算看作第三方服务，所以大多数公司通过合约间接地对云进行控制。公司基本都是按照云服务提供商的说明来制定、增强或监控云计算相关策略，公司治理依赖于云服务。另外，由云服务提供商创建云环境服务管理相关的关键信息，而不是由公司创建。实际上，公司只能在以下情况下进行云治理：公司职员在自己的数据中心实现软件自动化和编制，并且由公司全权管理（和现在公司数据中心其他系统类似）（第 1 章提到过私有云仅为一个公司服务，不需要过度关注位置和管理）。

　　云治理最主要的问题在于：尽管可以借助公司外部的力量完成云计算治理，但公司永远不能置身事外，即使使用外部云服务提供商提供的服务，公司也必须掌握云治理的过程。正因为如此，如果出现了什么问题，公司始终是第一责任人。其实，不管使用云计算或不使用云计算，只要涉及云计算责任共担模型的相关概念，都应该记住公司是第一责任人的原则。

　　有些云服务提供商有上百万的客户，云服务提供商可以根据合约、服务协议以及安全控制约定为客户提供全部的服务。正因为如此，云服务提供商将为客户提供标准化的服务，这些标准化的服务适用于所有的客户。云服务提供商的治理模型通常会从外部服务提供商的角度出发确定相关策略，例如主机托管或虚拟主机提供商的角度。云服务提供商会定制自己的提供的服务，包括为每个客户定制合约、职员背景筛选、法律协议等。

客户和云服务提供商之间的合约会规定治理的责任和机制。客户需要充分理解云服务提供商和自己的责任，找到所有的安全盲区。确定盲区之后，客户需要调整自己的处理方案，以避免盲区带来的隐患，或者容忍这些盲区的存在。

提示：也可以考虑让云服务提供商解决治理盲区问题。如果不使用云服务提供商的方案，所有的问题都自己解决，可能就没法找到合适的云服务提供商了。确定治理盲区，使用 CSA 的相关方法解决盲区存在的问题，从而完善治理方案。

云治理工具

公司有可能已经与云服务提供商签订了服务合约，在这种情况下，就必须知道在使用第三方服务时，我们自己应该做什么。云服务提供商合约与主机托管服务提供商合约不同，因为在进行主机托管时，硬件、人员、管理、操作等都必须由自己完成。与此不同，使用云计算时需要使用相关工具进行治理，要知道这些工具在具体云环境中如何使用。接下来的部分将详细介绍这些工具。

合约。合约是治理的首要工具。具有法律效力的合约协议是任何级别服务或委托的唯一"保证"。简而言之，如果某条服务没有写进合约，即可以将其看作不存在。注意"保证"一词的具体含义。如果云服务提供商不遵从合约的条款或者不履行服务协议的条款，可以走法律途径维权。

"合约"这个术语可能会有一点误导读者，因为从字面来说，会将合约理解为单个相关的文件。实际上，合约通常还包括其他相关文件。看看下面 Microsoft Azure 协议中第一句话：

Microsoft Azure 协议是你，或者你代表的实体，或者你个人与 Microsoft 公司（以下称为"Microsoft""我们"）之间的协议，包括合约条款、可接受使用政策、服务条款、服务等级协议以及订购或升级细节（统称为"协议"）。

由此可以看出，合约包括以下法律相关的文档。

- **合约条款**。这是文档的主体部分，描述服务的各个方面、如何使用客户的数据、协议终止条款、服务保证、适用的法律，以及服务提供商律师确定的在法律允许范围内保护自己的其他条款。
- **可接受使用政策**。本部分描述在使用云服务时能做什么，不能做什么。

- **服务条款**。本部分包含服务提供商具体提供什么服务的约定。

- **服务等级协议**。本部分详细描述各个条款，例如，正常运行时间约定及违反此约定应受到的惩罚。通常情况下，如果云服务提供商未按月提供满足服务等级协议的服务（例如，99.9% 的时间可用），那么需要采用提供额外服务的形式对其进行惩罚——客户通常需要提交声明，出示不可使用的证据。

- SLA 以及订购或升级细节。

- **与订购服务及续定相关的条款**。这部分是基于特定订购需求的详细法律协议。云服务提供商对客户的约定大部分都基于用户服务等级。例如，免费版可以包含云服务提供商可以访问客户数据的条款，而付费版不允许云服务提供商访问客户数据。在实际操作中，应该考虑云服务提供商的服务级别，并认真查看具体的文档。

 考试提示：在 CCSK 考试中，合约用于确定云服务提供商和客户之间的关系，合约是客户进一步治理自己产品的首要工具。

云服务提供商评估。客户在选择云服务提供商时，必须先对其进行评估。评估应该对云服务提供商的各个方面进行评级，从合约到云服务提供商提供的系统技术文档审计报告都必须认真评估。技术评估会受到云服务提供商的限制（例如，因为安全问题，不能对真实服务进行评估）。云服务提供商可能采取多种方式提供技术文档，可以将技术细节信息发布到网上，也有可能只让客户在办公室翻阅。

除了技术角度外，大多数云服务提供商提供的产品评估也是云服务提供商评估的一部分。评估项目通常包括财物、发展历史、特色产品、第三方评估、用户反馈等。

合规报告。可以使用两个词来概括地描述治理工具——标准和范围。行业领先的云服务提供商都会花费大量的资金来保证能够满足各种不同的标准。不同的客户需要遵守不同的法律法规，云服务提供商会花费大量时间和资金获得不同标准的认证来吸引不同的客户。然而，所有的标准都会面临一个共同的问题——如何选择合规的标准。例如，是否需要获得国际标准组织 / 国际电工委员会（ISO/IEC）认证。ISO/IEC 相关标准只能用于 IT 部门的审计。如果要找到一个通过 ISO/IEC 认证的云服务提供商，就可以放心地使用他们的服务吗？其实，如果云服务提供商提供的服务不满足客户的审计要求，即使通过了各种认证，也不能选择这样的云服务提供商。

云服务提供商通常会通过以下标准认证。

- **NIST 800-53**。这组风险控制方案是 NIST 风险管理框架的一部分。如果在政府机构任职，那么你对这组风险控制方案最熟悉。在 800-53 标准中包含 600 项风险控制，可以覆盖高、中、低各种级别的系统。

- **FedRAMP**。美国联邦风险与授权管理项目（Federal Risk and Authorization Management Program）将 NIST 800-53 风险控制方案针对云服务进行了简化。云服务提供商只有获得了 FedRAMP 认证［也称为运营授权（Authority to Operate，ATO）］之后，才能为美国政府提供云服务。

- **ISO/IEC 27017**。"基于 ISO/IEC 27002 适用于云服务的信息安全控制实践法则"标准是 ISO 27002 中重要的一组控制方案，它针对云服务的需求对 ISO 27002 进行了简化。

- **COBIT**。信息及相关技术控制目标（Control Objectives for Information and Related Technology，COBIT）是 ISACA 的治理和风险管理框架。它与云控制矩阵、FedRAMP 或 ISO 27017 完全不同，主要聚焦企业治理和 IT 管理，不仅仅只是关注安全。实际上，不会有任何一家公司会专门通过 COBIT 认证，但其中的标准会对风险控制起到引导作用，它与 CCM 具有对应关系。

- **PCI**。第三方支付行业数据安全标准（Data Security Standard，DSS）是使用广泛的工业标准，因为它对违反合约制定了相应的惩罚措施。需要注意的一点是：云服务提供商符合 PCI 合约并不意味着应用程序自动地符合 PCI 合约。所有云模型的责任共担就是如此。如果应用程序在 PCI 数据环境中运行，需要自己来评估应用程序。

- **HIPAA**。医疗保险可携性和责任法案（Health Insurance Portability and Accountability Act，HIPAA）是美国公共法，它用于保护医疗信息的数据隐私，并对医疗信息数据进行安全监管。HIPAA 不是专门针对云制定的，但将医疗信息存放在云环境中时，就要使其符合 HIPAA。

CSA 指南并没有对这里提到的所有标准进行详细介绍，但需要知道的一点是：主流的云服务提供商基本都使用美国注册会计师协会（American Institute of Certified Public Accountants，AICPA）的服务性机构控制体系鉴证（System and Organization Controls，SOC）报告来说明服务组织的安全控制。SOC 报告是由独立的 CPA 出具的，签订保密协议之后，可以从云服务提供商拿到 SOC 报告。有多种类型的 SOC 报告（SOC 1、SOC 2、SOC 3），这些报告都是基于 AICPA 审核业务标准声明 18（SSAE 18）（之前为 SSAE 16）标准。下面是 SOC 级别的详细分类。

- **SOC 1**。这个级别的 SOC 报告用于账务报告内部控制（Internal Control over Financial Reporting，ICFR），通常用于审计财务报表。
- **SOC 2**。这个级别的 SOC 报告的标题为"服务组织与安全性、可用性、过程完整性、机密性或隐私相关的控制报告"。它用于说明服务组织与安全性、可用性和过程完整性相关的控制。
- **SOC 3**。这个级别的 SOC 报告是公开可用的，它包含独立的 CPA 出具的声明。独立的 CPA 执行 SOC 业务，并且出具高水平的审核结果（例如，可以指出云服务提供商安全控制的声明是切实准确的）。

提示：第 4 章将会更详细地介绍 ISO/IEC 标准和 SOC 报告相关的内容。

AICPA 也将报告分成了不同的类型。

- **类型 1**。安全控制设计的时间点。
- **类型 2**。安全控制运行效果检查。

大多数人都会想接收或审查类型 2 的报告，因为它准确地对相关的安全控制进行测试报告。作为安全方面的专业人员，最起码需要查看云服务提供商的 SOC 2、类型 2 报告。报告中将会更详细地介绍安全控制是否到位、执行的测试及测试结果。

注意：云服务提供商能够提供 SOC 报告并不意味着云服务提供商已经采取了必要的安全措施，即使是合法的 SOC 报告也有可能在实践或审核中带来意想不到的风险。需要认真仔细地审阅 SOC 报告。

当然，云服务提供商并不一定需要按照类似 SOC 报告或 ISO 的标准对第三方安全控制进行审核。他们也可以提供自己基于类似 CCM 和 CAIQ 标准完成的自评估报告（第 1 章对此进行了讨论），或者甚至可以让客户进行审计——但这种情况很少见。

注意：并不是所有的审计公司（或审计人员）能力都相同，在公司治理方面，应该选择经验丰富、从业时间长并且治理质量高的公司。另外，在选择审计人员时，如果他们没有云环境相关的知识，他们有可能无法发现各种各样的问题。例如，如果是能实现安全控制的原生云应用，不熟悉无服务环境中新的安全控制方法的审计，那么对此是完全陌生的。CSA 推荐选择具备云知识审计人员——而获得了 CCSK 认证是审计人员具备云相关知识的最好证明。

风险管理

正如之前提到的，企业风险管理（Enterprise Risk Management，ERM）是整个组织的风险管理，信息风险管理（Information Risk Management，IRM）只聚焦于信息和信息系统的风险管理。二者都与公司治理相关，因为治理最终确定整个企业能接受的风险。在之前的治理部分提到过，云服务提供商和云用户之间的作用和责任分工是由合约来限定的。可以使用合约及服务提供商提供的其他文档来确定可能存在的未处理的风险。不能将组织风险管理的责任整个交给云服务提供商，因此合适的风险管理对于对组织来说是非常重要的。在选择云服务提供商时，查看云服务提供商的文档、评估结果和审核结果会对判断云服务提供商是否能有效控制风险有很大的帮助。

风险管理背景知识

在讨论云环境对风险管理的影响之前，先重点介绍风险管理基础，因为这对不太熟悉相关内容的人来说是很重要的。风险管理背景知识部分不可能包含风险管理的方方面面，因为相关内容太广泛，并且 CCSK 考试并未覆盖其中全部的内容。如果实在对风险管理相关的主题感兴趣，推荐你阅读 NIST 800-39 文档，本部分是在此文档的基础上完成的。如果你已经对风险管理的相关原则非常熟悉了，可以直接跳到下一部分学习。

ISACA 将风险管理定义为：组织在达到某个商业目标时，识别信息资源漏洞和威胁的过程，并且根据组织信息资源的价值，确定采取什么措施将风险减小到可接受的水平。NIST 发布的"管理信息安全风险"（SP 800-39）指出风险管理包括 4 类核心活动。下面对这 4 类核心活动及实施步骤进行简单的介绍。

步骤 1：确定风险框架。在这个步骤中，公司确定风险管理策略，详细说明如何评估风险，采取什么措施控制风险，以及如何监控风险。还涉及与组织管理风险方法相关的法律、法规和标准。更重要的是，本步骤确定公司的风险承受能力，公司根据此风险承受能力，从投资到具体操作进行风险控制。从这个初始的步骤就可以看到，需要将治理和风险管理功能牢牢地结合起来。

步骤 2：评估风险。在这一步中，可以使用风险评估来标识公司资产、区分公司资产的重要性以及评估公司资产的风险。公司确定潜在的威胁与漏洞，再确定通过漏洞进行破坏的可能性和可能带来的后果。这整个的评估考量过程就是定义风险。风险评估主要采用两种方式：第一，在对风险进行定性评估时，对威胁发生的影响及可能性进行主观排名（如，低、中、高）。第二，使用财务数据对风险进行定性评估。风险评估完成后，公司会对每种风险确定一个风险值，从而根据确定风险框架步骤（步骤 1）中确定的风险承担能力，确定每种风险是否是可接受的。

步骤 3：**确定控制风险的措施**。在这个步骤中，确定对预期风险采取什么措施。可以从以下几种选项中选择一种对风险进行处理：接收风险的存在，不需要采取任何措施来应对威胁产生的影响；停止所有的操作避免风险带来的影响；对风险进行控制，以减少威胁出现的可能性或者威胁的影响，从而减少风险；与第三方或其他团队合作共担风险；将风险转嫁至第三方，例如通过购买保险来转嫁风险。通常情况下，可以通过部署安全控制将风险的可能性和影响减小至可接受的水平，从而降低安全风险。仍然存在的风险称为残余风险。在云环境中，有云服务提供商和使用云环境的客户两方参与，云服务提供商也可以部署控件来减少风险。残余风险可以分为可接受的残余风险和不可接受的残余风险。如果公司确定有一个不可接受的残余风险，可以再部署相应的安全控制来减小风险，甚至可以放弃云服务提供商来避免风险。

提示：有可能在发现了安全风险时，想把这个安全风险转嫁给第三方。在这种情况下，通常可以选择网络保险公司。在保险方面有一点需要注意：通常保险公司仅对直接损害进行保险，而不会对间接损失(如，名誉损失)进行保险。必须清楚保险的限制，因为在处理网络攻击的花费可能是天文数字，并且名誉损失对组织带来的损失可能会更大。

至于哪些是可接受的风险，哪些是不可接受的风险，这取决于用户公司的风险承受能力。云环境用户不需要时时考虑发生的某件事情是否处在可接受的风险范围内。将"帽子里的猫"应用程序和内部财务报表应用程序进行比较，二者需要关注的安全问题一样吗？当然不同。是否接收风险的标准必须与相关资产的价值和需求保持一致。公司需要了解所使用的云服务以及在每种服务中使用的资产类型。

步骤 4：**监控风险**。风险管理最后的阶段包括验证使用风险控制措施的有效性并且维持合约（第 4 章将详细介绍审计和合约相关的内容）。除此以外，以下两件事情也是很重要的：第一，确定可能会对组织带来风险的各种变化；第二，采用合适的措施处理风险。可以使用手动方式（例如，威胁评估）或自动方式

（例如，配置管理、漏洞评估等）确定给组织带来风险的各种变化。在这个步骤中，可以根据风险监控结果确定过程改进方案并付诸实施。

云风险管理

无论将系统和信息存放在哪里，风险管理都是一样的，还是需要确定风险管理框架、评估风险、确定控制风险的措施、监控风险。云环境中的风险管理必须包括服务模型和部署模型，因为这些模型会影响与云服务相关的责任共担。接下来重点介绍使用云环境之后，当前的风险管理需要做哪些改进。

 提示：需要注意的是，将系统或信息转移到云并不会改变公司的风险承受能力，只需要改变风险管理方式。

服务模型和部署模型对风险管理的影响

因为云采用责任共担模型，所以必须确定哪一方应该管理服务模型和部署模型的各个组件。下面先介绍服务模型对治理和风险管理的影响，再介绍部署模型对治理和风险管理的影响。

服务模型对风险管理的影响

正如第 1 章介绍的，服务模型可以让你从更高的视角来看责任共担。云服务提供商提供的功能越多，他们就会在信息安全的各个方面承担更多的责任。

软件即服务。SaaS 意味着云服务提供商需要提供完整并可立即使用的应用程序。SaaS 云服务提供商的空间可以很小，也可以很大。如果可以从多个 SaaS 云服务提供商中选择一个，首先就要确定 SaaS 服务提供商与自己的公司相匹配，因为从基础设施到应用程序都使用云服务提供商提供的资源，也意味着主要安全方面的责任都要由云服务提供商来承担。

另外还需要考量的是，SaaS 云服务提供商可以为公司提供平台即服务（PaaS）或基础设施即服务（IaaS）的提供商。在使用云服务时，有可能会涉及第三方的提供商，甚至由第四方或第五方构成云服务供应链。如果在这种情况下，必须弄清楚有哪些服务提供商参与，并评估这些云服务提供商的云环境。

平台即服务。与 SaaS 相比，在 PaaS 模式中，用户需要承担更多的安全责任。在 PaaS 模式中，云服务提供商提供并全面管理共享平台，用户将自己的产品部署在共享平台上，用户能够配置产品的更多安全选项。例如，能够在共享 PaaS 平台上部署的应用程序内实现加密。在这种情况下，信息风险管理和信息安全主要聚焦于采购的平台以及应用程序本身。即使 PaaS 采用新的方式打破 IT 栈，也需要详细查看合约，要将合约条款与公司所需的安全控制或可能需要的安全控制进行对标。

提示：根据 CSA 指南，与其他服务模式相比，采用 Paas 模式与服务提供商全面协商合同的可能性更低一些。这是因为大多数 PaaS 服务提供商的核心驱动是高效地提供某种能力。

　　基础设施即服务。在 3 种云服务模式中，IaaS 与传统的数据中心最接近。正因为如此，在 IaaS 模式中用户需要对相关的安全配置负主要责任。其中的安全配置可以是云服务提供商提供的（例如，日志记录），也可以是用户自己实现的（例如，实例中基于主机的防火墙）。治理和风险管理的重点在云服务提供商提供的编排和管理层。因为大部分 IaaS 都建立在虚拟技术之上，云服务提供商选择和配置管理程序以及正确隔离负载的能力完全不在用户的控制范围内。对于可能出现的隔离失效，用户唯一能做的事情是知道云服务提供商减少隔离失效可能性的相关措施，在确定使用某个云服务提供商的服务时应完全知情。正如用户无法知道云服务提供商安全控制的审计情况一样，我们只能假设云服务提供商将其整个服务过程公开，通过审查相关的文件来了解云服务提供商。

部署模型对风险管理的影响

　　部署模型建立在基础设施的所有权和管理，以及对其他用户的信任程度基础上。因此，选择不同的部署模型，治理和风险管理方案也将发生变化。下面介绍如何根据公有云、私有云、社区云和混合云中的各种部署模型确定治理和风险管理方案。

　　公有云。这种模型非常简单。第三方拥有并管理基础设施，设备不在公司的数据中心。云服务提供商的职员或者未知分包商的职员管理所有的事情。其他用户是无法完全信任的用户，因为只要付钱，任何人都可以和你一样运行负载，甚至有可能是在和你相同的硬件设备上运行负载。

提示：需要注意的是，使用的云服务提供商（例如，PaaS 和 SaaS）有可能使用一些第三方的设备。

因为公有云提供的服务针对庞大的客户群并且本身具有多租户的特征，所以公有云中针对安全控制和其他技术问题进行合约谈判几乎是不可能的。正因为如此，必须评估云服务提供商实现的安全控制，执行安全盲区评估，并且自己解决安全盲区中存在的问题。或者只能承担风险（只有在充分预评估安全风险的基础上，并且考虑到云服务提供商具有特定的价值后再选择云服务提供商）。

提示： 因为存在多租户，所以自然会使用格式化合约。

私有云。 私有云的治理可以归结为一个问题：是云服务提供商还是云用户拥有并管理私有云？可以找一个云服务提供商，让他们帮助构建并管理私有云，或者也可以凭借自己的力量创建自己的私有云，安装编排软件，将自己的数据中心变成"私有云"。如果公司拥有并运行私有云，与之前数据中心的管理基本类似。如果委托其他公司创建并管理私有云，即采用私有云托管的形式，在这种情况下，必须要处理好私有云托管公司和云服务提供商之间的关系。私有云的治理与公有云治理不同，因为私有云治理中，公司和云服务提供商是一对一的关系。在签合约时，与使用其他云部署模型签合约类似，一定要事先在合约中约定清楚，强调云服务提供商提供相应的服务。如果你希望能够提供某种服务，但未在合约中清晰明确地约定，那么很有可能面临更改合约的情况。

考试提示： 在解答与私有云治理相关问题时，需要弄清楚究竟是谁拥有并管理基础设施。与使用内部私有云相比，使用第三方私有云可能存在更多的变数。

混合云和社区云。 如果使用混合云和社区云部署模型，在云治理方面需要注意两个方面的问题：内部治理和云治理。在使用混合云时，制定治理策略时需要考虑云服务提供商合约和组织内部治理约定中共有安全控制的最小集合。无论是混合云模型还是社区云模型，云用户要么连接两种不同的云环境，要么连接一种云环境和一个数据中心。

对于社区云来说，治理除了要处理好云服务提供商及用户之间的关系外，还要处理共享社区云的各组织之间的关系。这些关系包括社区会员间的关系及财务方向的关系，还需要考虑当会员离开社区之后应该如何处理。

云风险管理权衡

本章介绍了采用各种云部署模型时管理企业风险的优点和缺点。公有云和托管私有云是最具有代表性的部署模型，以下因素会影响各种部署模型的特点。

- 除了能对云服务提供商进行评估，使用云服务提供商的安全控制和处理流程之外，公司基本不能进行物理控制。无法对云服务提供商提供的服务进行物理控制，也不能控制云服务提供商的内部处理流程。
- 因为无法时时刻刻检查和管理云服务商内部的处理流程，因此只能依靠合约、审计和评估等方式进行安全控制。
- 因为无法直接控制就会带来很多变化。需要密切关注与云服务提供商之间的关系，并且对合约的依赖性更强。因此在签订合约并进行审计之后，并不能万事大吉，还需要时刻关注云服务提供商各方面的变化。云服务提供商为了保持市场竞争性，也会经常改进产品，这种持续的更新可能会超出公司的预期、带来各方面的压力，对变更的处理也许不在最初的合约和评审范围内。
- 在责任共担模型中，云服务提供商对风险管理负主要责任，云用户风险管理的责任减少（相应的支出也会减少）。虽然不能完全将风险管理都交付给云服务提供商，但其中有部分风险管理也可以依赖云服务提供商来完成。

提示：在治理与云服务提供商之间的关系时，必须努力处理好云服务提供商的动态变化（如，云服务商提供新的服务）。

云服务提供商评估

在对云服务提供商进行评估时，实际上在处理两方面的风险管理，一方面是使用第三方云服务提供商的服务带来的风险，另一方面是在云中实现自己的系统带来的风险。风险管理的基本原则是不因为使用云而改变自己的基本风险管理策略（本章之前已做介绍）。部署至云之前在治理、风险和合规（Governance, Risk, and Compliance，GRC）采用的所有框架、流程和工具可以并且应该在部署至云环境过程中使用。采用云服务之后在 GRC 方面最大的变化在于对云服务提供商进行评估，并且需要对云服务提供商进行持续评估。

提示：欧洲网络和信息安全局（European Network and Information Security Agency, ENISA）发布了名为《云计算风险评估》（Cloud Computing Risk Assessment）的文档，用于帮助用户完成云环境风险评估，第 15 章将会详细介绍此文档。

云服务提供商评估

初次对云服务提供商进行评估是云风险管理最根本的工作。可以按以下步骤对云服务提供商进行评估，也可以参考图 2-3 进行云服务提供商进行评估。

（1）获得云服务提供商相关文档。

（2）审查云服务提供商安全程序和文档。

（3）审查云服务提供商和公司法律、监管、合约和司法管辖区域相关的全部文档。

（4）根据自己的信息资产评估与云服务提供商合约指定的服务。

（5）全面对云服务提供商进行评估，例如财务、稳定性、口碑以及是否采用第三方服务等。

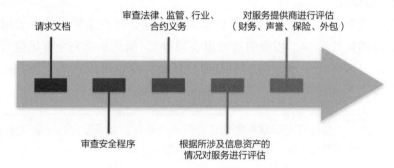

图 2-3　云服务提供商评估步骤（获云安全联盟许可使用）

因为云服务提供商的治理和风险管理从来没有一劳永逸的方法，因此需要持续对云服务提供商进行评估。最后，对云服务提供商评估提出以下两点建议。

- 某个特定云服务提供商提供的所有服务可能无法满足相同的审计 / 评估标准。必须对云服务提供商最新的审计 / 评估报告进行评估，然后考虑是否使用云服务提供商的服务，或者是否对其进行测试。

- 必须对云服务进行定期评估，如果条件允许，尽量采用自动评估的方式进行。

提示：如果云服务提供商向用户提供 API，那么可以采用自动评估。

本章小结

使用云服务时，治理和风险管理会发生变化。本章主要介绍云安全联盟推荐的云治理和风险管理的相关内容。CCSK 考试的内容不会超出传统 IT 治理和风险管理相关的各种标准。准备 CCSK 考试时，需要理解采用云服务之后，治理和风险管理会发生哪些变化。本章主要包含以下内容。

- 根据所选择的云部署和服务模型确定安全与风险管理的责任共担模式。根据相关的工业最佳实践、全球标准及相关法规（例如，CSA CCM、COBIT、NIST RMF、ISO/IEC 27017、HIPAA、PCI DSS、EU GDPR 等）制定云治理框架 / 云治理模型。

- 需要注意，合约会对治理框架 / 治理模型产生极大的影响。当使用云服务提供商的服务时，实际上要考虑整个供应链的安全。

- 有时候与云服务提供商几乎没有谈判空间或谈判空间很小，但不要因此就放弃某个云服务提供商。如果和云服务提供商谈判没有进展，云服务提供商带来无法接受的风险，也可以考虑采用其他的机制（例如，监控或加密）来管理（转移）风险。

- 将具体资产及其承担风险的能力与对应的风险管理需求进行对标。不可能对每种资产采用统一的安全方案，资产的价值和类别天差地别，需要分别针对不同的资产制定具体的方案。

- 创建一套管理风险和接收 / 转移风险的方案，用于评估每种解决方案的风险。第 1 章介绍的云控制矩阵就是用于风险管理的有效工具。需要根据不同资产的具体风险承受能力来制定风险评估方案。

- 使用安全控制来管理面临的风险。如果对云服务提供商接收的风险不制定相应的安全控制措施，只能有两种选择，要么接受风险的存在，要么换个云服务提供商避免风险。

- 根据资产类型（例如，按照数据的类别）、云的使用及管理，使用工具追踪所选云服务提供商提供的服务。可以采用任何类型的工具，从电子表格到高级供应商追踪工具都可以。

- 正如费里斯·布勒所说，时光飞逝，如果不停下来看看周围发生了什么，你可能就会错过一些事情。必须定期对云服务提供商进行评估，尽可能采用自动评估的方式进行。

- 制定云服务提供商评估流程。可以按以下步骤来制定相关流程。
  - ➢ 审查合约。
  - ➢ 审查自己的合规报告。
  - ➢ 文档和策略。
  - ➢ 现有的审计和评估。
  - ➢ 了解适用于用户需求的服务。
  - ➢ 改进管理策略，监控组织使用云服务的变化。

本章练习

问题

1. 克里斯为公司商业部门采购新的 CRM SaaS 解决方案，克里斯在对销售商进行风险评估的第一步应该是什么？

   A. 确定每月的支出

   B. 询问客户对产品的满意度

   C. 确定应用程序中存储数据的敏感性级别

   D. 获取并查看云服务提供商的文档

2. 帕特想找一套专用于云的安全控制的工业标准。帕特应该从哪里选择安全控制来制定风险评估流程的基准？

   A. ISO 27001

   B. NIST RMF

   C. COBIT

   D. CCM

3. IaaS 提供商保证如果你使用他们的云产品，那么应用程序的 PCI 一定是合规的。这种说法错在哪里？

   A. 提供商根本不知道自己在说什么

   B. 提供商存在欺诈行为

   C. 提供商不理解云的责任共担模型

   D. 以上全对

4. 下面是对云服务提供商进行风险评估的频率的描述，哪种说法是正确的？

   A. 根据购买之前最初的评估即可，不需要再次评估

   B. 根据最初的评估结果并且持续进行评估

C. 云服务提供商不允许用户进行风险评估

D. 根本不存在云服务相关的风险

5. 哪种服务模型与现存的治理和风险管理过程最一致？

A. SaaS

B. PaaS

C. IaaS

D. 内部管理的私有云

6. 在对云服务提供商进行评估时，为评估其安全控制，需要云服务提供商提供下面哪一种 SOC 报告？

A. SOC 1，类型 1

B. SOC 1，类型 2

C. SOC 2，类型 1

D. SOC 3

7. 多租户具有下列哪种本质特征？

A. 不可制定灵活的合约

B. 能被其他租户窃取信息

C. 规模经济

D. 责任共担

8. 用户必须负责控制下面哪种风险？

A. 任何风险

B. 与服务模型相关的风险

C. 云服务提供商可接受的风险

D. 云控制矩阵中列出来的风险

9. 云治理的首选任务是什么？

A. 审查云服务提供商的认证

B. 训练内部人员的云安全意识

C. 与有云相关经验的审计人员一起工作

D. 审查合约

10. 在私有云治理的过程中，首先必须弄清楚以下哪一点？

A. 谁拥有并管理私有云

B. 使用自动化软件和编排软件

C. 管理私有云工作人员的信任度

D. 与私有云服务提供商的合约条款是否已敲定

答案及解析

1. D。进行风险评估的第一步是要求云服务提供商提供相关文档。

2. D。CCM 针对云安全推出了一系列的安全控制。其他答案均不对。

3. D。所有描述都正确。

4. B。应该事先进行风险评估，并且在使用云服务的整个过程中都应该定期进行风险评估。

5. C。IaaS 是与传统治理和风险管理最一致的服务模型。私有云是部署模型，不是服务模型。

   提示：在任何技术相关的考试中，都需要小心这种出题陷阱。

6. C。最佳答案是 SOC 2，类型 1。SOC 1 处理财务报告控制。SOC 3 报告不包含任何测试及测试结果。在审查云服务提供商安全时，SOC 2，类型 2 报告是最佳选择，但是因为没有此选项，所以 SOC 2，类型 1 是最佳答案。

7. A。不可制定灵活的合约是多租户的本质特征，因为云服务提供商无法与上百万用户签订不同的合约。

8. C。最佳答案是：那些要控制无法接收的风险之外，用户还必须控制云服务提供商已接收的任何风险。必须要在特定系统的价值之上确定风险控制方案，而不是对任何系统都采用统一的方案。

9. D。审查合约是云治理相关的首要任务。

10. A。在对私有云进行治理过程中，首先必须弄清楚谁拥有并管理云基础设施。如果组织内部拥有并管理基础设施，基本没有变化。如果由其他组织拥有并管理基础设施，因为云服务提供商掌控一切资源，因此需要改变治理策略。

第 3 章

法律法规、合约及电子举证

本章涵盖 CSA 指南范围 3 中相关的内容，主要包括：

- 治理数据保护和隐私的法律框架。
- 跨界数据传输。
- 合约和云服务提供商的选择。
- 各方责任分工。
- 第三方审计和认证。
- 电子举证。
- 数据托管。
- 数据保存。
- 数据收集。
- 对法院传票和搜索令的回应。

对法律中一些不确定条款的处理方式能真正体现出律师的实力。

——杰里米·边沁

边沁先生的这句话很好地总结了云计算相关的法律问题。对于公司来说，云计算相关的法律需要注意两方面的问题。一方面，政府需要花多年的时间来制定法律，感觉法律总像滞后于技术的发展；另一方面，各国家和地区司法制度的发展速度并不一致，通常情况下，不同的国家之间的法律差异会很大。参加 CCSK 考试时尤其要注意第二个方面。

本章主要介绍由于将数据迁移到云上、处理与云服务提供商之间的合约以及电子举证引起的法律问题。需要事先说明的是，学完本章的内容之后，也不可能成为法律专家。本章的主要目的是让大家明白在采购云服务的过程中，公司的法律顾问将起到至关重要的作用，在跨多个司法管辖区处理与云服务提供商（有时候甚至是客户）之间的问题时尤其如此。另外，还需要注意的是法律和法规是经常变化的，因此在通过法律手段解决问题之前，必须先确认法律法规包含的信息是否真的与云服务具有相关性。本章重点介绍公有云和第三方托管私有云相关的法律问题。公司内部拥有并管理的私有云面临更多的是技术问题，而不是法律问题。实际上，内部部署的私有云仅仅是对公司拥有并管理的计算资产进行自动化管理和编排而已。

数据保护和隐私的法律框架

许多国家有自己的法律框架，这些框架采用合适的保护措施来保护个人数据的隐私以及信息和计算机系统的安全。例如，在欧盟内部，大部分隐私权法从 20 世纪 60 年代末和 20 世纪 70 年代就已经存在了。这些隐私权法是经济合作与发展组织（OECD）隐私准则 [Organization for Economic Cooperation and Development (OECD) Privacy Guidelines] 最根本的来源，经济合作与发展组织于 1980 年采纳了其中的一些法律条款。接着又加入了"数据保护指令"（Data Protection Directive）和 95/46/EC 指令，之后通用数据保护条例（General Data Protection Regulation，GDPR）取代了它们。最主要的是：这些隐私权法并不是新兴的概念，它们已经存在很多年了，只是近些年才严格执行其中的条款。

 考试提示：在准备 CCSK 考试时，没有必要深入了解各种欧盟标准、这些标准之间的区别以及发布的时间。本章会对其中重要的内容进行介绍，欧盟通用数据保护条例现在有非常重要的地位。

从法律的角度来看，和云服务相关联的有 3 类参与者，如图 3-1 所示，每类参考者对法律方面都有不同的诉求。

云服务提供商　　用户 / 托管方　　终端用户

图 3-1　在云中存储终端用户数据时法律意义上的参与者（获云安全联盟许可使用）

 考试提示：对于 3 类参与者来说，必须重点考虑数据受托方 / 控制方的作用，不同的司法管辖区域选择的适用法律也是不同的。

- **云服务提供商 / 处理方**。从字面意思就可以看出，第一类参与者为云服务提供商。云服务提供商在哪里提供服务，就当必依照当地的法律法规运营。
- **受托方 / 控制方**。这是实际控制最终用户数据的参与者。不同的地区对这类参与者的称呼有所不同。在美国，将这类用户称为数据受托方，在欧洲，将这类用户称为数据控制方。无论怎么称呼他们，从法律上说，这类参与者负责保证最终用户数据的安全。下面举例说明受委方 / 控制方，如果某公司使用基础设施即服务（IaaS）服务提供商提供的服务存储用户的数据，那么这个公司即为最终用户数据的受托方 / 控制方。受托方 / 控制方在哪里运营，就应该遵守当地的法律法规。
- **最终用户 / 数据主体**。这类参与者（你和我就是参与者）拥有自己的数据，并将这些数据委托给控制方 / 受托方进行管理。

提示： 尽管本书使用了欧洲和北美的术语（如，受托方 / 控制方），但它们之间其实存在细微的差别。简单起见，本书没有深入分析不同司法管辖区的法律细节，而采用这种形式来帮助读者理解参与者发挥的作用。

这些隐私权法明确了很多义务，例如，受托方 / 控制方和服务提供商 / 操作方必须履行的保密和安全义务。如果不满足某种标准，数据受托方 / 控制方不能收集和处理个人数据。例如，数据受托方 / 控制方会受到限制，只能根据知情同意协议收集并使用最终用户的数据。当由数据处理方代替自己处理数据时，数据受托方 / 控制方仍然要对数据的收集和处理负责（法律规定的义务）。作为数据受托方 / 控制方，公司必须保证云服务提供商 / 处理方采用相关的技术及组织安全措施保证数据的安全。当然，这就要求公司对云服务提供商进行尽职调查。

警告： 对数据受托方 / 控制方的法律约束不只是说说而已。一旦数据受托方触犯了法律会真正地承担法律后果。如果某公司拥有最终用户数据，但不重视当地法律规定的（或者审慎实践中的）隐私权或安全方面的要求，那么公司将被起诉。

尽管各个洲的每个国家之间在数据保护方面达成了共识，但两个国家之间具体的数据保护政策可能会发生冲突。因此，跨地区运营的云服务提供商及其云用户尽其所能满足不同的合规要求。在多数情况下，可以根据下面的标准适用不同国家的法律。

- 云服务提供商所在的地区。
- 数据受托方 / 控制方所在的地区。
- 最终用户所在的地区。
- 服务器所在的地区。
- 双方之间合约的法律管辖范围内，有可能与两类参与者所在地区均不相同。
- 不同地区之间的任何条约或其他法律框架。

 提示： 如果公司在全球范围内运营，很有可能会碰到法律规定相冲突的情况。这种冲突可以被看作是法律风险，必须认清这个事实，并认真对待。

现在能清楚 CSA 指南包含云服务法律方面的问题的原因了吧。要想很好地解决全球范围内法律相关的问题以及它们对云服务的影响，还得找公司的法律顾问，但是作为一个通过 CCSK 认证的人，需要清楚在什么情况下需要采取法律手段来解决问题。对于公司在全球范围内的经营活动，只有所有的法律顾问才能更好地建议如何规避法律风险。底线是：注意参与者所在的地区，它在进行尽职调查及确定其法律义务中起着重要的作用。图 3-2 所示为全球范围内每个司法管辖区存在的各种法律问题。

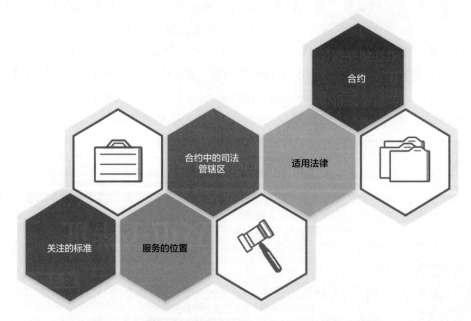

图 3-2　云服务法律相关的问题（获云安全联盟许可使用）

必要的安全措施

　　各个国家采取的隐私权法有所不同，有些国家采用法律汇编的形式（涉及所有类别的个人数据），有些国家采用分门别类的形式（涉及具体类别的个人数据）。这些法律通常会要求在合适的地方采用正确的安全措施，准确地保护隐私相关的数据。这些安全措施会要求公司采用技术方面、物理方面或管理方面的相关措施。当然，这些措施并不一定仅用于保护好个人信息，也可以采用这些措施来保护其他敏感数据集，例如财务数据和商业秘密。

相关条约

　　条约是两个政治当局之间的协议。为了通过 CCSK 考试，需要了解 2 个条约。美国和欧盟之间有"国际安全港隐私原则"，也称为"安全港协议"。这个条约要求公司自愿承诺使用与保存在欧盟的数据相同的方法，保护欧盟居民存储在美国的数据。但这个条约在 2015 年时被废除，之后被一个新的协议——"欧盟 - 美国隐私保护协议"（EU-US Privacy Shield）取代。"欧盟 - 美国隐私保护协议"中内容大部分与"安全港协议"相同。在"欧盟 - 美国隐私保护协议"保护下，个人数据能够在欧盟和美国之间进行传输，并可以在两地存储。公司自己的安全措施用于在合适的场合正确地保护隐私，而"欧盟 - 美国隐私保护协议"通常看作是在欧盟通用数据保护条例下的数据传输机制。

　　提示：本章后面会介绍欧盟通用数据保护条例的主要内容。

跨境数据传输的约束

　　类似于"欧盟 - 美国隐私保护协议"的条约可以说建立了数据保护的屏障，可以保护数据的安全。许多国家禁止将数据存储在境外。如果没有类似的条约，也有可能在境外存储数据，但解决方案会更加麻烦。在这种情况下，要在境外存储数据时，数据的导出方和导入方需要签订合约，以充分保障最终用户的隐私权。在将数据传出或传入某个国家时，需要事先获得数据保护专员的许可，这个过程可能会稍复杂一些。

在 CSA 指南中，描述了两个不允许将数据保存在境外国家的实例——中国和俄罗斯。这些国家的数据本地化法律规定，与居住在本国的个人有关的数据应存储在个人的母国。这么要求没有任何问题，其他很多国家甚至加拿大的省也有相同的法律规定，但 CSA 指南只以这两个国家为例（本章后面会对此进行详细讨论）。

CLOUD 法案

澄清境外合法使用数据法案（Clarifying Lawful Overseas Use of Data Act，CLOUD Act）是 2018 年在美国出台的。其目的是为美国政府处理数据隐私权相关问题提供法律依据，无论数据被存储在哪个位置，美国政府均有权依照此法律对访问美国云服务提供商存储的客户数据的行为发送传票或发出警告。

使用 CLOUD 法案最有名的一个例子就是微软和美国司法部之间的诉讼案。美国司法部想要访问存储在爱尔兰数据中心的数据，因为数据存储在美国境外，微软为保护客户数据的隐私权而拒绝美国司法部访问数据（每个云服务提供商都应该这样维护客户数据的隐私权！）。接着双方展开了法庭辩论，直到美国最高法院。在这期间，CLOUD 法案通过了，美国高等法院宣布诉讼终止，因为微软是一家美国公司，CLOUD 法案赋予美国司法部访问数据的权利。

 提示：云服务提供商需要保护客户数据的隐私权，不允许通过各种授权过度访问数据。客户应该确认合约中有相关的条款。

区域性法律法规

正如本章之前提到的，世界上许多国家都有自己数据隐私和安全性方面的法律。下面将介绍 CSA 指南中的一些实例。

 提示：这些跨区域的法律问题之所以复杂，很重要的一个原因是各国对法律描述的语言差异。有几个国家（例如，日本和德国）发布英语版的法律条款，但如果只有本地语言版本的法律文本，它就是最终的法律依据，翻译版本的法律文本是不能作为法律依据的。

亚太地区

CSA 指南中的亚太地区包括澳大利亚、中国、日本和俄罗斯。

澳大利亚

在澳大利亚，1988 隐私权法案和 2010 澳大利亚消费者法（ACL）用于保护最终用户。1988 隐私权法案包括 13 项澳大利亚隐私权原则（APPs）。这些原则可适用于收入大于三百万澳元的所有的私营部门和非营利性组织，所有私人医疗服务商和一些小型的商业机构。即使云服务提供商为澳

（获云安全联盟许可使用）

大利亚境外的公司并且合约中包含其他相关法律，1988 隐私权法案也能够适用于（保护）任何澳大利亚的消费者。

2017 年 2 月，澳大利亚对 1988 隐私权法案进行了修订，要求在出现安全漏洞的情况下，公司要向受影响的澳大利来居民和澳大利亚信息专员报告。在以下两种情况下，必须报告安全漏洞：第一种情况，在未授权的情况下访问并公开个人信息，可能会导致严重损害；第二种情况，如果在未授权访问或公开数据的情况下可能丢失个人信息，这种情况有可能对相关的个人信息造成严重的损害。

提示：不仅只有澳大利亚在数据遗失时有可能导致严重损害的情况下需要报告。加拿大《个人信息保护和电子文件法》（Personal Information Protection and Electronic Documents Act, PIPEDA）包括相同类型的条款。与澳大利亚类似，只要数据遗失就需要报告，以确定数据遗失是否造成严重的后果。

中国

最近几年，中国完成了个人和公司信息隐私权和安全相关的法律结构。2017 年颁布了网络安全法（稍后将介绍 2018 年对其进行更新的情况），主要规范网络操作员和重要信息基础设施操作人员的相关操作。2017 年颁布的网络安全法要求操作人员按照一系列安全规范进行操作，包括设计并采用信息安全措施；制定网络安全应急响应计划；以及如果需要，协助并支持相关部门保护国家安全及调查犯罪。法律要求网络产品和服务提供商告知用户相关的安全防护措施及漏洞，并向相关部门报告所采取的安全防护措施及漏洞。

另外，法律包括数据本地化规定，要求将个人信息和其他重要数据存储器在中华人民共和国境内（2017 年的网络安全法中"重要数据"这个词界定非常模糊，在法律界引起了很大的争议）。

2018 年修订网络安全法时，赋予了中国公安部门更大的权利。依照法律，中国公安部门能够更有效地对系统进行渗透测试（现场或远程），检查是否包含被禁止的内容，并且能够复制任何个人信息并且与其他国家机关共享相关信息。在现场检查时，需要两个中国人民警察在场来确保各项行为遵守法律程序。

 考试提示：CSA 指南并不包含 2018 年对国家安全法的修订的内容，因此 CCSK 考试中也不会包含相关的内容。但是，从实际操作方面来看，如果公司在中国市场之外运营，但希望与中国做生意，强烈建议向公司法律顾问了解数据本地化及政府可访问存放在中国数据相关的法律。

日本

与许多国家类似，日本个人信息保护法（Japan's Act on the Protection of Personal Information，APPI）要求私营部门安全地保护个人信息和数据。还有其他几个国家法律（例如，行政机关个人信息保护法，其中的行政机关包括全部行政机关）和特定部门的法律（例如，医疗行业要求注册的医疗专业人员对病人的信息保密）来保护数据安全。

日本还限制将个人数据传输至第三方（例如，云服务提供商）。如果将数据传输至第三方，需要事先征得数据主体的同意。如果目的国家建立的保护个人信息的框架满足个人信息保护委员会的具体标准，则不需要事先告知。例如，2018 年，在欧盟通用数据保护条例出台的同时，日本和欧盟之间签订了相关框架。

俄罗斯

俄罗斯数据保护法律要求居民的数据必须本地化。换句话说，与中国类似，俄罗斯居民的数据必须存储在俄罗斯境内。俄罗斯联邦通信、信息技术和大众传媒监督局是俄罗斯数据保护监管机构，这个机构负责执行法律，他们已查明多起在俄罗斯境外存储器俄罗斯居民数据的事件，并基于此事实关闭了多个网站。基本上，如果在俄罗斯发现哪个网站无法访问，那么很有可能是网站未在俄罗斯境内操作并存储数据。

 提示：根据俄罗斯和／或中国的法律，多个网站追踪公司被关闭。

欧盟和欧洲经济区

欧盟 2016 年采用通用数据保护条例，2018 年 5 月采用其加强版。全部欧盟成员国以及欧洲经济体成员均统一采用欧盟通用数据保护条例。它取代了个人数据保护相关的欧盟 95/46/EC 指令，已成为欧盟和欧洲经济区成员国数据保护法的法律依据。

（获云安全联盟许可使用）

 提示：欧洲经济体由欧洲国家加上冰岛、列支敦士登公国和挪威构成。

对于欧盟 / 欧洲经济区的个人数据保护来说，还需要关注另一个文件，即与隐私权和电子通信相关的欧盟 2002/58/EC 指令。这个指令正在被逐步淘汰，预期由新的电子隐私条例来取代，但新条例的出台已被延期多年，而且在可预见的将来还会继续延期。

当然，如果没有安全保障措施，实现隐私权基本是不可能的。网络信息安全指令（NIS 指令）可以满足这些安全要求。在 2016 年欧盟通用数据保护条例出台不久，2018 年 5 月 NIS 指令出台。欧盟 / 欧洲经济体成员国为了保护重要的基础设施和基本的服务，实施了新的信息安全法。下面两个部分详细介绍欧盟通用数据保护条例和 NIS 指令。

欧盟通用数据保护条例

欧盟通用数据保护条例适用于参与经济活动并拥有与欧盟公民相关数据的任何法律实体（包括组织和个人），由与争端双方相关的个人或实体关系最近的成员国数据监管机构或法庭进行争端裁决。下面列出了欧盟通用数据保护条例的基本要点。

- **适用性**。欧盟通用数据保护条例适用于欧盟 / 欧洲经济区的处理者或拥有者对数据进行处理的情况，无论数据处理过程是否在欧盟 / 欧洲经济体内发生均适用此条例。有些情况下，控制方或处理方会在欧盟 / 欧洲经济体成员国以外的地区创建数据主体，但是，如果处理欧盟 / 欧洲经济体内与商品销售或服务提供（无论是否付款）相关数据主体的个人数据，或者监控数据主体在欧盟／欧洲经济体内的行为时，欧盟通用数据保护条例有效。

- **合法性**。只有当数据主体得到具体、知情、明确同意能够处理他们个人数据，或者法律条文授权能进行个人数据处理的情况下，才能进行个人数据处理。

- **责任义务**。欧盟通用数据保护条例规定了公司必须履行多项义务，要求相关公司必须保存他们进行数据处理活动的记录。当数据处理过程有可能对自然人的权利和自由带来高风险时，必须进行数据保护影响评估。公司在开发和运营自己的产品时，最好遵守"设计谨记隐私权"及"产品本身具备保护隐私权特性"的原则。

- **数据主体的权利**。数据主体有权知道自己个人数据相关的处理过程。数据主体最大的权利是选择使用自己个人数据对象的权利、遗忘的权利、修改的权利。

- **跨境数据传输限制**。不能将个人数据传输至欧盟／欧洲经济体之外，特别是所在国家与欧盟／欧洲经济体的个人数据保护和隐私权保护存在差异地区的数据处理者或数据受托方／控制方。除非公司可以证明，达到标准合同条款（Standard Contractual Clauses，SCC）标准所要求的数据保护水准；注册欧盟 - 美国隐私盾（EU-US Privacy Shield）；获得 企业约束规则（Binding Corporate Rules）认证；或者遵循获得认可的行业行为准则或被认可的认证机制。在极少数情况下，数据主体明确、知情同意，或者其他例外情况下可以进行数据传输。

- **安全漏洞**。欧盟通用数据保护条例要求数据控制方在检测到漏洞和安全问题之后，72 小时之内必须报告。要求报告是基于风险管控的，将漏洞报告给监管机构和受影响的数据主体的要求是不同的。

- **成员国之间的差异**。欧盟通用数据保护条例允许成员国在条例基础之上加强数据保护。例如，德国（在欧盟通用数据保护条例出台之前，德国在隐私权法规方面具有领先地位）要求如果公司的职员超过 9 个，必须委派数据保护专员。

- **制裁**。如果违反了欧盟通用数据保护条例的相关规定，公司将受到严厉的制裁。制裁的金额可以达到公司全球总收入的 4%，或者高达两千万欧元，选择二者中较重的方式进行处罚。

提示： 在欧盟通用数据保护条例颁布 5 天之后，德国政府使用欧盟通用数据保护条例对一起案件进行判决，即互联网名称与数字地址分配机构（The Internet Corporation for Assigned Names and Numbers，ICANN）因为收集 WHOIS 数据起诉 EPAG（德国域名注册服务机构），从这次判决中可以看到欧盟通用数据保护条例罚款和制裁的力度。接着在 2019 年 7 月，英国独立专员办公室（UK Independent Commissioner's Office，ICO）宣布对英国航空公司和万豪酒店进行罚款，这是依据欧盟通用数据保护条例进行罚款的第一个成员国，罚款总额高达两亿八千万英磅（接近三亿五千万美元）。两家公司大概率可能会竭尽全力抗辩，而且很有可能会持续多年。但其中发出的信号是明确的——各国将会严格执行欧盟通用数据保护条例，因此各公司需要在安全和隐私保护方面加大投入。

网络信息安全指令

网络信息安全指令（Network Information Security Directive，NIS Directive）要求欧盟 / 欧洲经济体各成员国在 2018 年 5 月之前完成网络信息安全指令的国家立法，并在 2018 年 11 月之前确认基础服务的经营者，例如能源、航空、银行、金融市场基础设施、医疗卫生、饮用水供应以及供电等。除了这些基础服务经营者之外，网络信息安全指令还要求确认（不是严格要求）数字服务提供商。云服务提供商、在线交易市场和搜索引擎都被划归数字服务提供商。数字服务提供商必须知道，网络信息安全指令同样适用于总部在欧盟之外但在欧盟提供服务的公司。这些公司必须委派总部在欧盟的公司作为自己的代表，以保证合乎网络信息安全指令的规范。

网络信息安全指令创建了一个框架，使得网络和信息系统能够在一定程度上抵制影响以下数据或服务的可用性、真实性、完整性或保密性的行为：存储、传输或处理的数据；由这些网络或信息系统提供的相关服务；可通过这些网络和信息系统访问的服务。

提示： 真实性和完整性的具体含义如下。完整性指确保源头国家的信息和系统是准确可靠的（可以将其称为"参照版本"）。真实性是指确保第三方参与控制信息和系统时，不改变"参照版本"的数据。这是一个很小的细节，CCSK 考试中不会涉及相关的内容。大多数人熟悉信息安全三要素为真实性、完整性和可用性，但网络信息安全指令在此基础上增加了真实性，所以在这里做个解释。

- 每个成员国必须成立计算机安全事件响应小组。各国的计算机安全事件响应小组和所有欧盟 / 欧洲经济体成员的计算机安全事件响应小组联合工作，是整个欧盟网络的一部分。
- 根据指令标准认定为数据服务提供商的组织必须在技术上和运营上采取一定的措施，将风险控制在一定的范围内。数据服务提供商组织必须遵守指令的突发事件报告协议，在碰到重大的安全事件时，组织必须立即向计算机安全事件响应小组及其他相关主体报告。
- 各成员国必须提供有效实施安全策略的证据，例如安全审计的结果。
- 各成员国必须采取技术上和组织上的措施，管理在其运营过程中网络和信息系统面临的风险。
- 各成员国必须采取适当的措施，确保监管重要服务的网络和信息系统的安全，以防止或减小安全事件对这些系统造成的不良影响，从而保障服务的连续性。
- 各成员国必须提供必要的信息用于评估各国网络和信息系统。
- 在对提供服务造成实质性影响的情况下，各成员国必须立即通知主管机关。

网络信息安全指令确定了相关的责任，明确了对违反相关条例的各个成员国及非欧盟国家进行处罚。但是，网络信息安全指令同时指出处罚应当是有效的、适当的，并且是劝诫性的。

 考试提示： 网络信息安全指令可适用于欧盟 / 欧洲经济体之外的公司，如果欧盟外的公司在欧盟服务，必须找到总部在欧盟内的公司作为其代表，保证其运营活动遵守网络信息安全指令。

美洲

与之前介绍的其他地区一样，美洲的不同地区也针对公司运营制定了不同的法律法规。但其中最重要的是美国的法律和法规。除了对于通过 CCSK 考试来说重要外，更重要的是，我们需要理解云服务提供商必须遵守不同地区的法律和法规。其实，无论我们或者我们的公司在哪里，我们都会使用至少一个美国云服务提供商提供的云服务。

（获云安全联盟许可使用）

美国联邦法律

下面是适用于美国公司的美国法律和法规的实例。如格雷姆 - 里奇 - 比利雷法案（Gramm-Leach-Bliley Act，GLBA）、1996 年的医疗保险可携性和责任法案（Health Insurance Portability and Accountability Act，HIPAA）和 1998 年的儿童在线隐私保护法案（Children's Online Privacy Protection Act of 1998，COPPA）中的财务条例。所有这些条例都规定必须要保护个人信息的隐私权，并在处理个人信息时采用合理的安全措施。

大部分的法律都要求公司在选择分包商和服务提供商（包括云服务提供商）时采取必要的预防措施，需要对分包商的行为负责。格雷姆 - 里奇 - 比利雷法案、医疗保险可携性和责任法案均要求相关组织在书面合同条款中要求第三方使用合理的安全措施，并遵守数据隐私权条款。

美国州法律

在美国，大多数安全及隐私权法律和法规均在州一级来实施。这些法律适用于对居住在州内任何个人的个人信息进行收集或处理的任何实体，无论数据保存在美国的任何位置，都适用个人居住地所在州的法律。

州法律与联邦法律完全不同，它涉及所谓"受保护信息"的最基本的要素。例如，加利福尼亚州宣布用户名和密码为应该受保护的数据。但是，亚利桑那州没有将用户名和密码列为受保护的数据。为了维护安全并且保证遵守所有的法律标准，需要法律顾问来确认哪个州对隐私权的保护最严格，并且遵照执行。

 考试提示： 许多州都颁布了相应的法律法规，要求公司确保服务提供商对个人数据采取适当的隐私权保护和安全措施。

安全漏洞披露法

多个联邦和州的安全和隐私权法律法规要求发现对特定类型数据（如，个人身份识别信息、患者健康信息）造成损坏的安全漏洞的实体立即告知受影响的个人，并且多数情况下，需要告知州或联邦机构出现了安全漏洞。

对于州立安全漏洞披露法，这里要提到的是华盛顿州的数据泄露通知法（2015 年开始实施）。这项法律规定，只要合理地预期某次泄露影响超过合 500 个华盛顿居民，在知道泄露发生 45 天内必须向华盛顿州总检察长报告。所有的泄露通告会在华盛顿总检察长网站上公布。亚拉巴马州于 2018 年 6 月才实施数据泄露通知法，是最后一个实施此法律的州。与华盛顿州的法律不同，亚拉巴马州的数据泄露通知法要求，如果确认数据丢失一定会导致"实质性损害"时，要在 45 天内通知个人。如果超过 1000 个亚拉巴马州的居民受到数据泄露影响，需要告知消费者报告机构和州总检察长。所有的州对什么情况是数据泄露、告知时间、损害等的界定完全不同。

理解这些法律对云服务用户和云服务提供商来说都很重要，因为对安全漏洞的处罚越来越严厉。正因为泄露了个人身份识别信息数据，艾可菲公司当前正面临着 7 亿美元的罚款和诉讼。这个数额远远超过公司在安全问题、名誉损坏及其他与漏洞相关投入的总和。

联邦和州机构

云服务提供商的用户应该都知道，法律不是一成不变的，而是不断地在进行修正。美国政府机关（例如，联邦贸易委员会）和州检察长根据"不公平和欺诈法行为"法案行使自己的权利，对在保护隐私权和安全方面与公司宣称不一致，从而造成不公平和欺诈行为的公司进行罚款。为了加强隐私权和信息安全的保护，联邦贸易委员会可以签发罚款决定书和知情同意书，指出联邦贸易委员会发现公司存在什么问题（通常会包括联邦贸易委员会 20 年来的相关要求）。法律顾问可以利用知情同意书和罚款决定书，根据联邦贸易委员会提供的新的先例更新或修改保护安全与隐私权的描述。

如果联邦贸易委员会发现公司违反了知情同意书，则可以处以巨额罚款。2019 年 6 月，联邦贸易委员会因为 Facebook 违反了 2011 年签订的知情同意书，对 Facebook 处以 50 亿美元的罚款。

考试提示：联邦贸易委员会从美国联邦层面采取措施保护消费者的隐私权。州检察长通常从州级层面处理消费者隐私权相关的问题。

中美洲和南美洲

中美洲国家和南美洲国家都迅速跟上，出台了数据保护法。阿根廷、智利、哥伦比亚、墨西哥、秘鲁和乌拉圭因欧盟 95/46/EC 指令的出台而发布了数据保护法律，其参考了亚太经合组织（APEC）隐私权保护框架。这些法律包括安全方面的要求，并且无论数据存储器在哪里，让数据受托方 / 控制方保障个人数据的安全。当将数据传输至第三方（例如，云服务提供商）时尤其如此。

合约的签订和云服务提供商的选择

云服务使用者不仅要遵守各种法律法规，而且要履行保护自己客户、合约或职员（利益相关者）的义务，以保证按最初的目的使用数据，而不将数据用于其他目的，并不与第三方共享。可以从公司网站或者从完成合约的条款和条件以及 / 或者隐私相关的描述中找到这些条款。例如，软件即服务（SaaS）云服务提供商（数据处理者）会受到服务协议的约束，只能将个人数据用于某种目的。

对于用户签订合约和选择云服务提供商来说，最主要的是云服务提供商必须说到做到。无论是在合约中进行相应的描述，还是在网站上发布隐私权保护策略，都应该说到做到。如果将数据交给云服务提供商处理或者存储在云服务提供商的设备上，也需要相关保证条款。如果告知用户他们的数据在你手上是安全的（例如，将会对数据进行加密），那么必须保证在云环境中也会采取相应的措施。如果将用户数据存在自己的数据中心，告诉用户将采取某种方式保护他们的数据看起来很可笑，但如果将数据转移到云环境中，就并非如此了。

如果按照通用数据保护条例的方式来告知隐私权保护策略（大多数法律顾问都将其看作是通用预防措施），并允许数据主体能够访问、修改和删除自己的个人数据，那么云服务提供商必须使用户能够像不采用云服务时一样进行访问、修改和删除个人数据。

条款、条件和隐私策略就是告知终端用户你在某个时期如何处置他们的数据。作为数据受托方 / 控制方，公司对正确采用这些保护措施负法律责任。有一句大家熟知的话：无知不是借口。如果一个客户因为丢失数据起诉你，你告诉法官你不知道云服务提供商不会保证数据的安全，这时候会发生什么呢？你应该完全清楚服务提供商做了什么（外部尽职调查），还需要清楚自己必须做什么来支持自己的承诺，并且具备实现这些承诺的能力（内部尽职调查）。所有这些都必须用书面形式记录下来。如果云服务提供商未达到自己的书面承诺，而你收到了终端用户的起诉，至少可以对云服务提供商进行起诉。这种情况下谁是最后的赢家呢？可能只有律师，其他各方都没有赢。

之前所讨论的法律、法规、标准和相关的最佳实践也要求对数据受托方 / 控制方保证通过尽职调查（执行合约之前）和安全审计（在执行合约期间）来履行这些义务。

内部尽职调查

作为数据受托方 / 控制方，保护委托给自己公司的终端用户数据时，必须遵守全球各区域的法律法规，否则会面临法律风险。即便如此，在将客户的数据传输至第三方时可能会因为合约规定的义务而受到限制。

 提示： 我曾经亲身经历过数次由于未满足各地区法律法规而带来的问题。有个公司想要采购云服务来替代创建新数据中心的方案，但由于有些客户签订的合约中包含了"禁止第三方参与"的相关条款，不得不推迟采购云服务的方案。在将负载和系统部署到云上之前，必须确认现在服务的所有客户的合约中不包含"禁止第三方参与"相关的条款。

无论是云服务提供商还是云服务用户，都必须弄清楚自己的实践、需求及限制是否满足相关法律和合规需求。作为内部尽职调查的一部分，云服务用户首先要确定其商业模式是否能够使用云计算服务，以及在什么条件下使用云计算服务。例如，对于某些控制重要基础设施的公司，法律会限定要求公司让出公司数据的控制权。另外，云服务提供商对一些地区的法律不太熟悉，在这些地区，云服务提供商对合规所要付出的成本可能都会很谨慎。

 提示： 下面是合规成本的一个实例。为了获将产品销售给美国联邦机构的授权，云服务提供商需要至少花 1 百万美元获得特许经营权。

无论什么时候，都应该秉持这样的信念："云对即将迁移至云的数据是友好的"。如果公司在进行数据处理时过度关注数据的敏感性和保密性，那么在发布系统时可能会导致灾难性的后果，很有可能会导致放弃使用云服务或者对数据的传输或存储采取重要的安全预防措施。需要注意的是，不是所有的数据都具有相同的保密价值，也不能对所有的数据采取相同的保护措施。有时候可需要承担一些安全风险。上市公司的财务报表要受到萨班斯 - 奥克斯利法案（Sarbanes-Oxley）的约束，受到较高级别的安全保护。但同样上市公司最新的销售博客相关的内容就不需要这么高的安全保护级别了。

监测、测试和升级

云环境是动态变化的。正因为如此，云服务用户需要随时了解云服务提供商的任何改变。这有可能导致云服务用户也需要按照云服务提供商的变化节奏来改进自己的产品。有些云服务提供商的这种改变还没有进行认真的审核，但团队中有些开发人员可能已经使用了云计算的新服务或新方法。应该定期对云服务进行监测、测试和升级，以有效地采用相应的措施保护隐私权和安全性。如果不能定期检测云服务和自己使用云服务的相关情况，那么很有可能在不知不觉的情况下面临灾难性的风险。

提示： 很多云服务供应可能会限制对系统、平台和应用程序进行测试。这种情况下，公司需要根据服务提供商提供的第三方测试文档做更多的纸上演练。无论如何，都需要根据云服务提供商的变化来评估和升级自己的系统。

需要迅速地应对新的安全漏洞、法律和合规要求。云服务客户和云服务提供商必须时刻应对相关法律法规、合约以及其他需求的变化，并且在新技术出现时，必须保证安全控制持续演进。

考试提示： 定期监测、测试和升级的概念基本贯穿 CSA 指南的每个主题。需要时刻了解技术和法律上的任何变化！

外部尽职调查

在使用云服务提供商的服务之前，需要对云服务提供商进行尽职调查。这就要求查看云服务提供商所有相关的文档，例如安全文档、合约、条款及细则以及可接受的用户策略。这样做的目的不仅是评估云服务提供商的所有服务，而且要对正在使用的云服务进行调查。如果不用某个云服务，看相关文档又有什么意义呢？

提示： 云安全联盟的安全信任与保证项目（Security Trust Assurance and Risk，STAR）注册（详细参考第 1 章相关内容）是各个云服务提供商服务安全相关信息的优秀资源。

在尽职调查过程中做的所有事情都必须是基于风险的。无论负载是工资系统还是某个公开的市场销售相关信息，都应该采用同样的方式对服务提供商提供的服务进行评审吗？当然不是。在对服务进行尽职调查时，应该考虑负载的重要性。

信息的资源不限于销售商提供的文档。从其他信息资源可能会发现宝藏，例如，其他用户、在线搜索云服务提供商的口碑、浏览对云服务提供商进行法律诉讼的报道。这些资源可以突出服务和保障能力的质量和稳定性。

合约谈判

在进行尽职调查之后，选择了某个云服务提供商或者使用某种服务，接下来你自己或者法务组必须全文通读并理解合约中的条款。毕竟，合约的目的就是准确描述各方的理解。因为云计算的特征就是基于规模经济的，合约中的很多条款基本是无法通过谈判的方式进行修改的。也有一些云服务提供商不采用固定的条款，可以通过谈判的方式来对条款进行修改（有时候甚至整个合约都是通过谈判确定的）。例如，如果想成为一些较小的云服务提供商的推荐客户，可以和这些云服务提供商进行合约谈判。如果云服务提供商不允许修改合约的条款，也并不意味着要放弃这些云服务提供商。其实，首先需要了解自己的需求，然后了解云服务提供商在合约上需要履行哪些义务，再实现合适的控制填补可能存在的安全盲区。另外，承担一定范围内的风险也是不错的选择。公司的风险承担能力对选择云服务提供商起决定作用。

注意： 合约上通常包含"我同意上述条款"的选项，几乎所有的人都会在仔细阅读条款内容的情况下，选择这个选项并使用相关服务。选择了这个选项，就表示在法律上同意相关条款。通常将其称为"点击确认"协议。疏忽从来不是理由，如果告诉法官"我认为，没有人会真正去读那些条款"，法官是不会认同的。

第三方审计和鉴证

大多数大的云服务提供商不会允许公司对他们的数据中心进行审计。这种情况下就需要第三方审计和证明，以保证云服务提供商的基础设施合规。这种云服务提供商安全方面的透明性对于预期的用户及当前用户都是很重要的。云服务用户有责任对最新的评估报告中的审计结果或证明、适用范围以及特点和服务进行评估。需要特别注意所审查文件的日期。文件中相关的内容反映了云服务商当前的运营情况吗？你当前查看的报告是五年前的，对当前的运营环境几乎没有影响？

提示： 必须对当前使用的服务进行评估，确认评估报告是否涵盖这些服务。

电子举证

在诉讼中发现和搜集证据相关的法律不仅仅只在美国有。CSA 指南指出，许多美国的法律都属于电子举证的范畴，但基本概念在不同的司法管辖区都是一样的。当然，要理解并分辨不同司法管辖区电子举证上的差异，最好的方法还是去找法律顾问。

在美国，美国联邦民事诉讼规则（Federal Rules of Civil Procedure，FRCP）规定美国地区法庭所有国内诉讼和程序。在所有的美国联邦民事诉讼规则中，我们应该重点关注第 26 条规则：告知义务；管理发现总则。规则要求某一方基于合理可用信息公开相关内容，并且必须公开将在诉讼中呈现的任何证据。

证据可以用于支持自己的诉讼案，也可能用于反对相关的诉讼案。很多人认为只有在法官为了将案件判定为搁置或对案件进行裁定时，要求出示的情况下，才需要进行电子举证。实际上，也可以将那些数据用于支持案件。许多法律当事人因为删除、丢失或者修改了本来可以用于诉讼支撑文档的数据而诉讼失败。另一方面，如果法官认定是有人有意删除或因其他原因销毁了，那么法官可以下令调查人员使用"反向推理"的方法还原证据。这种情况下，调查人员必须在以下前提下进行调查：具备故意删除数据，并且最坏情况下证据被损坏的相关证据。

从云服务的角度来看，可以要求云服务提供商收集所存储的信息。对于云服务用户，必须和云服务提供商一起规划，确定可能满足电子举证要求的所有文档。下面的部分主要介绍在云环境中与美国联邦民事诉讼规则相关的要求，在选择云服务提供商之前，需要将这些规则弄清楚。

占有权、监管权和控制权

这些都是简单的要求。如果你可以生成数据（电子的或非电子的），那你就有法律义务生成这些数据。无论将数据保存在哪里——这些数据有可能被保存在你的系统中，也有可能被保存在云服务提供商的系统中。无论哪种情况下，云服务用户无法出示证据，只有云服务提供商能够提供证据。例如，假设有一个案件，其中的初始 IP 地址有问题。但云服务用户没有 SaaS 云服务提供商的相关数据，因此云服务提供商必须向法庭出示证据。

注意：CSA 指南指出，通过第三方托管数据也不能免除某一方生成数据的义务。

相关的云应用和云环境

如果对某个特定的应用程序的功能是什么、系统内是如何处理数据的存在疑问，法官会直接传唤云服务提供商到庭做证。

可搜索性和电子举证工具

当前使用的电子举证工具可能不适用于云服务提供商存储或处理数据的场景。缺乏工具可能会增加生成任何相关数据的时间（因此成本增加）。用户可以请求解决电子举证的问题，云服务提供商协助完成电子举证或者减少用户在电子举证过程中的工作量，在此过程中，对云服务提供商的能力和成本需要事先进行协商。如果不事先协商，往往会出现意想不到的情况，如云服务提供商无法进行协助或者因此产生天文数字的账单，这时候就是真正的惊吓了。

数据保存

正如本书之前提到的，电子举证和数据保存法律不仅只有美国有，也不仅只有美国联邦民事诉讼规则。欧盟与电子举证和数据保存相关的法律是 2006/24/EC 指令。日本、韩国和新加坡的法律相似，南美洲国家巴西（阿泽雷多条例）和阿根廷（2014 数据保持法）也是如此。

数据保留法令和记录保存义务

有很多与数据保留时效相关的法律。公司必须遵守所有的相关法律，在法律诉讼过程中，可能会要求出示所存储的数据。当然，存储相关数据也会增加公司成本。CSA 指南提出，在将数据迁移到云上之前，云服务用户必须考虑以下几个问题。

- 在与云服务商签订的服务协议框架下，保留数据会有什么后果？
- 如果保存数据的要求超出了服务协议框架，会有什么后果？
- 如果自己的客户也需要保存数据，谁来支付这些存储开销？价格是多少？
- 在自己客户的服务协议框架下，他们能否获得足够的云存储空间？

- 自己的客户能否有效地下载数据以离线或近线的方式保存数据，并保留可通过司法鉴定的证据？

 提示：可以使用数据保留服务，但会增加额外的成本。需要弄清楚是否多方参与提供云服务（例如，Saas 服务提供商使用 IaaS 服务提供商的服务），这种方式会对自己产生什么影响。

数据保留另一个重要的方面是保存数据的范围。法律要求提供的数据必须是很具体的。但是，如果用户不能保留所需粒度的具体信息集，那么他们有可能面临"数据过度保留"的问题。这样势必会增加成本，因为在向法庭提交相关证据时，必须从所有的信息中筛选出真正有用的信息。这个过程称之为文档审查或权限审查。

随着与云计算相关新技术的发展，在与之前相比数据存储越来越动态化的情况下，电子举证变得越来越复杂。例如，当用户上传数据时，SaaS 云环境可以使用程序修改或清除数据；在 SaaS 云环境中，将数据分享给根本不需要保存相关数据的其他人或其他系统。在这个过程中，最重要的是弄清楚法庭上究竟需要什么数据，并且要与云服务提供商一起找到保存这些数据的最佳方案。

数据收集

云服务提供商（特别是 SaaS）分配的访问权限可能与用户定制的访问权限不匹配。正因为如此，所以收集数据会受到影响，有可能无法检索数据，甚至有可能因为在云服务中存储和处理数据的过程不够透明，所以导致请求访问数据变得异常困难。缺乏透明性可能导致在验证数据举证的完整性和准确性时出现问题。应用程序在存储器数据时，可能会出现其他的问题。例如，尽管可以在云服务提供商提供的服务中存储 5 年数据，但如果云服务提供商限制必须每个月将数据导出，这样在收集数据时会增加相应的工作量及相关成本。

从云环境中导出数据时，要确保在导出的过程中保留可通过司法鉴定的证据（保存所有合理的相关元数据）并且具备所需的证据链。在采用云服务之后，导出数据与数据中心的操作不同，需要考虑云服务的带宽。在导出数据时，因为其大量的负载所占的带宽可能要远远超出你的预估带宽。

最后，还需要注意的是，美国联邦民事诉讼规则包含 26(b)(2)(B) 条款，其中规定如果确实证明是不合理的访问，可以免除诉讼当事人的责任。但是，合规检索数据不在此范畴，需要花费额外的时间和成本完成类似的数据收集。

取证

对于云计算来说，有一种说法是非常准确的，即使用虚拟工具处理虚拟世界的事情。对于云计算中的取证过程，这种说法同样正确。云计算的世界没有硬盘，不需要一点一点地制作硬盘的镜像，也不需要使用硬盘完整的拷贝来进行调查取证。只能使用虚拟工具完成云负载中的取证工作。美国联邦民事诉讼规则的 26(b)(2)(B) 条款指出，如果不合理地访问数据，这些数据将不能作为法庭的证据。正因为如此，就不能将硬盘驱动服务的拷贝作为法庭的证据。实际上，这种类型的取证在云计算中几乎起不了什么作用，因为存储的特征是虚拟化，其根本不能提供其他重要的相关信息。

注意： 本书第 9 章将详细讲解取证相关的内容。

适度的诚信

为了让证据成为法庭上可接受的证据，它必须是准确的，并且可通过司法鉴定。无论将数据保存在哪里，都必须满足这两个要求。"可通过司法鉴定"是最关键的，它意味着数据被认定是真实的。只有这样，证据链才能起作用。如果数据没有通过司法鉴定，则法庭上不会采纳其作为证据（除非有特殊情况）。云计算改变了确认证据链的方式。举个例子，假设某个云服务提供商允许导出数据，但是在处理过程中将所有的元数据分成了多个部分。但是法庭要求完整的元数据才是有效的证据，因此被分解的元数据是无效的。

直接访问

如果云服务提供商使用第三方的 IaaS 服务存储和处理数据，通过云服务用户和 SaaS 服务提供商（例如）直接访问数据几乎是不可能的。在这个实例中，SaaS 服务提供商仅仅是 IaaS 服务提供商的一个用户，可能无法访问硬件和设施。正因为如此，在这个实例中，请求方需要直接与 IaaS 服务提供商协商，以访问相关数据。

标准化格式

在提交数字证据时，通常需要采用标准的格式，如 PDF 或 CSV 格式。如果云服务提供商只能以特定的格式从自己专有的系统中导出数据，这种数据可能无法作为证据提交给法庭。当将导出的特定格式的数据转换成标准格式时，可能会导致相关元数据丢失。

司法鉴定

正如之前提到的，从法律意义上讲，通过司法鉴定意味着证据会被法庭视为有效证据。在云中存储数据的概念与通过司法鉴定没有太大关系。其所关注的重点是数据的完整性，数据自从创建之后没有被改变或被修改（证据链），就像将数据保存在自己数据中心的服务器上一样。

云服务提供商和云服务用户之间在电子举证中的协作

如果数据存储有多方参与时，可以合理地预期所有参与方都会生成电子存储的信息，当云服务提供商使用专有系统时尤其如此。本章涉及的与电子举证相关的问题在云服务提供商与云服务用户之间签订服务水平协议时应该考虑进去。云服务提供商在创建系统时，也需要始终坚持"设计时即考虑电子举证"的原则，以吸引更多的客户。设计时即考虑电子举证基本意味着云服务提供商预期会请求电子举证，并为此做好准备，并且不会采取极端措施，例如，如果发生诉讼搁置，限制其他租户更新自己的数据。

对法律传唤和搜查令的回应

云服务提供商最好的情况是让云服务用户一直保持最高的关注度，对访问用户数据相关的法律传唤和搜索警告的回应便是使用户保持关注的重要环节。云服务提供商尽可能考虑全面，否则很有可能出现有问题的信息请求。作为云服务用户，不能预期云服务提供商违反法律规定来保护数据，不将数据交给政府机构，因为云服务提供商受到运营的司法管辖区法系的约束。

本章小结

本章讨论与使用云服务相关的法律问题，主要包括执行内部尽职调查和外部尽职调查、电子举证的各个方面，以及电子存储信息是否能作为法庭证据。

注意：也许你目前是法律小白，如果确实想要了解法律相关的内容，可以在塞多纳会议网站（https://thesedonaconference.org/）了解处理电子存储信息相关的详细信息。

为了顺利通过 CCSK 考试，需要掌握以下内容。

- 在将系统和数据迁移至云服务之前，云服务用户应该理解相关的法律法规框架、合同要求以及处理数据和托管数据的限制。
- 云服务提供商应该清楚明确地公开自己的策略、需求及能力，包括适用于所提供服务的所有条款。
- 在签订合同之前，云服务用户应该对所选的云服务提供商进行全面评估，并且应该定期进行评估，以监测自己购买服务的范围、特性和一致性。
- 云服务提供商应该发布自己的策略、要求和能力，以尽到应该对顾客履行的法律义务，例如电子举证。
- 云服务用户应该理解使用特定云服务提供商的法律义务，并将这些法律义务与自己的法律要求相匹配。
- 云服务用户应该确定是否选择在哪里托管数据，如果可以选择，需要满足司法管辖区的要求。
- 云服务用户和云服务提供商应该清晰地理解法律和技术要求，以满足任何电子举证请求。
- 云服务用户应该理解"点击确认"协议同样具有法律效力。

本章练习

问题

1. 在案件审判中，"通过司法鉴定"意味着什么？
   A. 证据是真实有效的
   B. 这是指派法官并且告知诉讼双方的阶段
   C. 如果证人是专业的才会考虑他们的证词
   D. 公布诉讼双方

2. 美国联邦法律中规定哪个组织处理隐私权？
   A. 联邦通信委员会（Federal Communications Commission，FCC）
   B. 联邦贸易委员会（Federal Trade Commission，FTC）
   C. 联邦总检察长办公室
   D. 国土安全部

3. 通用数据保护条例 GDPR 取代了哪个数据保护指令？

A. 个人信息保护和电子文件法 PIPEDA

B. 美国联邦民事诉讼规则 FRCP

C. 95/46/EC 指令

D. 网络信息安全指令 NIS

4. 什么时候选诉讼一方会获准不在法庭上出示证据?

A. 当证据不存在时

B. 当查找证据花费太大时

C. 不可能,当法官要求时诉讼一方必须提交数据

D. 当不合理访问数据时

5. 当向法庭提交电子存储信息时,应当使用什么格式?

A. PDF

B. CSV

C. 标准格式

D. 原生格式

6. 当将数据存储在云环境中时,下面哪一项会导致在验证任何数据举证的完整性和准确性出现问题?

A. 透明度

B. 云服务提供商使用未知的硬件

C. 验证云中存储的数据时不会存在任何问题

D. 云环境中缺乏元数据

7. 法庭要求数据的最短保留期限是以下哪一项?

A. 1 年

B. 5 年

C. 任何认定为证据的数据必须永久保留

D. 没有通用的数据最短保留期限

8. 当审查第三方审计和证明时,最重要关注以下哪一项?

A. 执行审计的公司

B. 云服务用户购买的服务

C. 服务的地区

D. 云服务提供商认证

9. 在缺少安全控制的情况下,云服务用户如何处理不可转让合同?

    A. 不使用云服务提供商提供的服务

    B. 确认所有的安全盲区，并使用合适的控件消除盲区

    C. 购买网络安全保险，转嫁相关的风险

    D. 接收云服务提供商能承担的风险

10. 澳大利亚隐私法案要求在哪种情况下可以披露数据？

    A. 与公民相关的任何数据时泄露时

    B. 当个人身份信息泄露时

    C. 当信息泄露可能对个人造成严重伤害时

    D. 澳大利亚隐私法案没有数据披露要求

答案及解析

1. A。通过司法鉴定意味着数据证据可看作是有效的，因此可以在法庭作为证据提交。

2. B。联邦贸易委员会 FTC 是联邦组织，负责消费者保护和隐私权保护。州检察长通常在州内负责消费者保护和隐私权保护。

3. C。通用数据保护条例 GDPR 取代了 95/46/EC 数据保护指令。个人信息保护和电子文件法 PIPEDA 是加拿大数据保护法。美国联邦民事诉讼规则 FRCP 是管理国内法律的一组规则。网络信息安全指令 NIS 是欧盟范围内的网络安全法。

4. D。美国联邦民事诉讼规则条款 26(b)(2)(B) 规定，当获取数据的方式不合理时，不能作为证据提交。例如，当数据被存储在云环境中，法院要提交拷贝时，这个条款适用。

5. C。最佳答案是，如果使用标准格式提交证据时，其作用是最大的。尽管 PDF 和 CSV 都可以看作是标准格式，但这里二者都不是最佳选项，因为标准格式才是最准确的回答。如果元数据不适合导出保存，需要提交元数据。

6. A。透明度可能会导致验证数据举证完整性和准确性出现问题。在对云服务环境进行尽职调查时，需要确认是否存在透明度问题。

7. D。通常不要给所有的数据集规定强制保留期限。根据数据类型的不同，由法律或其他方式规定数据的强制保留期限（例如，标准、对公司是否有持续的价值等）。尽管组织应该保存合理的预期作为法庭证据的数据，但是这些数据集也没有强制保留期限。

8. B。在确定何时审查第三方审计和证明时，最重要的是确定云服务用户要使用什么样的服务。尽管可能使用很多其他的服务，但是如果审查的审计结果中没有云服务用户想要的服务，其他服务也是没有价值的。

9. B。最佳答案是确定可能存在的盲区，并实现对预期风险的控制。尽管不选择某个云服务提供商、接收风险的存在以及通过购买网络保险降低财务损失可以规避风险，但最佳答案是确定云服务提供商按合约规定提供哪些安全控制，弄清自己的安全需求，并且部署安全控制消除安全盲区。

10. C。澳大利亚隐私法案规定，当个人信息泄露可能导致严重损害时，必须报告安全漏洞。

第 4 章

合规和审计管理

本章涵盖 CSA 指南范围 4 中相关的内容，主要包括：

- 云计算会使合约产生哪些变化。
- 合规范围。
- 合规分析的要求。
- 云计算如何改变审计过程。
- 审计的权利。
- 审计范围。
- 审计人员的要求。

信任是基石，但也要进行必要的核实。

——俄罗斯谚语

可能你还记得美国总统罗纳德·里根引用的这句话（在与苏联讨论核裁军时引用），但这句话用在今天的云服务中再合适不过了。云服务提供商会向你提供各种各样的文档，让你相信他们提供的云服务，但是怎么证明这些文档中描述的安全措施能够满足相关的法律法规，使公司的各项运营合规呢？在进行验证的过程中，还有可能要依据第三方审计结果。

 考试提示： 根据审计进行验证是用于证明合规或者不合规的关键方法。

云服务虚拟化和分布式的特征迫使用户必须理解和正确认识司法管辖区域之间的差异，以及这些差异对现在使用的合规和审计标准、流程和实际应用的影响，这些情况在传统的数据中心环境中是不会出现的。

审计人员需要充分考虑云计算这种虚拟世界的特殊性。正如不会针对特定的编程语言和运行应用程序的操作系统制定法律法规一样，也没有专门针对云计算环境制定相关的法律法规。

美国国家标准与技术研究院 NIST 和国际标准化组织 ISO 已经完成了具体的云计算指南和 / 或云计算控制框架，尽力填补传统部署和云部署之间的空白。在云环境中，满足合规的标准是至关重要的，在制定云部署策略时就应该考虑如何满足合规的标准。

在进行云部署时，可以考虑从以下几个方面着手来满足合规的要求。

- **司法管辖区域问题**。公司有可能碰到禁止将数据导出到国外司法管辖区的情况。
- **各种类型云服务本身所固有的责任共担模型**。无论使用什么服务模型（软件即服务 SaaS、平台即服务 PaaS 和基础设施即服务 IaaS），都可以使用责任共担机制，二者是完全独立的。
- **沿袭合规策略**。例如，可以使用支付卡行业数据安全标准 PCI 标准。托管信用卡处理系统的 IaaS 服务提供商可能通过了支付卡行业数据安全标准 1 级认证，但是自己的应用程序必须满足所有的支付卡行业数据安全标准要求。
- **供应链的复杂性**。充分考虑供应链的复杂性。例如，无论 SaaS 服务提供商的规模是大还是小，都有可能使用外部 IaaS 服务来存储云服务用户的数据，或者如果 SaaS 服务提供商使用多个 PaaS 服务提供商的服务，那么他相应地也就使用了不同 IaaS 服务提供商提供的服务。
- **云服务提供商合规相关的信息实体**。传统系统中会用到很多合规相关的信息实体（如，系统日志），其中使用的全部合规相关的信息实体也可以用于云计算环境。重点在于，你能否及时在云环境中使用这些与合规相关的信息实体。
- **合规范围**。需要确认云服务提供商提供的措施和服务是否在之前审计和评估的范围内。
- **合规管理**。需要持续关注云服务提供商是否管理合规和审计。
- **审计报告的有效性**。原来在数据中心环境中执行的审计现在在云计算环境中是如何执行的？
- **云服务提供商的经验**。云服务提供商是否有与监管机构合作的经验？

 考试提示：审计人员如果能够通过 CCSK 考试，证明他们掌握了云服务相关的知识。审计人员只有掌握了云服务和传统 IT 之间差异的相关知识，云服务用户才能更好地与其合作。

本章包含两个相互关联的主题：合规和审计。因为并不是每个读者都了解相关的知识，所以每个部分都有主题的背景信息。只有了解了背景知识后，才能够更好地学习云计算在合规和审计方面带来的影响。

考试提示： CCSK 考试不包含合规和审计的常见问题，但是涉及云计算对合规和审计带来的影响。

合规背景知识

合规通常意味着满足法律法规、政策、标准、最佳方案和合约的要求。合规是治理、风险和合规（Governance, Risk, and Compliance，GRC）中一个重要的环节。掌握合规的相关知识后，才具备理解计算的正确视角，也能正确理解云计算。公司需要对法律法规和标准进行辨别，并确定需要遵守条款。在此过程中，公司需要实现的一系列策略、程序、流程和技术称为合规框架。合规不仅可以评估不合规引用，而且还可以优先考虑并奖励合规行为。合规需要一定的成本，并且是强制性的，不合规行为需要花费的成本可能会直接导致公司倒闭，公司的执行者有可能因为不合规带来牢狱之灾。

如之前提到的，合规和治理与风险管理是紧密相关的。为了帮助理解三者之间的关系，接下来严格按以下流程进行介绍：治理考虑公司承担的义务（从法律法规到保护利益相关者和股东的利益，企业道德和社会责任），确定公司的运营方案。治理帮助公司形成并管理其风险承受能力。这会对风险管理产生影响，从而实现所需的控制，继而解决法规和风险承受能力相关的问题。合规接着根据审计结果，确保合适的控制准确到位。

我喜欢使用戴明循环——计划、执行、检查、纠错（Plan, Do, Check, Act，PDCA）来展示风险管理范围内的各种关系（这是应用广泛的"持续质量改进模型"，由爱德华兹·戴明在 20 世纪 50 年代提出）。下面是治理、风险管理和合规阶段简单的 PDCA 列表。

- **计划**。确定需要遵守哪些法规，为了遵守这些法规需要进行哪些控制。
- **执行**。实现所需的控制。
- **检查**。进行审计，保证所所需的控制是否满足要求。
- **纠错**。修正所有的缺陷，提供反馈以实现持续改进。

注意：合规并不一定安全，但安全也并不一定合规。如果公司的云部署要考虑合规，就需要改变部署策略。

尽管使用了云服务，但合规和相关审计的概念没变。归根到底，云服务提供商也是第三方，你很有可能已经有某种形式第三方监督程序。但是，需要针对云实现制定具体的合规措施，接下来将对此进行详细介绍。

云计算对合约的影响

审查公司与云服务提供商之间的合约和服务协议时，应该注意以下几点。

- **安全服务水平协议**。在审查云服务提供商的合约时，往往会忽略安全服务水平协议的重要性。云服务供应的安全服务水平协议至少应该包含以下几个关键点。
  - ➢ 能够满足适用于自己组织标准的具体书面合规承诺。
  - ➢ 针对数据泄露的服务水平承诺及责任条款。
  - ➢ 公开对自己组织实现进行案例监控的具体细节。
  - ➢ 详细描述合规的安全实现和承诺。
- **数据的所有权**。不管你是否相信，有些云服务提供商的合约中确实包含一些意想不到的条款，如云用户上传的任何数据都归云服务提供商所有。这样，云服务用户可以无限制地访问上传的数据，但是云服务提供商可以随意对数据进行处理，例如，可以在合同终止之后保留数据和 / 或将数据卖给其他人。在使用"免费"版的 SaaS 产品时，这种情况很普遍。
- **审计的权利**。看到"审计的权利"这几个字时，首先想到的应该是"第一方审计"。更重要的是，有了这个条款之后，云服务用户在合理通知的情况下，可以检查云服务提供商的营业场所及系统。如果云服务提供商特别想要和你签服务合同，那么在服务水平协议中可能会包含这个条款。但实际上，大的云服务提供商几乎不会给云服务用户这个权利。
- **第三方审计**。这个条款要求云服务提供商定期接受合理的审计。如果云服务用户想要查看审计报告，云服务提供商应该及时提供。对于审计报告中指出的所有重要问题，审计报告中都应该包括相应的补救措施。
- **符合安全策略**。需要知道云服务提供商的安全策略是否到位，并且知道这些安全策略是否满足自己具体的安全需求。如果云服务提供商的合约没有完全满足自己的安全需求，需要使用自己的安全控制措施来消除这些安全隐患。

- **符合法律法规**。合同的条款必须清楚地描述：云服务提供商会遵守从公司角度来看很重要的相关法律法规。例如，如果想要在某个云服务提供商的云环境中存储医疗信息数据，那么合约中要求云服务提供商必须遵守健康保险携带和责任法案 HIPAA。

- **事故报告**。云服务提供商知道事故发生时，如何公布事故信息以及如何告知客户。反之，云服务用户知道事故发生时，如何公布事故信息以及如何告知云服务提供商。在服务发生变化、服务中断以及安全事故发生时，都需要报告。合同中要明确这些告知义务具体的时间限制。

- **法律责任**。法律责任条款应该明确指出哪一方应该为什么样的行为负责。还应该明确，当任何一方没有履行职责时，应该采用什么补救措施。

- **服务终止条款**。合约中还应该规定如果业务关系中止时，云服务提供商应该做哪些事情。例如，当云服务用户不再使用云服务时，云服务提供商应该如何删除云服务用户数据，以及什么时候删除？

除了这些注意事项外，也需要了解其他不是针对云计算的一些注意事项。

- **服务水平**。了解云服务提供商可接受的云服务水平以及服务中断时的处理方式。还有没有其他更好的告知方式，或者云服务提供商是否可以向云服务用户提供状态更新网站。在无法提供服务的情况下，云服务提供商可以使用状态更新页面告知用户无法提供服务或系统范围内的问题。另一方面，如果可用协议（通常 99.9% 的时间可用）中规定的项目不可用，许多云服务提供商会给云服务客户"服务信用积分"。只有在云服务用户申请并出示云服务提供商未提供服务的证据时，一些云服务提供商才会给用户这些服务信用积分。

- **质量水平**。如果云服务提供商未达到质量标准，是否有相应的补救措施？云服务提供商在云环境中执行的操作过程直接影响到公司能否在云环境中运行。

云计算如何改变合规策略

与云环境合规相关的两个最重要的术语是"合规策略传承"和"合规的持续性"。下面对这两个术语进行详细介绍。

合规传承

再回到第 1 章介绍的逻辑模型，尤其是基础设施，我们已经知道所有的东西都完全由公共云服务提供商控制，很有可能无法对环境进行审计。如果公司想要证明自己合规，能做些什么呢?

使用第三方审计结果（CSA 称之为"通过性审计"）是合规的一种形式。 在这种情况下，基本可以确认：云服务提供商会保证销售提供的审计结果或认证中确定由云服务提供商负责的部分合规，所以你要保证在云环境中运行的自己的系统也是合规的。这是之前章节讨论的责任共担模型的核心思想。

参照图 4-1 所示的示例，其中在 Windows 服务器上创建了一个信用卡处理应用程序，Windows 服务器没有任何形式的恶意软件检查（这种方式没有满足支付卡行业 PCI 数据安全标准 DSS 5.3）。云服务提供商提供"支付卡行业 PCI 数据安全标准 DSS 一级"环境，你可以在此环境上运行自己的应用程序，但在运行应用程序时很有可能会出问题。这就是实际的责任共担模式。云服务提供商负责设备和硬件，你的公司负责配置服务器实例、应用程序运行及所需的任何安全控制。

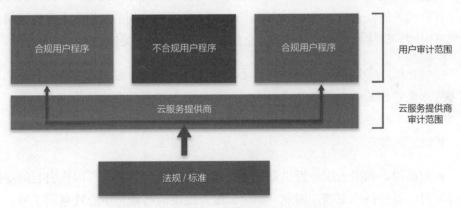

图 4-1　合规传承（获云安全联盟许可使用）

 警告：如果 SaaS 云服务提供商仅仅因为使用 PCI 合规的 IaaS 云服务提供商提供的服务，就声称他们符合支付卡行业标准，那么你唯一能做的事情就赶快跑。他们根本没有安全或合规的相关理念。

始终保持合规

首先说明持续监控和持续审计之间的区别。尽管有时候将二者混为一谈，但它们确实是相互独立的。这两个术语都包含"持续"一词，其并不表示"实时分析"。美国国家标准与技术研究院 NIST 将信息安全持续监控（Information Security Continuous Monitoring，ISCM）定义为：按照一定的时间周期评估和分析安全控制与组织面临的风险，以根据风险制定安全策略，从而保障组织信息的安全。另一方面，信息系统审计和控制协会（Information Systems Audit and Control Association，ISACA）指出传统审计与持续审计之间的区别在于，审计、搜集证据和完成审计报告持续时间的长短不同。执行持续审计的技术被称为计算机辅助审计技术。持续审计中的"持续"一词并不表示 24×7×365 都进行审计。它表示按照合适的频率进行审计，这个频率是由系统的所有者决定的。

 注意： 要想了解持续监控的内容，可以查看美国国家标准与技术研究院 NIST 800-137 标准。这个标准涉及的内容非常多，但是并没有涉及云计算相关的内容，在准备 CCSK 考试时，不需要花太多的时间看这个标准的内容。

前面已经解释了"持续"的意思，那类似美国国家标准与技术研究院 NIST 和国际信息系统审计协会 ISACA 的组织是如何定义"持续"的呢？下面重点关注云计算中相关的概念，看看 CSA 是如何定义"持续"一词的。指南本身的篇幅是相当有限的，与持续合规、审计和安全保证只包括以下相关的内容。

合规、审计和安全保证应该是持续性的。不能将它们看作在某个时间点完成的活动，许多标准和法规也支持这个模型。在云计算中尤其要遵守这个模型，因为云服务提供商和云服务用户都会不停变化，很少保持稳定状态。

换句话说，如果云服务提供商发生可能会影响合规的变化（由你引起的变化除外）时，需要持续更新。因此，如果云服务提供商将数据中心迁移到了另一个司法管辖区，并且因此你的数据不符合政府法规的相关条款，那么你需要尽快知道相关情况。

除了指南中有相关介绍之外，CSA 还制定了持续合规评估程序，它是安全信任与保证项目 STAR 注册的一部分，第 1 章对安全信任与保证项目 STAR 注册进行了详细介绍。安全信任与保证项目 STAR 注册中持续合规评估的目标是了解云服务提供商在两次审计之间会采取什么样的安全措施。当增加安全信任与保证项目 STAR 持续审计的频率时，云服务提供商的安全措施到位的可能性就会增加，云服务用户能更好地对云服务提供商进行验证，保持"持续合规"的状态。

能达到这些目标似乎已经足够了，但是能否使云服务提供商主动持续地保持合规呢？采用自动化的方式即可！云环境从一开始就是自动化环境，那么对云环境进行测试是否也可以自动完成呢？当前，云服务提供商会按一定频率向云服务用户提供审计结果。在两次审计之间，云服务提供商按照计划的频率自动对系统进行测试。当然，并不是所有的事情都可以自动执行，因必须手动执行一些其他的操作，但通过执行安全信任与保证项目 STAR 注册中持续合规方法，云服务用户对云服务商环境中的安全控制会更有信心。

注意：要想了解安全信任与保证项目 STAR 注册中持续合规评估的有关内容，可以直接查看 CSA 网站。因为 CSA 指南中并不包含相关的内容，因此 CSSK 考试也不涉及相关的内容。欧盟安全认证（EU-SEC）项目也有白皮书《技术审计认证》，可以从中找到更多相关的信息。

最后，云计算因为引入了可以任意使用的全球网络而改变了合规的流程。正如你所知道的，所有的司法管辖区域都有自己的法律法规，如果将敏感数据偶然放在或移动至不同司法管辖区域时，可能会引起法律问题。因为不同地区或不同服务的云服务提供商可能会通过不同的方式进行审计和认证，这会给合规带来巨大的挑战。

审计背景知识

在《CISA 认证信息系统审计人员完全考试指南》（第 4 版）（麦克劳 - 希尔出版公司，2020）中，作者彼得·格雷戈里将审计定义为：具有专业能力且独立的专业人员评估一个或多个安全控制措施、面谈、获取并分析证据，并且给出控制有效性的书面意见，这是一个系统的且可重复的过程。除此以外，ISO 19011:2018 将审计定义为：获得审计证据（录音、事实描述或能证实的其他相关信息），并对证据进行客观评估以确定审计标准范围（一组策略、程序或需求）的系统化独立的过程，并形成相关文档。从上面可以看出，不同组织定义审计时是有共性的。有一些关键点需要提醒一下。

- 首先是术语"系统的"和"可重复的"。这就要求按照某种方法 / 标准来执行审计过程。审计管理方法将会应运而生。本章后面的部分会讨论审计管理。

- 其次，与审计相关的关键术语是"独立的"。审计必须是独立进行的，并且应该严格设计以反映最佳实践、准确选择的资源以及测试协议和标准。自然而然，你会关心如果云服务提供商付费的情况下，审计人员或者审计公司是否真正独立工作。在这种情况下，需要说服自己相信审计公司是真正独立工作的。

审计通常包括多种形式的测试。合规测试和实质性测试是两种常见的类型。合规测试的目的是确定是否正确地设计和实施控制措施。通过这种类型的测试，可以确定控制措施是否正确地运行。另外，实质测试的目的是确定流程和信息系统事务的准确性和完整性。通常情况下，可能会依赖之前合规测试使用的审计。

云计算中的审计管理

大多数组织都会有内部、外部审计和评估，以确保满足内部和外部合规需求。审计报告包括是否合规的决定以及确认的一系列问题，还可能包括补救建议。信息安全审计和评估的重点通常在于评估安全管理和控制的有效性。

审计管理保证正确地执行审计指令，包括确定合适的需求、范围、计划表和责任。审计管理使用范围、计划和审计业务优先级的合规需求和风险数据。

 注意： 因为本书是专门用于云计算，在某些特定部分仅包括与云计算相关的内容。

审计是规划好的事情。审计规划本身是审计管理功能的一部分。审计规划可以分为多个阶段。既需要对云服务提供商进行审计，也需要对使用云服务的公司进行审计，这一点是特别重要的。对云服务提供商进行审计的主要工作包括审查第三方审计。第三方审计与常规审计有所不同，因为只是使用第三方审计报告，而不需要从头完成第三方审计报告，所以其规划可以与常规审计不同。但是，从内部使用云计算审计的角度，常规的审计管理规则还是适用于第三方审计的，需要非常专业的审计人员来完成第三方审计，审计人员必须掌握与部署相关的新的云计算技术（例如，容器和无服务技术）。

对于审计规划，在制定审计计划表、确定云环境审计资源时，可以考虑以下几个方面。

- **目的**。审计的目的是什么呢？是用于确定是否满足已经引入的或者修改的特定法律法规、标准、合约义务或内部需求的合规要求吗？它是云服务提供商初始的审计，用于确定是否选择此云服务提供商吗，或者是为了确定之前发现的缺陷是否已经修复。

- **范围**。这是使用云服务最重要的方面。云服务提供商提供的所有认证和审计结果都会有一个特定的范围。可以根据具体的服务、地理范围、技术、业务流程，甚至是组织的一部分来确定范围。必须弄清楚审计报告中的范围，并且将其与实际使用的范围进行比较。

- **风险分析**。这是与云服务直接相关的另一个领域。根据存放于特定云环境中数据的重要性不同，什么云服务会给组织带来最高级别的风险？这最终会对公司正在使用的一系列云服务器或将来准备使用一系列云服务器的审计频率和深度起决定性作用。一定要记住，这不仅仅是云服务提供商的事情。在云计算的责任共担模型中，还需要审计自己的实现。

- **审计过程**。审计过程是指在审计方法和 / 或审计标准中定义的规则和流程。合规审计可以确定应该遵循的程序以及对审计人员的要求，必须由具备云环境相关专业知识的审计人员对云环境进行审计。

- **资源**。要确定的资源包括执行审计的时间和执行审计所需的工具。对于暴露程序接口（例如，CLI 或 API）的云环境来说，开发的审计工具应该是可以重复使用的。

- **审计计划表**。审计计划表需要给审计人员适当的时长进行面谈，收集并分析数据，并完成审计报告。影响审计花费时间长短的因素有多个，例如，范围的大小、适用的控制措施（ISO 称之为"适用性描述"）以及环境复杂性。因为审计人员有可能审查第三方审计报告，所以对云环境审查的时间可能会减少。另外，审计管理还有一个功能是确定间隔多长时间执行一次审计。

SOC 报告和 ISO 认证背景知识

大多数云服务提供商通常会使用两种主要的审计标准证明自己的云服务已经采用了合适的安全措施：服务组织控制（SOC）和国际标准组织（ISO）标准。下面将对这两个标准进行介绍，以加深大家对标准的理解。在 CCSK 考试中，会涉及 SOC 报告和 ISO 认证，但如果要在云环境中工作，需要知道标准的具体内容以及不同标准之间的区别。

注意： 实际上，CCSK 考试中不会涉及下面的背景信息。如果准备参加 CCSK 考试，可以跳过下面的背景知识部分。

SOC 背景知识

尽管第 2 章已经介绍了 SOC 报告级别和类型（SOC 1 是最终报告，SOC 2 是安全控制措施，Type 1 是某个时间点的控制措施设计，Type 2 关注一段时期内安全控制运行的有效性），在审查云服务提供商提供的 SOC 2 报告之前，需要理解 SOC 2 的一些术语。这里涉及的内容包括系统相关术语的定义、各种信任服务标准（Trust Services Criteria，TSC，之前称之为信任服务原则与标准）和一些相关的控制措施分类。

下面先看看描述系统时使用的一些术语的定义。根据美国注册会计师协会 AICPA 的定义，系统包括以下组件。

- **基础设施**。物理结构、IT 和其他硬件，例如基础设施、计算机、设备和网络。
- **软件**。应用程序和系统软件，包括操作系统、中间件和程序库。
- **人员**。治理、操作和使用系统的所有人员。例如，可以包括开发人员、操作人员、用户、销售人员和管理人员。
- **处理过程**。包括自动处理过程和手动处理过程。审计业务报告应该包含所有的处理过程。
- **数据**。系统使用或处理的所有信息。

美国注册会计师协会 AICPA 的鉴证业务报告包括所有这些术语。当云服务提供商的某个特定系统依照 SOC 报告处理程序运行时，不会选择使用这些术语。

接下来介绍美国注册会计师协会 AICPA 定义的 5 个信任服务标准。云服务提供商的管理可以选择其将证实的信任服务。一些云服务提供商的报告可能仅包括审计人员将要检查的安全信任服务，而另一些云服务提供商的报告可能包括 5 种信任服务标准。美国注册会计师协会 AICPA 信任服务标准和相关的目标如下。

- **安全性**。保护系统，以免出现未授权访问、使用或修改的情况。
- **可用性**。在承诺或同意的情况下，可以操作或使用系统。
- **保密性**。在承诺或同意的情况下，机密信息受到保护。
- **处理过程完整性**。系统处理过程是完整、合法、准确、及时和被授权的。
- **隐私性**。系统收集、使用、保留、公开及清除个人信息符合隐私声明。

　　每个信任服务都与分类及安全控制相关联（基本定义了系统必须要完成的事情）。所有的信任服务都利用了美国注册会计师协会 AICPA 所谓的通用标准（Common Criteria）。基本上，通用标准由 7 大类组成，必须审查每个类中的控制目标。通用标准类别介绍如下。

- **组织和管理**。组织是如何架构的，组织实现的处理过程如何管理和支持其运行单位内的人。
- **沟通**。组织如何与授权的用户和其他系统参与方就其策略、处理过程、程序、承诺和需求进行沟通，并且告知各参与方和用户的义务，以有效地操作系统。
- **风险管理以及控制措施的设计与实现**。实体如何识别会影响实体实现其目标能力的风险；分析这些风险；制定应对这些风险的措施，包括设计和实现控制措施以及其他降低风险的行动；进行持续风险监控和风险管理。
- **监控控制措施**。实体如何监控系统，包括设计和运行控制措施的有效性，以及组织如何解决已发现的缺陷。
- **逻辑和物理访问控制**。组织如何严格地控制逻辑和物理访问系统，提供和删除访问权限以及阻止未授权的访问，以满足业务中信任服务的标准。
- **系统操作**。组织如何管理系统过程的执行，检测并减轻处理过程产生的偏差，包括逻辑和物理安全，以满足业务中信任服务的目标。
- **变更管理**。组织如何确定需要变更系统，按照所控制的变更管理流程进行变更，防止在未授权的情况下变更系统，以满足业务中信任服务的标准。

　　最后还要强调的一点是，SOC 报告是补充用户实体控制（Complementary User Entity Controls，CUEC）的概念。之所以说它重要，是因为这些控制也充分体现了云计算中的责任共担模型。云服务提供商向云服务用户提供的 SOC 报告内包含 CUEC，以根据云服务用户支持的 SOC 报告，向云服务用户推荐某些控制措施。用于提示可能适用于所有的云服务的一些重要条款涉及逻辑安全。相关条款包括例如创建管理员账号，保证系统中的账号准确并定期检查，保证删除永远不再需要的账号。

ISO 背景知识

　　前面已经介绍了系统组织控制 SOC 报告标准，当在审查这些报告时，应该知道该关注哪些点了。下面介绍 ISO/IEC 标准，在对云服务提供商进行评估时，可能会用到此标准。

注意：本书不会介绍所有的 ISO 标准。有 2 万多个 ISO 标准，涵盖质量控制（例如，ISO 9001）到信息安全（27000 系统）相关的内容。

下面介绍云服务提供商可能会用到的几个与网络安全相关的标准。

- **ISO/IEC 27001**。这个标准定义了信息安全管理系统（Information Security Management System ,ISMS）的需求。需要注意的是，因为标准的影响范围是由 ISMS 的范围确定的，所以并不是整个组织都会受到标准的影响。云服务提供商会将标准的影响范围限定在组织内部的一个小组内，不保证此范围外的任何小组的信息安全管理系统 ISMS 到位。审计员会验证参与的范围是否与目标吻合。作为云服务用户，应该负责确定认证的范围是否与自己的目标相关联。

- **ISO/IEC 27002**。这个标准是实践准则，是 ISMS 中使用的控制目录。ISO/IEC 27001 标准有一个附录，其中包含一系列的控制，ISO/IEC 27002 文档列出了这一系列的控制，并且包括实现指南，可以将这些实现指南看作最佳实践推荐。27002 文档中包括 130 多种控制。

- **ISO/IEC 27005**。这是 ISO 信息安全风险管理指南文件。组织可以使用的这个标准有效地进行信息安全风险管理，与 ISO/IEC 270001 标准合规。

- **ISO/IEC 27017**。其中包含一组安全控制，其针对云服务对 ISO/IEC 27002 进行了修改，加入了专用于云的控制。ISO 将这些专用于云的控制称为"云服务扩展控制集"，必须实现这些控制。重要的是，这个文档包含 ISO/IEC 27002 中全部的控制，并且加入了云服务用户和云服务提供商的实现指南。

- **ISO/IEC 27017**。这是在云计算环境中保护个人数据的实践准则。与 ISO/IEC 27107 类似，它增加了 ISO/IEC 270002 控制的实践指南，适用于保护个人身份信息。

 注意：还有一些 ISO/IEC 标准也可以用于审计，如 ISO/IEC 17021、27006 和 19011。

ISO/IEC 27002 中支持 ISMS 的控制涉及的安全内容非常广泛。尽管本书不能涵盖每一种控制，但本书包括 ISO/IEC 27002 中包含的重要内容（安全控制条款），因此对以下几个方面有基本的理解，它们是 ISO 认证的一部分。

- 安全策略。

- 组织信息安全。
- 资产管理。
- 人力资源安全。
- 物理和环境安全。
- 通信和操作管理。
- 访问控制。
- 信息系统获取、开发和维护。
- 信息安全事故管理。
- 业务连续性按理。
- 合规。

表 4-1 列出了系统组织控制 SOC 2 和 ISO/IEC 27001 之间的区别。

表 4-1　SOC 2 与 ISO/IEC 27001 的区别

关注点	SOC 2	ISO/IEC 27001
目标	服务组织用于向云服务用户证明它满足所创建的安全标准，以说明范围内的系统受到保护，不会出现未授权的物理和逻辑访问	证明满足具体需求的信息安全管理系统 ISMS 是否就位的认证
可用性	根据一个或多个原则测试审计报告范围内的系统	审计范围内已就位的信息安全管理系统 ISMS（由公司确定）
报告	包括审计意见、管理认定、控制的描述、控制测试和结果	单页证书（一些云服务提供商可能提供报告）

云计算对审计的影响

因为大多数情况下使用第三方审计，所以下面重点介绍云服务提供商的证明和认证相关的内容。证明的含义是表明某个事物是存在的或者是真的。认证是证明获得某种状态或达到某种水平的官方文档。证明和认证都是基于审计结果。云服务提供商广泛使用系统组织控制 SOC 2 就是认证的实例。云服务提供商使用的认证的实例是 ISO/IEC 27001 和 ISO/IEC 27017。

在云环境中，因为不是自己进行审计（云服务提供商将这种行为看作是安全问题），而是大多数情况下采用第三方审计证明和认证，所以在云环境中审计过程发生了很大的变化。在大多数情况下，只有在签署保密协议之后才能使用这些认证报告。例如，SOC 2 报告就必须在签署了保密协议之后使用。这是美国注册会计师协会 AICPA 要求的，不是云服务提供商要求的。

正因为依赖第三方审计和相关的证明和认证，所以审计的范围以及何时进行审计变得比之前更重要。涉及的范围包括数据中心、服务以及评估的控制。所有的审计和评估都是在某个时间点完成的。正如金融领域所说的，过去的业绩并不能代表将来的结果。

所有人都应该想要最新的认证和审计报告。这些报告不会一年四季持续发布，也不会报告一出就能看到。当看到的最新报告实际上是几个月之前的报告时，不要感到吃惊。当前使用的审计报告是某段时期内完成的审计结果。回过头来看看本章之前讨论的持续性合规的相关内容，CSA 安全信任与保证项目 STAR 要解决的问题就是两次审计之间的安全评估。

最后，要注意云计算中有责任共担模型，它在对云服务提供商审计时同样适用。需要收集自己合规相关的信息实体，以满足组织的合规需求。迁移至云后，合规相关的信息实体并不会发生变化（参见 4-2 所示的示例）。迁移至云后需要改变的是合规相关的信息实体的存储位置，以及控制这些合规相关的信息实体的方式。需要确定所需的合规相关的信息实体，以及自己的系统产生这些合规相关的信息实体的方式及云服务提供商如何使得这些合规相关的信息实体可用。

图 4-2　在云环境中，合规相关的信息实体仍然不会改变（获云安全联盟许可使用）

审计的权利

对于使用第三方资源云服务提供商的审计来说，只有在所有提供商都允许组织对其进行审核的情况下，才能对云服务提供商进行审计。这个合约条款被称为审计权利条款(又称为第一方审计)。如果没有审计权利条款，只能依赖发布的报告，如系统组织控制 SOC 和 ISO/IEC(又称为第三方审计)。作为要通过 CCSK 认证人，必须知道云服务提供商可能将自己数据中心的审计人员看作安全风险。我经常想像数千个审计人员排成一排站在数据中心外面不停地探望，等着对数据中心进行审计。现在假设有一个云服务提供商有一百万个用户，可以允许每个云服务用户都能进行审计吗？结果肯定是一片混乱，这也是为什么云服务提供商通常不允许云服务用户进行审计的原因。

审计范围

对于云服务来说，确定审计范围有两重含义。在选择云服务提供商和维护和云服务提供商的业务时，审计范围为第三方审计。接着，审计范围为使用特定云服务的审计。在对云服务提供商进行评估时，可能会碰到与审计范围相关的问题。主要包括以下问题。

- 云服务提供商获得了哪些证书？ SOC 2 Type 2 鉴证业务报告会包含系统详细的信息，包括执行的测试、所有的结果和管理层响应。 ISO/IEC 27001 认证通常包括单页证书，上面有 ISO 审计人员签名，其中说明组强的 ISMS 的一部分或者全部通过 ISO 认证，有效期为 3 年。
- 公司使用了哪些服务，你得到的审计报告中是否有相关的内容？
- 云服务提供商是否有其他子服务组织？例如，如果 SaaS 云服务提供商使用某个 IaaS 服务提供商存储用户的数据，那么也需要审查 IaaS 云服务提供商。

除了对云服务提供商进行审计之外，还必须对自己组织使用云服务的情况进行审计。对内部进行审计可以首先参考本章之前讨论的补充用户实体控制 CUEC（"SOC 背景"部分）。主要在元结构设置关注相关内容，但是审计范围不止于此。本章还涉及合规传承和责任共担，合规使用的信息实体不会改变，要改变的是云服务提供商需要生成合规相关的信息实体，或者可以允许你来维护这些合规相关的信息实体。对使用云环境使用审计的底线是：无论将系统和 / 或数据保存在哪里，你必须维持合规，并且这要求你尊重从元结构至信息结构层范围内实现的方方面面。

对审计人员的要求

公司应该要求审计人员必须具备云计算相关的知识，例如，通过 CCSK 考试。在云服务中实现了非常多的新方法，审计功能要求审计人员理解云部署的各种可能性。例如，在使用不可变服务（第 7 章将介绍不可变服务的概念，指不对服务打补丁）的情况下，而用户更新了镜像，并使用新的已打补丁的服务器镜像替换正在运行的易受攻击的服务器实例。审计人员可能会因为不理解这个概念而受到困扰，并将此记为一个不合规操作，实际上，从安全角度来看，许多观点支持这个方法。

本章小结

本章主要介绍云环境中的合规和审计管理。从 CCSK 考试的角度来看，需要记住与合规和审计基础相关的全部内容，理解在任何情况下执行合规和审计的过程都相同的原因。其中改变的仅是执行审计的人，通常都是独立的第三方审计人员来进行审计。云服务提供商将向云服务用户提供第三方（或者是通过）审计，需要审查这些审计报告，了解云服务提供商的业务范围，从而确定云服务提供商提供的服务器是否适用自己公司的业务。

在准备 CCSK 考试的过程中，还需要注意以下几点。

- 合规、审计和保证应该是持续性的，不是某个时刻的行为。对于云服务提供商和云服务用户来说都是如此。
- 云服务提供商应该尽可能一直保持透明，应该将审计结果、认证和证明清楚地告知云服务用户。
- 云服务用户应该审查云服务提供商提供的审计结果，尤其要注意审计范围内的服务和司法管辖区域。
- 云服务提供商必须一直维护自己的证书/认证，当状态有变化时，需要积极主动与云服务用户沟通。云服务用户必须保证自己清楚地知道云服务提供商的状态有哪些变化，是否会对自己产生影响。
- 云服务提供商应该向云服务用户提供共同所需的合规证据和合规相关的信息实体，例如，云服务用户不能自己收集管理活动的日志。
- 云服务用户应该对云服务提供商证明其履行合规义务的第三方证明和认证进行评估。
- 为了避免出现各种误解，云服务用户和云服务提供商应该要求审计人员具有云计算的相关经验。
- 当云服务提供商合规相关的信息实体是否能够满足合规要求，云服务用户应该创建并收集自己合规相关的信息实体。例如，如果 PaaS 服务未提供合适的日志功能，可以将日志加入运行在这种 PaaS 环境中的应用程序。
- 云服务用户记录使用的云服务提供商、相关的合规需求和当前状态。可以使用 CSA 云控制矩阵（参见第 1 章）完成相关功能。

本章练习

问题

1. 怎样进行审计?

   A. 一直由自己的公司进行

   B. 一直由云服务提供商执行

   C. 一直由独立的审计人员执行

   D. 一直总政府部门执行

2. 通过性审计是什么的一种形式的?

   A. 合规传递

   B. 证明云服务提供商对某个工业标准的传承

   C. 审计中进行的物理评估

   D. 描述审计业务范围内所有服务的术语

3. 审计和合规之间的关系是什么?

   A. 审计是对系统进行评估的技术手段

   B. 审计是用于评估系统的流程和过程

   C. 审计是证明是否合规的关键工具

   D. 审计是云系统治理所必需的

4. 以下关于认证的说法是对的?

   A. 认证是审计的另一个术语

   B. 认证是来自第三方的法律描述

   C. 认证是法庭上的证据

   D. 只能由注册会计师进行认证

5. 审计管理的目的是什么?

   A. 管理审计的频率

   B. 管理审计人员及他们对系统的认知

   C. 管理审计的范围

   D. 保证审计指令正确执行

6. 当审查云服务提供商提供的之间完成的审计报告时,应该特别注意什么?

   A. 审计范围内的服务和司法管辖区

   B. 执行审计的公司

C. 审计报告的日期

D. 审计人员的意见

7. 当云服务用户不能自己收集合规证据时，云服务用户应该怎么做？

　　A. 根据缺少的证据调整报告的范围

　　B. 接收无法地证明对法规合规的风险

　　C. 从监管角度移除没有可用于云服务用户的证据

　　D. 云服务提供商应该向云服务用户提供这些数据

8. 持续合规对云服务用户的好处是什么？

　　A. 向云服务用户提供云服务提供商环境实时更新的内容

　　B. 一周内提供云服务提供商环境的任何变化

　　C. 没有什么好处，因为云服务用户仅与通过 ISO 认证的服务提供商相关

　　D. 增加审计频率可以减少云服务提供商环境中出现安全问题的可能性

9. 如果云服务提供商的合规相关信息实体不太合规，云服务用户应该做什么？

　　A. 提交范围排除请求

　　B. 创建并收集自己的合规相关信息实体

　　C. 不使用这个云服务提供商

　　D. 不需要做什么

10. 在审计云服务提供商时，怎么避免出现混乱的情况？

　　A. 要求审计人员通过 CCSK 认证

　　B. 由云服务提供商指定的审计人员进行审计

　　C. 由注册会计师进行审计

　　D. 由注册审计师协会认证的审计人员进行审计

答案及解析

1. C。审计关键的概念是由独立的审计人员进行审计。对于所有的审计来说都是如此。例如，尽管你可能希望由云服务提供商自己进行审计，但云服务提供商可能将你对数据中心的访问看作是安全问题。

2. A。通过性审计是合规传承的一种形式。审计并不表示审计范围本身是完整的。相反，它证明实现的控制和云服务提供商的管理是合规的。组织在云服务提供商环境中的系统和数据应该满足合规要求。

3. C。最准确的是审计可用于证明公司治理是否合规，因此 C 为最佳答案。

4. B。认证是来自第三方的法律描述。因为通常不允许云服务用户执行自己的评估，所以当云服务用户评估云服务提供商并与云服务提供商一起合作时，会将认证作为关键的工具。认证与审计的不同之处在于：执行审计是为了收集数据和信息，而认证检查这些数据和信息的合法性，以对云服务提供商的业务进行肯定（例如，SOC）。注册会计师 CPA 可以执行认证，但是这个答案不够准确。

5. D。审计管理保证审计指令正确执行。所有其他选项都是这个环节的一个部分，但最佳答案是正确执行所有这些指令。

6. A。并非其他选项都是错误的，但 CSA 最佳实践推荐注意审计范围中的服务和司法管辖区域，因此 A 为最佳答案。

7. D。当云服务用户不能生成合规的证据和合规信息实体，云服务提供商应该向云服务用户提供这些信息。其他选项完全错误。

8. D。增加审计频率可以减少云服务提供商环境中出现安全问题的机会。持续并不意味着实时，也不表示会制定审计计划表。它仅表示在认证周期之间会发现任何变化或发现，通常通过自动化的手段完成。

9. B。如果云服务提供商合规信息实体不够，那么云服务用户应该自己收集。不存在范围排除请求。

10. A。在选择审计人员时，应该要求审计人员具备云计算的相关知识。CCSK 证书可能证明审计人员理解云服务的相关知识。

第 5 章

信息治理

本章涵盖 CSA 指南范围 5 中相关的内容，主要包括：

- 治理范围。
- 数据安全生命周期的 6 个阶段及其关键因素。
- 数据安全功能、参与者和控制。

> 数据即财富。
>
> ——马克·库班

这么多年来，我看到"IT 安全"从关注物理安全到 20 世纪九十年代关注操作系统案例，接着在 21 世纪 00 年代中期关注网络安全。现在，IT 安全被新的名称"网络安全"所取代，它更多地关注应用程序安全以及这些系统处理和存储的数据。这是 IT 安全的下一个前沿。

信息安全的主要目标是仅授予某人执行其工作所需的权限，不能越雷池一步。这是最小特权的概念。当公司将数据库迁移至云环境，需要解决多租户、责任共担、新服务、抽象的控制以及使用云服务提供商处理数据的新方式的全部相关问题，可以通过安全管理、操作和技术控制的方式来解决，这些方式不仅可以阻止非法访问，而且具备检测和纠错（或者响应）能力。简而言之，就是使数据保持原来的状态时时需要解决的问题，为了解决这些问题，在云环境中的方案会千差万别。

 注意：在 CSA 指南和本书中，"数据"和"信息"两个概念是可以互换的，但实际上二者有区别的。拥有海量的数据就拥有了相应的资源，但如果没有处理这些数据或知道数据表示的含义，这些数据也没有什么意义。一旦知道数据真正的含义之后，这些数据就变成了有价值的信息。CCSK 考试没有涉及的二者的区别，但我觉得有必要在这里强调一下。

当然，如果没有合适的信息/数据治理，那么也就无法使用正确的安全控制来保护信息。为了理解信息和数据治理，先来看看两个对它不同的定义——第一个由 CSA 定义，第二个由 NIST 定义。

- CSA 将数据 / 信息治理定义为：保证按照组织的政策、标准和战略（包括监管、合约和业务目标）使用数据和信息。
- NIST 将数据治理定义为：保证整个企业正式管理数据资产的一组过程。数据治理模型建立与企业产生和管理数据相关的权限、管理和决策参数。

这两种定义方式实际上是一致的，因为 NIST 对数据治理定义的粒度更细一些，而 CSA 的定义则描述为什么要进行数据治理。注意，"数据"和"信息"两个词是可以互换的。也就是说，如果我使用"数据"而不是"信息"，或者反过来，二者指的是同一个主体。

提示： 迁移至云提供了重新检查信息管理并对其进行改进的机会。不要将现有的问题都转移到云环境中。

本章后面的部分涵盖信息治理的各个方面，并且介绍了数据安全生命周期。可以将数据安全生命周期用作确定所需案例控制的框架，用于实现访问数据和对数据进行其他操作的最小特权。

云信息治理范围

正如 NIST 定义中所说的，信息治理由整个企业正式管理数据资产的一组过程构成。相关的过程被划分为以下几个范围，要实现全部的过程，以保证数据的安全。

- **所有权和数据托管**。如果公司掌控的数据出现问题，那么公司必须负法律责任。
- **信息分类**。可以根据分类，制定能在哪里存放和处理数据，以及应该在哪里存放和处理数据标准。从云环境的角度来看，这个分类可以确定能否将信息存储在云环境中。你之前可能没有使用过信息分类系统，但信息分类是之后所有基于云环境信息治理的基石。本章之后将会对此进行深入介绍。
- **信息管理策略**。从这个指令控制可以看出应该怎么管理数据和信息。因为服务提供商接口的层级（SaaS、PaaS、IaaS）及服务提供商本身存在很大的差异，需要考虑可接受的服务模型以及服务提供商为组织中使用的不同类型的服务提供的控制。例如，如果你需要对静止数据进行加密，但 SaaS 服务提供商不提供加密服务，这种情况下应该更换服务提供商。

- **地区及司法管辖区策略**。众所周知，云计算是全球化的，而且不同的司法管辖区具有不同的需求。在进行信息治理时，必须考虑不同地区的需求差异。可以将其作为信息管理策略的一部分，也可以单独制定相关的策略。最重要的是，针对不同地区和司法管辖区制定适合自己单位的策略。
- **授权**。授权包括允许谁访问特定的信息和 / 或数据，以及如何实现最小特权及职责分离。与传统数据中心相比，基于云计算系统中授权的概念没有变化，但云环境中授权的重要性进一步提升。因为在某些情况下，云服务提供商会将授权作为对云服务用户的唯一控制，此时无法将物理控制（例如，只允许在某座建筑物内访问数据）作为辅助控制手段。
- **合约控制**。这是你公司唯一的保证云服务提供商实现合理的治理需求并遵守相关约定的法律工具。
- **安全控制**。实现数据治理需要这些工具。云服务商不同以及使用的服务不同，云服务提供商提供给云服务用户的控制以及如何配置这些控制也会不同。

迁移至云环境时，可以对当前使用的治理过程进行重新评估并进行修正。第一次迁移至云环境时，可以说是对治理进行评估和修正的最好时机，为什么不利用这个机会解决治理过程中暴露的问题，在第一天就让治理回归正确的轨道。例如，可以将信息进行分类。当前可能没有对信息进行分类，但完成信息分类是非常重要的，它可以确定哪些数据集适合部署至云环境（即对云环境友好）。

信息分类背景知识

简而言之，数据分类可以定义为通过评估及标识不同安全控制目标将数据分成不同的类别。当然，如何对信息分类对保护数据安全有利的实例有很多，但本书是安全方面的书籍，因此只介绍数据分类在风险信息治理中的基本步骤。

 注意：CCSK 考试中不涉及本书中所有的背景知识。之所以介绍相关的背景知识，是因为有些读者可能对相关的主题不熟悉。

为了说明信息分类的重要性，下面以美国政府为例说明（因为美国政府是一个巨大的组织，并且更重要的是，美国政府使用的全部文档在业界是最详细的，并且无版权方面的问题）。美国政府使用 NIST 风险管理框架（NIST Risk Management Framework，RMF）的安全生命周期，NIST SP 800-37 对此框架进行了详细说明。

NIST 风险管理框架 RMF 的第一步就是对系统进行归类（参阅下面"分类"和"归类"的区别）。

在美国政府中，两个主要的文档用于处理信息和系统归类的问题。这两个文件为联邦信息处理标准（FIPS）联邦信息和信息系统安全归类标准（FIS 199）以及 NIST 800-60（基于 FIPS 199）。美国政府使用这些指南根据失去机密性、完整性或可用性产生的影响确定所需的控制。图 5-1 列出根据不同的影响确定的不同级别。美国政府对信息和系统进行了分类，我们自己的单位也需要对信息和系统进行分类，特别是使用云服务时尤其如此。

安全目标	可能产生的影响		
	低	中	高
机密性 维护信息访问和公开的授权限制，包括保护个人隐私和专有信息的方式 [44 U.S.C., SEC. 3542]	未授权公开信息对组织的运营、组织的资产或个人产生的负面影响**有限**	未授权公开信息对组织的运营、组织的资产或个人产生**严重的**负面影响	未授权公开信息对组织的运营、组织的资产或个人产生**非常严重或灾难性**的负面影响有限
完整性 防止非法对信息进行修改和损毁，包括保证信息的不可否认性和真实性	未授权对信息进行修改或损毁对组织的运营、组织的资产或个人产生的负面影响**有限**	未授权对信息进行修改或损毁对组织的运营、组织的资产或个人产生**严重的**负面影响	未授权对信息进行修改或损毁对组织的运营、组织的资产或个人产生**非常严重或灾难性**的负面影响有限
可用性 保证某时间段内可靠地访问和使用信息	访问或使用信息或信息系统的中断对组织的运营、组织的资产或个人产生的负面影响**有限**	访问或使用信息或信息系统的中断对组织的运营、组织的资产或个人产生**严重的**负面影响	访问或使用信息或信息系统的中断对组织的运营、组织的资产或个人产生**非常严重或灾难性**的负面影响有限

图 5-1　FIPS 199 归类表格（来源：联邦信息和信息系统安全归类的 FIPS 199 标准）

分类和归类的区别

大多数情况下，分类和归类两个词是可以混用的，如果之前在美国政府部门工作过尤其如此。美国政府与一般的组织稍有不同，因为他们根据失去机密性的影响对文档进行分类，如秘密、机密和绝密。政府将信息和系统分成三类（低、中、高），从而根据失去机密性、完整性和可用性的影响确定合适的控制。CSA 全部都使用术语"分类"，所以除了讨论具体的美国政府文档外，本书都会使用"分类"这个术语。

组织需要确定在云环境中使用的各种分类。许多组织使用 3 个级别，可以简单地分为公共的、私有的和受限制的。同样地，这些分类通常也是根据失去机密性、完整性和可用性后的影响来进行划分的。组织可以确定是否使用平均值、带权值或高水位标记的方式（最高值）来确定分类。例如，FIPS 199 建议使用高水位标记方式，如果机密性的影响大而完整性和可用性的影响小，那么将数据归类为高级别。

 提示： 尽可能采用简单的方式进行分类。开始的时候分为 3 个级别，之后确实需要时再对其进行扩展。

大多数组织规定数据的拥有者负责对数据进行分类，因为只有数据的拥有者才是最理解自己数据价值和重要性的人。也就是说，用户需要理解如何进行分类以及分类的重要性。例如，如果问某个公司财务人员某个特定数据集的机密性是否为低级、中级或高级，财务人员可能会一脸茫然。为了解决这个问题，让所有参与人员操作更简单，可以列出一系列的问题让使用者来回答，这样工作流程会更顺畅。一些组织称这些问题为"敏感性声明"。设置的问题应该易于理解，能够只使用是或否的形式进行回答。下面是一些例子：

- 数据包含个人身份识别信息吗？
- 数据包含健康记录信息？
- 数据包含如果泄漏会危及个人安全的信息吗？
- 数据包含如果泄漏会让人感到尴尬的信息吗？
- 数据包含商业机密或公司知识产权相关信息吗？
- 数据包含公共可用或者预期公共可用的信息吗？

根据这些简单的问题，可以确定问题中的数据是否受到各种法规条例的约束，如通用数据保护条例（GDPR）和 / 或健康保险携带和责任法案（HIPAA），或者如果数据中包含公司的敏感数据，将其归类为更高级别会更好。

信息分类是一个持续的过程，不是一劳永逸的。信息分类之所以是一个持续的过程，是很多因素引起来的，包括信息对公司的价值突然增大或突然减小（例如，公开发布财务报告后，相关数据从高级别降为公开级别），外部力量的影响（例如，出台新的法律法规）。例如，GDPR（参见第 3 章）对数据分类需求会产生重大影响，主要体现在与用户和其他数据主体相关的数据会产生重大影响，因为这些数据的机密性被破坏之后，会因此而收到罚单。

通常根据元数据（与数据本身相关的数据，例如，确定数据分类级别以及如何对数据进行处理和控制的标记或标签）对数据进行分类。现在，主要有以下 3 种数据分类方法。

- **基于用户分类**。数据拥有者确定特定数据集的分类。例如，要求发送邮件的用户在发送电子邮件之前在微软 Outlook 的下拉菜单中选择分类级别。
- **基于内容分类**。这种分类方法检查数据并对数据进行解释，以查找已知的敏感数据。在这种情况下，分类程序会扫描文档，搜索关键字。根据文档的内容进行自动分类。
- **基于使用情境分类**。这种分类方法将应用程序、存储的位置或者数据的创建者看作敏感信息的指示。例如，首席财务官使用财务报告应用程序创建的文件会被自动识别为高敏感性数据。

可以使用数据分类工具自动实现基于内容分类和基于使用情境分类。可以从很多销售商购买这种自动分类工具，这些工具会自动确定分类级别，并且添加适当的标签和 / 或标记。基于用户的分类是由用户选择合适的分类级别，分类系统会给数据添加合适的标签和 / 或标记。当然，这种分类方法要求用户理解公司的分类结构，并且知道如何确定数据的分类级别。

数据分类是数据安全的基础。数据丢失预防、电子举证、数据访问安全代理（参见第 11 章），甚至加密工具都可以与数据分类一起来保护公司内部数据和通过各种方式（包括电子邮件、云存储和 SaaS 应用程序）发送出公司的数据的安全。一旦单位建立了分类级别，可以通过创建可接受的云计算使用策略（本章后面会介绍相关内容）使用这些分类级别确定可接受的使用云环境的方式。

信息管理背景知识

你可能还不知道当今的数字世界有超过 30 泽字节（也就是 300 亿兆字节）的数据，到 2025 年，将增长至 175 泽字节。如果这些数据太大而超出了你能够理解的范围，那么可以想象每分钟都有 1 亿 8800 万封电子邮件发出（说实话，我也不确信你能想象这样的数据量有多大）。相对于 1 泽字节数据来说，公司当前存储的数据是非常少的，可以忽略不计。但是如果你在大公司工作，由成千上万的文件、电子邮件等构成的几十拍字节是没问题的。与之前相比，公司正在产生并捕获更多的数据，并且速度还在加快。那么，其中多少数据是确实有用的呢。有价值的数据和信息是许多公司的命脉，需要对这些数据和信息进行正确的管理。哪些数据需要保存？如何保存这些数据？哪些数据可以丢弃？信息管理（Information Management，IM）功能可以解决这些相关的问题。

信息管理功能确定了组织如何规划、标识、创建、收集、治理、保护、使用、交换、维护和销毁信息的细节。简而言之，信息管理功能可以使正确的人在正确的时间以正确的格式使用信息。以下列出的信息管理原则有助于组织有效地利用信息，能够更容易查找到信息并且在法律法规范围内保护和维护信息。

- 避免重复收集信息。
- 在法律法规限制范围内分享和复用信息。
- 保证信息完整性、准确性、相关性和可理解。
- 保证不非法访问、丢失和损毁信息。
- 按照操作、法律、财务和历史方面的价值采取不同的方式保存信息。

信息管理生命周期

信息管理生命周期包括管理处理信息各个阶段的数据流。现在有很多不同的信息管理生命周期，有的包含 3 个阶段，有的包含 7 个阶段；有时候将不同的阶段组合在一起，有的将某个阶段分开。但是，通常情况下，信息管理生命周期大致如图 5-2 所示。

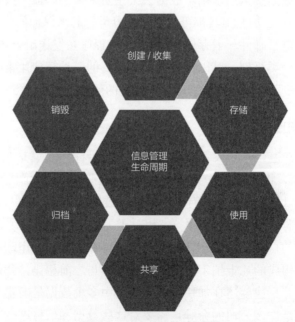

图 5-2　信息管理生命周期

图 5-2 所示的信息管理生命周期各阶段与之后数据安全生命周期的各阶段是一致的。实际上，利用信息管理生命周期的每个阶段，可以使单位最大化地利用信息的价值（下面对各阶段的描述不包括安全阶段，因为之后将会对安全做更详细的介绍）。

- **阶段 1**：创建 / 收集。无论是何种类型的数据，也不管是从哪里收集来的数据，都是单位按某种方式创建或收集到的。可以将修改现有数据看作创建数据。
- **阶段 2**：存储。在这个阶段，采用某种方式存储数据。需要通过压缩、消除重复数据和其他方式减少数据存储空间。
- **阶段 3**：使用。浏览数据、处理数据或采用其他方式使用数据，从而创建有价值的信息，公司可以使用这些新创建的数据进行决策。
- **阶段 4**：分享。让第三方可以使用数据。
- **阶段 5**：归档。在这个阶段，数据对公司价值非常小或者没有价值，但是可能有很多原因需要保存，例如，进行历史数据分析或者满足法律法规需求。
- **阶段 6**：销毁。不再需要的数据会占用存储空间，如果这些数据在法律法规上也不再需要时，可以删除这些数据。如果不删除数据，会增加存储方面的花费。

前面已经介绍了信息管理和信息分类方面的背景知识。下面介绍信息管理策略，这些策略让利益相关者知道公司期望他们怎么使用公司拥有的信息。

信息管理策略

信息管理策略的目的是告知所有利益相关者信息管理的要求。与其他任何策略文档类似，信息管理策略文档可以是几页文档，也可以是几十页文档。有一些详尽的信息管理策略会清楚地限定信息管理的角色以及不同角色特定责任。接下来介绍信息管理策略的实例，可以从中看到大部分信息管理策略的关键内容。

目标。从信息管理策略及相关的实践可以全面了解企业信息管理，包括创建或获取、使用、修改、分发、存储、访问、通信以及处置或销毁等各个环节的信息管理。公司保证管理和保护自己公司的信息。无论是电子化的信息，还是纸版的信息，都是有价值的公司资产。

范围。公司信息包括公司业务交易、决策和活动等记录。这些记录就是公司相关策略、控制、标准，以及公司开展业务所有领域在运营、合同、法律及监管方面所需的证据。大多数公司认识到，用于捕获、共享、报告和存储相关公司信息的澈中、信息系统和基础设施使公司能够高效并且安全地开展各项业务。

制定策略。由公司开发或者为公司开发的公司信息（包括知识产权）应视为公司的财产。公司也应该保护其他人的隐私权和财产权。员工根据保密协议或许可协议获取和使用公司信息时，必须根据相应的条款进行处理。

所有的员工和服务提供商应该遵循以下条款。

- 根据本策略和相关实践（包括法律法规要求）保护公司信息。
- 对于任何受委托的特定公司信息，需要适当保护它们的安全性、访问权限和留存权限。
- 了解对公司信息管理不善和滥用造成的影响，包括会对公司、员工及业务伙伴会带来哪些潜在的成本和风险。
- 报告突发事件，并协助调查公司信息管理不善和滥用的相关情况。

遵守和执行规则。以下几条违反了本条策略。

- 未经允许中断或阻止访问、控制公司信息。
- 无法正常处理并保护公司的信息和记录。
- 使用或公开公司信息时，损害公司的名誉或正常业务。
- 试图规避这些策略，并且遵守相关的实践要求、控制和标准。
- 不遵守适用法律、合同义务或法规要求。
- 不按照商业行为和道德准则的规定使用公司信息。

如果有人违反相关的规定，就需要对其进行惩罚，甚至可以开除或终止服务合约。

合理的云服务使用策略

既然已经提到了信息分类和信息管理，下面来看看其与云服务的相关性。许多单位解决信息管理风险的方法是执行合理的云服务使用策略。

通常情况下，单位会对现有的信息分类进行评估，并且根据对机密性、完整性和可用性的影响，确定使用什么云服务存储各类数据（可参见 FIPS 199）。需要根据现有的信息治理策略选择合理的云服务使用策略，是否允许用户购买自己的云服务？单位每次云服务是否都需要授权（例如由信息主管授权）？也可以根据数据的类别采用混合管理方法，高级和中级机密性数据存储在授权的云环境中，并在授权的云环境中对这些数据进行处理，而用户可以在任何云服务中存储公用数据。

在制定合理的云使用策略时，很重要的一个方面就是合规性。下面以健康保险便利和责任法案 HIPAA 为例，说明监管云中存储数据的重要性，也可以看到如果允许用户自己选择云服务提供商将会发生什么后果。第 4 章介绍了合规传承，服务提供商和用户的行为都必须合规。仔细查阅 HIPAA，可以发现涉及受保护健康信息 PHI（例如医疗服务机构和保险公司，这些受保护的健康信息被称为法律覆盖实体）的公司能使用的云服务提供商必须是签署过业务合作协议的商业伙伴。如果将法律覆盖实体相关的数据存储到未签署业务合作协议的云服务提供商，会有什么潜在的危险呢？有一个例子，2016 年，美国明尼苏达州的北部纪念医疗集团因为未与云服务提供商签订业务合作协议，被处以 155 万美元的罚款。

如果公司没有制定合理的云服务使用策略，公司的员工怎么知道应该将什么样的数据集存储在哪个特定的环境中呢？这种情况下，最好是成立一个云治理项目组，由这个项目组代表公司处理所有的合约和其他治理项目事宜。

数据安全生命周期

数据安全生命周期是 CSA 建模工具，它是基于通用的信息管理生命周期的，但是 CSA 工具主要解决安全和位置方面的问题，它通过生命周期的方式处理安全问题，覆盖了信息管理的各个阶段。

需要强调的一点是，生命周期是一个高级的框架。使用生命周期框架的目的是让我们更好地理解如何进行控制，将可能出现的安全漏洞扼杀在萌芽中。使用生命周期框架不是指对单位所拥有的每字节数据进行相同的安全控制，如果这样，就不会再有人使用生命周期框架了。

数据安全生命周期分为以下 6 个阶段。

- **创建**。创建数据或者修改现有的内容。
- **存储**。将数据提交至某种形式的存储库中。
- **使用**。查看、处理或采用其他方式使用数据。需要注意的是，使用数据不包括修改数据，因为修改数据会返回到新生命周期的创建数据阶段。
- **分享**。让他人能够使用数据。
- **归档**。虽然不会再使用数据了，但必须将数据保存下来，例如为了满足监管或法律的需求将数据保存下来。
- **销毁**。从存储库中删除数据。

数据（无论是结构化还是非结构化的数据）并不一定严格按顺序经过生命周期的各个阶段的，也不需要必须经过所有生命周期的各个阶段。例如，可以创建一个文档，将文档共享给其他人，这些人再对文档进行修改。文档被修改后，就创建了一个新的文件。从这个例子中可以看出，数据会任意地处在生命周期的每个阶段，也可以是在各个阶段之间任意转换。

表 5-1 列出了生命周期的各个阶段，其中根据每个阶段谁有可能会处理数据，以及他们会如何处理数据，列出了各处阶段可能对数据做什么操作和控制。当然，表 5-1 并不是一个详尽的表格，可能还存在其他的操作和控制，而且相关的技术还在不停地演进。

这里要重点说明的一个操作是密钥销毁（Crypto Shredding）。当按 Delete 键时，基本无法确定云服务中的数据是否真正被删除了。如果风险控制要求确定一旦删除数据就永远不能恢复，可以选择以下两种方案：其一，雇佣汤姆·克鲁斯闯入数据中心完成不可能完成的任务——物理销毁所有的驱动器和磁带，其中有些可能根本没有存储相关的数据；其二，进行密钥销毁操作。说实话，可能雇佣汤姆·克鲁斯比后一种方案会更简单一些。

表 5-1　信息管理生命周期及可能的操作与控制

生命周期的各个阶段	可能的操作与控制
创建	确定分类标签；授权
存储	静态加密；访问控制；权限管理；内容发现
使用	访问控制列表；应用安全；活动监控；逻辑控制
分享	传输中加密；数据外泄防护；逻辑控制；应用安全
归档	加密；资产管理
销毁	内容发现；密钥销毁

从理论上讲，密钥销毁是指以下过程：存储使用密钥加密后的数据，然后简单地删除数据和加密密钥（此加密密钥为产生并加密数据时使用的密钥）。其实你可以想象产生、追踪及销毁这些数据密钥会有多复杂。虽然在理论上无懈可击，但实际上是行不通的。

为了进行密钥销毁，必须仔细查看云服务提供商的相关文档，理解云服务提供商在删除数据之后是如何清除数据的（又称为磁盘清除）。在大多数情况下，他们会采用数据"归零"的方式，即在将资源释放回存储资源库之前，使用 0 覆盖存储数据的比特位。但是，数据"归零"的次数（称为"遍"）可能会受到限制，并且可能无法满足公司数据安全处理策略（如果想要了解更多数据安全处理策略方面的内容，可以查看 NIST SP800-81r1，但其中不包含 CCSK 考试相关的内容）。

除了这里提到的技术方向的问题，云服务提供商如果能够保证不清除磁盘之前不允许将磁盘带离自己的数据中心，那么这些云服务提供商能够提供更好的服务。许多云服务提供商将数据中心当作"加州酒店（Hotel California）"，磁盘能够进入数据中心，但不允许带出数据中心。在这种情况下，不再存储数据的驱动器会在数据中心被物理销毁。同样地，没有法律或法规来约束云服务提供商应该做什么，不应该做什么。

位置和授权

在数据安全生命周期的框架中，位置是一个非常棘手的问题。对于位置来说，不仅需要考虑数据保存的位置（在云服务器中或者在传统的数据中心），还需要考虑访问设备的位置（本地或远程）。不难想象，如果对创建和使用数据的位置不加限制，可以在世界上任何一个位置都可以创建数据存储在云服务器，也可以在世界上任何一个位置使用云服务器中的数据。现在存储在数据中心的数据，以后可能需要存储到云环境中，反之亦然。

有可能会要求对存储在云环境中的所有数据进行静态加密，但对存储在自己数据中心的数据却没有这样的要求。再深入思考一下，这种情况在，不能在云环境中使用数据中心的数据吗？毕竟，处理数据之前需要对数据解密（在同态加密技术出现之前）。对存储在不同位置的数据需要进行不同的控制，这也就会存在多种数据安全生命周期。这也就是我为什么要在这里重点讨论存储位置的原因。

CSA 选择使用"授权"一词来代替"许可"或"权利"。如果愿意，也可以使用"许可"一词，但是在 CCSK 考试中，使用"授权"一词会更好。在授权方面，需要考虑两个方面：谁会访问数据？他们会怎样访问数据？如果不希望某个人或某个系统（角色）要使用数据做某件事情（功能），那么需要进行控制，阻止这件事情发生。非常简单，对吧？下面我们来深入探讨这个问题。

功能、角色和控制

既然已经清楚了角色、功能和控制的相关概念，那么还需要理解在数据安全生命周期能实现什么控制——允许什么角色完成哪些功能，不允许某些角色完成哪些功能（角色授权），如果某些角色要访问其不允许访问功能时能用什么方法阻止。

对于功能，我们知道生命周期包括创建、存储、使用、分享、归档和销毁这几个阶段。还可以将功能映射至更高级的功能。可以将角色实现的功能看成访问

（读取）数据、处理（使用）数据或存储数据。这 3 种功能的意思分别是什么呢？

- **访问数据**。为了读取、更新、使用、分享、归档和销毁数据，需要访问数据。
- **处理数据**。处理数据包括使用数据完成业务处理，例如更新客户记录或进行业务来往。
- **存储数据**。最后，如果想将数据提交到存储库，要能够存储数据。

表 5-2 所示为这些功能与生命周期各个阶段之间的联系。

表 5-2　信息生命周期功能和阶段

	创建	存储	使用	分享	归档	销毁
访问	×	×	×	×	×	×
处理	×		×			
存储		×			×	

当然，在阻止某些角色执行某些功能时，仅仅使用这 3 种基本功能（访问、处理和存储）是不够的。现在假设有一个名为汽车动力传动系统公司，以该公司库存系统为例来说明实际应用中授权的概念。

主要有三类角色使用公司的库存系统，他们分别可以追踪、完成和交付订单，贾诺·本亚明（公司老板）、伊莎贝尔·罗伊（库存管理人员）和雅各布·里克勒（车间工长）。公司老板贾诺想要全面掌控公司的所能数据；伊莎贝尔不需要太多的授权就能对数据进行处理，因为她需要创建新的工作订单，并且将这些订单分享给雅各布；雅各布在完成订单准备出货时将更新系统。表 5-3 列出了对这些角色授予最少权限的解决方案。

表 5-3　汽车动力传动系统公司库存系统生命周期各阶段授权情况——内部部署

	创建	存储	使用	分享	归档	销毁
贾诺	允许	允许	允许	允许	允许	允许
伊莎贝尔	允许	允许	允许	允许	受控	受控
雅各布	允许	允许	允许	受控	受控	受控

可以说汽车动力传动系统公司采用了业务持续计划，其中包括在云中运行的库存系统复本。公司规定备份是只读的，每天晚上将内部部署库存系统中的数据复制到备份系统中。只有内部部署的"主"库存系统中断的情况下，云系统的复本才会启用。不能在副本中创建任何新记录。在启动复本系统的情况下，由于数据的位置发生了变化，授权情况将发生很大的变化，如表 5-4 所示。

表 5-4 汽车动力传动系统公司库存系统生命周期各阶段授权情况——云托管

	创建	存储	使用	分享	归档	销毁
贾诺	受控	受控	允许	受控	受控	受控
伊莎贝尔	受控	受控	允许	受控	受控	受控
雅各布	受控	受控	允许	受控	受控	受控

在这种，我们使用相同的数据，但是使用的是不同位置的数据。由于存储数据的位置发生了变化，企业的决策也就随之而改变，每个人都能够采用只读的方式使用数据，但不能更新数据。虽然是相同的数据，但由于存储的位置不同，将会使数据安全生命周期发生变化。

考试提示：对于 CCSK 考试来说，数据安全生命周期的主要目标不是知道如何进行控制，以限制某些角色对每个数据集进行某种操作（这样做是否有效还值得商榷）。CCSK 考试的目标是理解可以将几个基本功能映射至生命周期的各个阶段。由于访问设备或数据存储的位置不同（这是 CCSK 应该重点关注的地方），数据安全生命周期也会不同。

本章小结

本章主要介绍信息治理的需求及相关的处理过程还介绍了数据安全生命周期，可以根据数据安全生命周期确定不同的活动和不同的位置需要进行什么样的控制，以实现信息治理。其中不同的位置不仅包括数据存储在不同的位置（传统的内部部署或云部署），还包括在不同位置的访问设备（内部或外部访问）。

在准备 CCSK 考试时，应该重点关注以下几点。

- 将数据转移至云服务器时，需要充分理解公司信息治理的需求（法律法规方面的需求等）。
- 需要注意的是，将信息治理扩展至云服务时，既需要合约控制，也需要安全控制。
- 根据数据安全周期确定各种控制方式，以限制各种角色能够执行的功能。因为不同的位置需要不同的控制，所以不同位置数据的数据安全生命周期也不相同。
- 可以将数据迁移至云服务器看作是找出和解决当前信息治理问题的一次不可错失的机会。

本章练习

问题

1. 数据安全生命周期需要考虑以下哪一项？

    A. 位置

    B. 如何确定安全控制方式

    C. 谁可以访问数据

    D. 服务模式

2. 可以使用以下哪一项来确定是否应该将信息存储在云服务器中？

    A. 隐私策略

    B. 信息分类

    C. 数据安全生命周期

    D. 合适的使用策略

3. 在数据安全生命周期框架中，需要考虑以下哪个位置？

    A. 数据存储的位置

    B. 访问设备的位置

    C. 数据中心的位置

    D. A 和 B

4. 信息治理的目标是什么（选择最佳答案）？

    A. 保证合适的角色访问所需的数据

    B. 保证数据存储在已确认并安全的位置

    C. 全盘管理整个企业的数据

    D. 创建并管理信息安全策略

5. 下面哪一项是完成信息治理的工具？

    A. 安全策略

    B. 安全控制

    C. 信息分类

    D. 以上都是

6. 保证实现合适的信息治理需求，并且确定云服务提供商能够遵守这些信息
    治理需求的法律工具是什么？

A. 安全控制

B. 合约控制

C. 严格的变革管理

D. 授权

7. 以下哪一项可以用来确定允许什么角色能够实现什么功能?

　　A. 授权

　　B. 信息分类

　　C. 信息治理

　　D. 合约控制

8. 将数据迁移至云服务器提供了重新检查什么的机会?

　　A. 如何管理信息并找出改善信息管理的方法

　　B. 现有的安全策略

　　C. 现有的安全控制

　　D. 现有的信息分类能力

9. 将信息治理扩展至云服务需要什么?

　　A. 安全控制

　　B. 合约控制

　　C. 合约控制和安全控制

　　D. 和云服务提供商签署商业合作协议

10. 授权需要确定什么内容?

　　A. 终端用户的法律责任方

　　B. 是否能将数据存储在云环境中

　　C. 根据数据分类选择云服务提供商

　　D. 允许谁访问某些信息和 / 或数据

答案及解析

1. A。数据安全生命周期与信息管理生命周期是不同的,其最大的差异是数据安全生命周期需要考虑位置。因此,将数据存储在多个不同的位置时,需要管理多个不同的数据安全生命周期。尽管数据安全生命周期确定每个阶段的安全控制方案,但并不强制如何创建这些控制方案,也不会强制规定谁访问某些具体的数据。数据安全生命周期与服务模型无关。

2. B。最佳答案是信息分类。合理的使用策略会确定允许存储什么级别的数据，但首先必须要对数据进行分类。可以使用数据安全生命周期，根据生命周期的阶段确定使用什么控制方案，因此对某些问题来说，C 并不是最佳答案。在合理的使用策略中，隐私策略中包含如何处理数据，所以对存储在云中的 PII 会有适当的限制——因此，同样地，信息分类是这个问题的最佳答案。

3. D。这个问题有点刁钻。数据安全生命周期会考虑数据和访问设备的位置。这是否意味着也需要考虑数据中心的位置呢？可能需要考虑，也可能不需要考虑。有人可能会争辩说，数据中心的位置将决定管辖权，从而决定需要进行哪些控制，但在参加考试的时候没有人会和你辩论。

4. C。最佳答案是信息治理是为了正式管理企业的全部数据。另外一个答案也是正确的，但信息治理比其他答案都要好。因此，最佳答案为 C。

5. B。安全控制是实现数据治理的工具。策略本身不需要做任何事情来实现数据治理。但是，确实需要安全控制，而且安全控制只是描述性的（指令控制），并不会实际阻止某些人做某些事情。对于高度治理来说也需要分类，但是同样，分类本身不会阻止某些角色执行哪些功能。

6. B。保证云服务提供商正确地执行和遵守恰当的治理需求的唯一法律工具是合约控制。其他选项都不是法律工具。

7. A。授权确定允许哪些角色完成什么功能，不能完成什么功能。合约控制是法律工具，信息治理的范围要比确定哪些角色能完成什么功能，不能完成什么功能要大得多，因此 B 和 C 都不是最佳答案。数据分类有助于选择控制方案，但是同样，它也不是最佳答案。

8. A。迁移至云环境为你提供了一个机会，可以利用这个机会审视自己是如何管理信息的，并可以利用这个机会来提高自己管理信息的水平。这个问题也可能会有其他的答案，但第 1 个答案涵盖了其他选项，所以 A 为最佳答案。

9. C。最佳答案是将信息治理扩展至云服务时，安全控制和合约控制都是必需的。商业合作协议仅适用于 HIPAA 监管的数据，它将被合约控制所涵盖。

10. D。授权确定允许谁访问某些信息和 / 或数据，它是信息治理的一部分。在最终用户数据被泄露的情况下，客户始终保留法律责任。尽管我们希望信息管理能够帮助选择合适的云提供商并确定数据分类，但这些并不是授权。

第 6 章

云计算管理平面和保持业务持续性

本章涵盖 CSA 指南范围 6 中相关的内容，主要包括：

- 管理平面安全。
- 云中业务持续性和灾难恢复。
- 构建处理失效状态的架构。

> 如果已经感到口渴了再来打井，那就来不及了。
>
> ——日本谚语

如果希望各项业务能够正常开展，未雨绸缪是很重要的。一定要事先做好准备，否则就会尝到不作为带来的恶果。本章主要介绍如何采取预防措施，在事情变得无法挽回之前保障安全。本章可以说是从云业务方面向云计算技术方面进行转变的标志。本章开始介绍了如何保证管理平面的安全，接着介绍如何在云环境中保持业务持续性及如何进行灾难恢复。

从第 1 章介绍的逻辑模型中，可以了解到元结构是虚拟环境，实现它时需要使用虚拟工具。管理平面是创建、配置和销毁云虚拟基础设施的位置。需要注意的是，管理平面是元结构的一部分。管理平面是在这个虚拟环境中浏览、实现和配置所有资源的唯一接口。

管理平面并不是一个全新的概念。实际上，在网络相关领域中，多年前就开始使用"管理平面"这一术语，它用于描述配置、控制和监控网络设备的接口。与其他环境不同，可以配置特定的端口作为管理接口，而且这个管理接口需要与管理平面直接物理相连，用户可以使用 API 或 Web 浏览器通过因特网连接至云服务提供商提供的管理平面。

管理平面也是进行多数灾难恢复以及实现业务持续计划的位置之一。许多云服务提供商（尤其是基础设施即服务云服务 IaaS 提供商）会为用户提供多个数据中心和多个可用的区域。需要公司制定合适的策略，并且通过使用这些可选的服务项来执行制定的策略。其中涉及到多个概念，例如恢复时间（Recovery Time）

和恢复点目标（Recovery Point Objectives，如果对这些术语不熟悉，可以参见下面的"业务连续性计划 / 灾难恢复背景知识"部分）。需要选择最佳方案来满足这些业务需求。

最差的情况是一切都交给云服务提供商，这听起来似乎很荒谬。软件即服务 SaaS 提供商制定了从一个区域到另一个区域的故障动态切换方案，可以不需要部署业务连续性计划 / 灾难恢复，但如果需要导出存储在 SaaS 中的数据会怎么样呢？云服务提供商会自动帮你完成？或者在导出数据时必须自己来完成？导出的数据是什么格式呢？是不是只有云服务提供商的系统才能访问导出的数据？如果云服务提供商破产、被黑客攻击、系统被破坏，或者成为勒索软件的受害者，所有的客户数据（包括你的）都被加密，而提供商拒绝对此负责，那么你的情况会怎样？

正如本章开篇所说的，如果等到数据无法访问了再来想办法如何恢复，那就太晚了。

管理平面

管理平面是需要重点保护的区域，而且用户应该对保护管理平面负全责。如果某个人能够轻易地访问管理平面，那么他就能够创建或销毁虚拟环境中全部的内容。从保证所有云实现安全方面来说，严格限制和管理对管理平面的访问是最优先的事情。只有在确保管理平面安全的情况下，再来考虑云环境中其他资产的安全性。毕竟，攻击者可能不会通过管理平面直接登录虚拟服务器，并且偷走其中的数据，但他们能够使用管理平面制作副本并导出副本，他们还可以卷走任何正在运行的实例及其全部备份。简而言之，如果某个人具有访问管理平面的权限，他就可以采用各种方式访问云环境中的服务器及其他资产。

可以想象一下，如果有人利用单位的资源进行比特币开采，并让单位承担相关费用。还有更严重的情况，如果有人取得访问 IaaS 环境管理平面的访问权限，接着访问管理平面在一个或全部服务器中添加脚本，服务器下次启动时会执行这些脚本，因为会以 Linux 根用户或 Windows 系统户运行脚本，所以可以成功地安装后门。如果这里过多地介绍元结构和应用结构之间的区别会混淆视听，但确实值得引起注意的是，如果有人获得管理平面的访问权限，他们确实会进行恶意攻击，造成不可预见的后果。

正如之前提到的，云是责任共担模型，管理平面同样如此。云服务提供商的责任是构建一个供用户访问的管理平面，用户的责任是保证管理平面的安全，仅允许具有适当资质的合适的人员管理虚拟环境，每个用户需要做什么事情，就赋予他们什么权限，不能赋予用户过多的权限，即所谓的最小权限原则。

提示：在管理平面安全方面，最小权限的概念是至关重要的。

应用程序接口背景知识

应用程序接口（API）是系统的编程接口。使用编程接口，可以隐藏系统的实现细节与系统进行通信。API 是在幕后使用的（如第 1 章所介绍的），云服务提供商普遍都会提供 API，用户可以编程访问这些 API。本部分介绍 API 本身，云服务中使用的所谓领先的 API 标准，以及用户如何使用这些 API 在云环境中完成相关的任务。

在讨论如何使用云环境向用户公开的 API 之前，先来看看公司是如何使用内部 API 实现其业务的。在 2002 年前后，亚马逊的计算环境变得越来越难管理，令公司上下痛苦不堪。面对这样的挑战，CEO 杰夫·贝佐斯提出了现在仍然有名的"API 指令"，它要求整个亚马逊的每个业务小组为自己完成的每件事情都提供一个内部的 API。需要了解人力资源信息吗？有 API 可以提供。需要市场信息吗？也有 API 可以提供。需要注意 API 指令中的以下几点。

- 所有的业务小组都提供服务接口，用于访问他们的数据和功能。
- 业务小组之间通过接口进行彼此间的通信。
- 不允许业务小组之间通过其他方式实现进程通信：不能直接链接；不能直接读取其他业务小组的存储的数据；不能共享存储空间；没有后门。通过网络调用服务接口是业务小组之间惟一的通信方式。
- 与业务小组使用的技术无关。
- 必须从底层到能外部访问设计所有的服务接口，无一例外。换句话说，业务小组必须规划并设计能够向外部开发者开发接口，无一例外。
- 如果违反上述规定则要被解雇。

我相信贝佐斯先生当时在公司实现"API 指令"的决心是坚定的，因为他确实感觉到：亚马逊只有实现高度模块化，才能适应不断增长的需求。通过强制使用接口的方式，公司可以消除模块之间的依赖，从而增加灵活性、有效性，并提高开发效率。

这虽然是内部 API 的实例，但对于面向公司外部开发者的 API 来说，同样适用。通常将提供给其他人使用的 API 称为开放 API。也可以开发私有的 API，但对私有的 API 的访问会受到限制。

下面介绍一个可以在外部访问的私有 API 的实例。假设你创建了一个新的应用，其中有个算法用于预测未来十年住宅小区的价格，这就可以找一些想要买房子的人付费使用这个应用，也可以说服房地产中介公司签合同付费之后使用这些有价值的数据。在这种情况下，许多公司愿意使用私有 API，因为这可能是一种更便宜的进入市场的方式，而不是花数百万元向大众营销。从这个例子中可以看出，API 不仅可以增加灵活性以及具有其他内部 API 的好处，而且可以大幅降低公司的开发成本。

最后，对于 API 来说，最重要的是网络上开放的 API。开放 API 是由网站（如推特、脸书等）向用户开放的 API，这里所说的开放 API 是指云服务提供商向用户提供的 API，用户可以使用 API 编程访问相关资源。大多数云服务提供商在每种服务模式中都会向用户提供 API 和 Web 接口。开放 API 的功能不依赖于提供商。有一些 IaaS 服务提供商会通过 API 提供所有的功能，还有一些 SaaS 云服务提供商允许用户创建新记录，但不允许修改记录。下面来看看亚马逊是如何实现相关功能的。当亚马逊创建亚马逊 Web 服务时，用户仅通过 API 访问资源，没有 Web 接口。这可能与你最初的想象正好相反，你不会想到公司会按这种方式运行大众消费应用。但认真想一想，这正是亚马逊看重 API 对自己及其他每个人的表现。

上面已经介绍了不同的 API 部署方式，下面看看开放 API 常用的"标准"。两个最主要的标准是 REST 和 SOAP。下面分别介绍这两种标准，让读者对这两种标准有个正确的认识。

首先介绍具象状态传输（Representational State Transfer，REST）标准。REST 其实不是真正意义上的标准，它其实是一种架构，这也是为什么前面将"标准"一词加引号的原因。例如，不会有"REST 2.0"版本。REST 是无状态的（意味着它不会保存会话信息），它利用其他标准（例如，HTTP、URI、JSON 和 XML）实现自己的功能。每次进行 REST 调用时，都需要使用 HTTP 方法。下表列出了相关 HTTP 方法及其简要功能。

HTTP 方法	目　　的
GET	索取资源
POST	提交新资源
PUT	通过替换的方式更新现有资源
DELETE	删除资源
PATCH	部分更新现有资源，不替换原有资源

REST 实际运行起来是什么样的呢？下面举例说明从 3 大主要的 IaaS 服务提供商获取服务实例列表的方法。

提示：虽然会执行认证和授权过程，但在这些实例中不会包括相关过程。本章后面会详细讨论 API 认证。

AWS 实例：

```
GET https://ec2.amazonaws.com/?Action=DescribeInstances
```

Microsoft Azure 实例：

```
GET https://management.azure.com/subscriptions/{subscriptionId}/providers/
Microsoft.Compute/virtualMachines?api-version=2018-06-01
```

Google Cloud 实例：

```
GET https://www.googleapis.com/compute/v1/projects/{project}/zones/{zone}/
instances
```

你可能已经注意到了——这些实例完全不同，必须查阅云服务提供商的 API 参考指南，每个云服务提供商都会提供不同的功能。

注意：如果想了解 Web API 和 REST 更多的细节，可以参阅罗伊·菲尔丁的论文 Architectural Styles and the Design of Network-based Software Architecures，这里仅是作为背景知识介绍了 API 相关的一些重点。

如何终止（删除）一个实例呢？下面是一些相关的例子。

AWS 实例：

```
DELETE
https://ec2.amazonaws.com/?Action=TerminateInstances
&InstanceId.1=i-1234567890abcdef0
```

Microsoft Azure 实例：

```
DELETE https://management.azure.com/subscriptions/{subscriptionId}/
resourceGroups/{resourceGroupName}/providers/Microsoft.Compute/
virtualMachines/{vmName}?api-version=2018-06-01
```

Google Cloud 实例：

```
DELETE https://www.googleapis.com/compute/beta/projects/{project}/zones/
{zone}/instances/{resourceId}
```

现在你能体会到执行 REST API 中的指令有多简单了吧，还需要注意的是，对管理平面具有管理控制权限的人能够在数秒内销毁虚拟环境中的全部内容。只需要创建一个简单的脚本，列出全部实例，然后对每个列出的实例执行一个终止指令即可。最后还需要注意的一件事情是：每个 API 请求都会使用 HTTPS。这就是 REST，它会使用其他标准。如果想要请求更安全，需要使用 HTTPS 协议，因为 REST 没有考虑安全问题。这一点与 SOAP API 完全不同。

简单对象访问协议（Simple Object Access Protocol，SOAP）既是标准，也是协议。有人说 REST 像名信片，而 SOAP 像个信封。与 REST 不同，SOAP 内部本身包含安全机制及其他特征。与 REST 相比，SOAP 的开销会更大。因此，SOAP 大多数用于企业内部安全需求高的情况。云服务提供商通常不会向用户提供 SOAP API，毕竟能节约成本就节约，例如，Amazon Web Services (AWS)。

提供弹性计算云（EC2）服务时曾使用了 SOAP API，但 2015 年亚马逊就不再使用 SOAP API 了。最终，如果处理于 Web 相关的事务时，还是要使用 REST API。

绝大多数情况下，可以使用任何编程语言来调用 API。例如，如果构造在 AWS 中创建实例的 Python 脚本，那么可以使用 AWS Boto3 软件开发套件（Software Development Kit，SDK）。下面即是在 AWS 中创建实例的脚本。

```
import boto3
ec2 = boto3.resource('ec2')
instance = ec2.create_instances(
    ImageId = 'ami-1234567891234',
    MinCount = 1,
    MaxCount = 1,
    InstanceType = 't2.micro',
    KeyName = 'tester',
    SubnetId = 'subnet-1234567891234')
print (instance[0].id)
```

 提示： 如果确实想理解某个云服务提供商如何工作的，可以使用销售商 API。Web 接口通常会隐藏很多功能。

可以将这个背景知识总结为一个概念，即 API 网关。可以将 API 网关看作唯一的接口，使用这个接口，可以请求接口后面的一个或多个 API，为用户提供一个无缝的体验。API 网关有助于提高安全性能，因为它可以检查进入的请求，以保护系统不受威胁（例如，拒绝服务攻击、代码注入攻击等），并且可以支持认证和授权服务。对于微服务的委托授权尤其如此（第 12 章将介绍相关内容）。

访问管理平面

可以通过多种方法访问管理平面。通常，可以使用命令行接口（CLI）工具、Web 接口或 API 访问管理平面。可以将 API 当作完成所有功能的引擎。无论使用 Web 接口、CLI，还是使用任何 SDK，都可以将请求转换成云服务提供商的 API，接着在云服务中执行请求。

正如之前提到的，如果想了解云服务提供商在接口背后提供了哪些功能，可以使用 API。通常情况下，通过 Web 控制台可以完成的功能，也可以通过 API 来实现。

如果通过 API 提供了某种功能，就可以通过编程访问相关功能。如果可以通过编程访问 API，API 会自动提供服务。云服务提供商的每个方法都提供某个功能，但所有的云服务提供商都很少这样做。我相信，云服务提供商首先会通过 API 提供"beta"功能。但是，我自己确实不赞成在生产环境使用"beta"功能。

需要注意的是，当从安全角度考虑这些不同的访问方法时，通常会涉及不同的认证方式。例如，当通过 Web 浏览器连接时，通常使用标准认证方式，如使用用户名和密码。可以将这些认证信息存储在云服务提供商的环境中，也可以联合身份认证在自己的本地保存认证信息。（第 12 章将介绍联合身份认证相关的知识。）

除了使用 Web 浏览器访问外，通过 API 访问时可以使用 HTTP 请求签名或 OAuth 协议（第 12 章将对此进行讨论）。一些云服务提供商会使用访问密钥（Access Key）和秘密访问密钥（Secret Access Key）进行认证，将其作为 REST 请求进行身份认证和签名的一部分。访问密钥类似于用户名，秘密访问密钥类似于密码。秘密访问密钥用于对请求进行签名。

最关键的是要理解可以通过多种方式访问管理平面，并且可以通过多种方法进行身份认证。如何使用这些身份认证方式，并且保证这些身份认证方式的安全呢？下面进行详细介绍。

保障管理平面的安全

首次注册或登录到云服务器时，将创建一个初始的账户，此账户被称为主账户（有些云服务提供商称其为根账户，UNIX 已经使用"根账户"这个术语数十年了，因此使用根账号这种说法不太好）。必须牢牢锁定这个账号，仅用其创建合适的身份认证和管理访问权限。下面是创建初始主账户并确保其安全的一些指南。

1. 使用唯一的公司电子邮件地址创建主账户（例如，c-dbs45er@acme.com）。这个电子邮件地址是主账户的用户 ID，云服务提供商与公司联系的一种方式。不能使用私人的电子邮件地址创建主账户，甚至不能使用个人的公司邮件地址创建主账户。

2. 创建主账户电子邮件的通讯组列表。这有利于对一些问题防患于未然（例如，主账户邮箱的创建人离开公司并且所有的电子邮件被删除，或者一些关键的人没有看到云服务提供商的一些紧急消息）。

3. 创建健壮性强的密码，至少要满足公司安全策略的要求，并且基于硬件多因子认证（MultiFactor Authentication，MFA）设备对主账户创建多因子认证。根据选择的云服务提供商不同，实现方案可能会有所不同，但大多数情况下，云服务提供商会支持基于时间的一次性密码（Time-based One-Time Password，TOTP），通过算法产生只能当天使用的临时密码，作为一种认证方式。有些云服务提供商会支持更新的 MFA 方法：通用第二因子（Universal 2nd Factor，U2F），许多人认为这是一种比 TOTP 更安全的 MFA 方法。

注意：可以使用虚拟 TOTP，例如谷歌身份验证器（Google Authenticator）。但是，由于需要保障 MFA 设备的安全，所以虚拟 MFA 设备在企业场景中没有太大意义。

一旦设置好主账户的账户、密码和 MFA 之后，需要创建新的超级管理员账户，以用于访问管理平面。所有一切都完成之后，将它们与 MFA 设置全部封装起来，放到安全的地方。从此以后，主账号只能在紧急情况下启用，相关的日常活动必须使用其他账号完成。

注意：有可能影响 MFA 的因素有 3 个：你所知道的（例如，密码），你所拥有的（例如，智能卡），以及你的身份认证信息（例如，指纹或视网膜扫描等生物特征）。

为了保障管理平面的安全，需要做两件事情：谁能做什么事情的完整规划（授权规划）；选择一个可靠的云服务提供商，云服务提供商必须具备可靠的身份认证和访问管理（Identity and Access Management，IAM）系统，以支持适当的标识、身份验证和授权功能。所谓适当，是指能够实现最小权限授权，从而限制谁能在云环境中执行哪些操作。

注意：第 12 章将进一步讨论 IAM，但现在不必直接跳到第 12 章查看相关内容。

最小权限和 MFA 的重要性

对于谁能访问和管理云环境来说，最小权限真的非常重要。不仅要规定用户账户的最小权限，也需要规定 IAM 角色的最小权限。为什么要强调最小权限呢？先看下面的实例，某家大银行因为允许某个角色列出对象存储空间的内容而遭受到了巨大的损失（第 11 章将会介绍相关内容）。不可思议是吧？但它确实发生了。因为这个角色能访问对象存储空间中的内容列表，导致黑客能够访问并下载的相关文件，并且识别出文件的内容。这些文件包含成千上万客户的个人身份识别信息（Personally Identifiable Information，PII）。如果只允许这个角色读取自己知道文件名的文件，而不是整个文件名列表，那么银行的数据可能不会受到损失——或者，至少给黑客查找长 PII 数据增加难度。

再次强调，一定要实现最小权限管理。在解答权限方案相关问题时，所有的答案都离不开最小权限原则。

下面介绍一个极端的例子。在基本框架水平上，公司是如何设置内部网络访问权限的呢？是不是每个人每天都在使用管理员账号进行操作呢？如果是这种情况，现在就需要立刻着手改变现状。现实环境中，这种情况应该比较少见。在大多数公司，只会给每个用户分配合适的权限，只让用户完成自己相关的功能。存储管理员应该具有管理并配置存储的权限；服务器管理员具有创建实例的权限，但不能终止实例。在制定访问权限方案时，要时刻谨记身份认证信息很有可能会被泄露，要将其影响降低在最小范围内（即减小风险）。

在各种类型的云环境中，包含两种主要的身份认证信息：用于 Web 控制台登录的用户名和密码；用于编程访问的访问密钥。访问密钥可看作"永久性身份认证信息"。在云环境中使用访问密钥需要注意以下两点：

- **任何脚本中都不能包含访问密钥（以及秘密访问密钥）**。其原因是访问密钥（以及秘密访问密钥）是明文身份认证信息。通常不会在脚本中包含硬编码的明文密码，但有时候换了不同的身份认证方式就会出现这种情况。如果在脚本中包含访问密钥，并且将脚本上传到了公共软件仓库（例如 GitHub），数分钟之内，恶意攻击的黑客就会发现这些身份认证信息。

- **如果可能的话，应该尽量避免使用"临时凭证"**。临时身份认证使用云服务提供商所谓的"IAM 角色"。在临时凭证模式中，给云用户账户分配最低的权限，可以使用继承的方式提升权限，使得程序能正常运行。

除了创建账号时首先考虑最小权限原则外，还需要对所有的账号使用MFA，而不仅仅只对主账号使用 MFA。事实证明，就账号接管方面来说，使用 MFA（尤其是 U2F）是有效的。例如，谷歌 2017 年使用安全密钥实现U2F。猜猜从那以后，谷歌的 85000 职员有多少被成功"钓鱼"了呢？一个都没有！是不是很棒。这确实令人大吃一惊！这只是一个内部网络，不是公开的管理平面——对访问管理平面使用 MFA 确实能提高整体的安全性。应该在任何云环境中实现 MFA，其重要性等同于 SaaS 对平台即服务（Platform as a Service，PaaS）和 IaaS 的重要性。

创建或提供云服务时管理平面的安全性

前面已经介绍了用户在使用管理平面时如何保障管理平面的安全性。云服务提供商在创建管理平面时，如何保障管理平面的安全性呢？用户在选择云服务提供商时，需要考察云服务提供商的哪些方面呢？下面列出几点以供参考。

- **周边安全性**。云服务提供商采取什么措施保护网络免受攻击呢？能够实现低级网络防御和应用程序堆栈吗？能够保护 Web 控制台访问和 API 网关访问的安全吗？

- **用户身份认证**。云服务提供商允许使用 MFA 吗，支持哪种类型的 MFA，云环境的什么系统中能使用 MFA？云服务提供商支持安全密码方法吗，例如能够使用 OAuth 或 HTTP 请求签名吗？
- **内部身份认证和凭证传递**。云服务提供商允许云环境内部访问吗？例如，云服务提供商通过实现 IAM 角色支持临时身份认证吗？
- **授权**。用户具体可以使用哪些权限，从而支持最小权限？云服务提供商只是简单地给每个用户授予管理员权限吗？如果这样，就不能创建作业级别的权限，因为每个用户都有可能带来毁灭性的灾难。
- **记录日志、监测和警告**。这是非常重要的一点。如果无法正确记录失败和成功的登录日志，或者无法正确记录某个 IAM 账户执行了什么功能的日志，如何收集法律法规所需的信息呢？将用户动作记录到日志中，可以通过它发现恶意攻击。如果能够在云环境中进行合理的编排，可以支持事件驱动安全（第 10 章将对此进行详细介绍），由于其自动响应能力可以将响应时间从数小时降低至数秒。

云计算中保持业务持续性和灾难恢复

因为云环境采用即用即付的模式，所以云环境中的业务连续性计划和灾难恢复（Business Continuity Planning and Disaster Recovery，BCP/DR）与传统 IT 领域中的业务连续性计划 / 灾难恢复不同。你所做的每个决定都有可能会增加成本，并可能增加复杂性。下面来看看 IaaS 的实例，与在多个区域实现业务连续性计划 /灾难恢复相比，在单个区域实现业务连续性计划 / 灾难恢复非常简单，而且花费较低。在从一个区域将数据复制到另一个区域时，需要针对特定区域创建脚本，以反映资产 ID 的变化。正如之前章节提到的，这个操作有可能面临管辖权相关的问题，它有可能会在法律层面影响业务连续性计划 / 灾难恢复的实现。

业务持续性计划 / 灾难恢复背景知识

通常将业务持续性计划和灾难恢复当成一回事，但其实并非如此。但是，业务持续性计划和灾难恢复可以一起发挥作用，支持灾难恢复和弹性计划（通常情况下，许多公司用于业务持续性计划 / 灾难恢复）。这里的背景知识会介绍二者需要重点注意的地方。

注意：系统恢复并不是意味着 100% 恢复。系统恢复只要能够恢复系统 60%，或者能够创建一个全新的系统（如果你愿意，也可以创建一个新的标准）。

业务持续性计划是指持续的业务运营，即使在执行灾难恢复步骤时组织处于瘫痪状态。业务持续性计划不仅仅与公司的 IT 系统有关，它还可以用于确定哪些系统对运营至关重要，确定可接受的停机时间或损失，并应用适当的机制来实现这些目标。灾难恢复是恢复和弹性功能的一部分，它主要关注从事故中恢复，它通常聚焦 IT 系统。我通常按以下方式来区分业务持续性计划和灾难恢复：业务持续性计划与人和操作有关，而灾难恢复与技术相关。业务持续性计划和灾难恢复一起发挥作用，作为公司恢复和弹性计划的一部分，其需要合适的策略、过程和措施。当然，需要测试来保证计划能满足业务需求。

注意：以 Sony 为例来说明业务持续性计划和灾难恢复之间的区别。2014 年，公司业务完全受损时，业务连续性包括使用电话树（Phone Tree），管理人员将使用手机在链下互相呼叫，以传达状态更新；使用 Gmail 收发电子邮件；使用手动机器人以削减工资；将黑莓智能手机保存在某个位置，并改变手机的用途。这些 BCP 的权宜之计不仅使其能恢复系统（作为灾难恢复的一部分），并且能够保持业务运营。同时，灾难恢复包括系统被黑客攻击发生崩溃时，重建所有的系统。

在采取任何业务持续性计划 / 灾难恢复措施之前，首先需要恢复重要的系统。并不是所有的系统对公司都同等重要。如果工资系统崩溃了，公司职员真的会一直工作，等着系统恢复？假设用于新促销的图形程序无法正常工作了，这个程序与工资系统同样重要吗？确定重要系统时需要仔细分析，包括业务影响分析（Business Impact Analysis，BIA）、威胁分析和影响场景。

在进行业务影响分析时，需要进行两次计算：恢复时间目标（Recovery Time Objective，RTO）和恢复点目标（Recovery Point Objective，RPO）。RTO 只是恢复功能所需的可接受时间量，通常以小时或天为单位。你可以有两个 RTO：一个用于部分容量，另一个用于全容量。RPO 能够接受的最新数据损失量，也以小时或天为单位，在一些重要系统中，也能够以分钟为单位。RPO 可用于驱动系统强制备份例程。例如，如果每天执行一次备份，那么，即使出现事故，应该能够承受损失一天的数据。如果将 RPO 设置为 1 小时，而设置为每天早上 2 点进行一次备份，这无疑是无法满足要求的。

　　RTO 和 RPO 还能确定合理恢复和弹性的整体花费。因此，如果将 RTO 和 RPO 设置为很低的标准（如 5 分钟），那么需要更多的系统支持实时复制。与每两周进行一次恢复来说，这个设置将会花费更多成本。正确地进行评估才能确定合理的灾难恢复能力，不仅能够满足合适的恢复时间要求，也能将成本控制在合理的范围内。图 6-1 采用图形的方式展示出了这个过程。

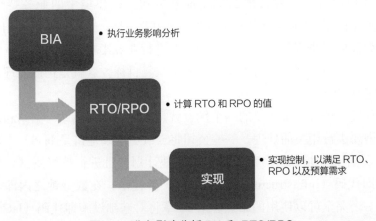

图 6-1　业务影响分析 BIA 和 RTO/RPO

　　最后，需要理解不同类型的站点恢复选项。在传统数据中心环境中，需要考虑数据中心本身潜在的损失。在哪里重建系统呢？尽管使用云时，这些问题的答案会完全不同，但是这里还是要介绍云站点、温站和热站，因为这些站点成本差异大，并且支持 RTO/RPO。

- **冷站**。成本最低，停止运行时间最长。主机服务器可以使用备份处理环境中的空间，但备份处理环境中几乎没有什么设备。例如，可以与在共同位置的云服务提供商签订合同，让其提供电源、冷却系统、网络连接和其他核心设备，但云服务提供商不会提供任何可以立即使用的服务器硬件。

- **温站**。成本居中，停止运行时长也居中。在这种情况下，设备和硬件都是可用的，也可能已经安装了应用程序（多备份介质重新创建数据）。显然，因为需要部署产品和灾难恢复系统，需要多个硬件系统，所以温站的成本比冷站更高。

- **热站**。成本最高，停止运行时间最短。热站具有全部的硬件、软件、数据，只要准备就绪就可以直接切换。有一点不好的是热站中的数据是数据中心数据的连续复本。

让我们通过观察将此信息应用到云环境，云如何改变业务持续性及灾难恢复计划，将这些信息应用到云环境中。

构建处理失效状态的架构

如果计划没有制定好，那么就要面临失败。云环境中的业务持续性计划（BCP）/灾难恢复（DR）与本书介绍的其他内容一样，也采用责任共担模式。云服务提供商提供灾难恢复的工具，但用户要进行业务影响分析 BIA，从而确定重要系统，并且采用合理的执行方案，以满足恢复目标。这就是构造处理失效状态架构所要完成的任务。

在云环境中进行灾难恢复的一个优点就是其中不包括热站、温站和冷站这些概念，不需要进行相关的处理。一些公司将云（更准确地讲是 IaaS）中的灾难恢复（DR）站称为"指示灯"站。如果周密地计划并且进行持续测试，那么利用基础设施即代码（Infrastructure as Code，IaC）技术，在数分钟之内即可从无到有地部署一个完全可以使用的站点。第 10 章将对基础设施即代码（IaC）技术进行介绍。IaC 使用模板创建（维护）脚本，可以创建任何想要的脚本，从组网到构建系统。使用基础设施即代码（IaC）技术，不仅可以在数分钟内以编程的方式重新构建虚拟基础设施，而且可以修正某些潜在的人为错误。人们在有压力的状态下或者想要尽可能快地完成某些任务时，就有可能出现人为错误。

在云环境中，因为采用安全责任共担模式，所以服务模型对业务持续性计划（BCP）和灾难恢复（DR）有重要影响。下面介绍具体的服务模型以及它们对业务持续性计划（BCP）/灾难恢复（DR）的影响。

- **IaaS**。在 IaaS 服务模型中，可以有多种方式实现灾难恢复（DR）。可以在单一的数据中心运行所有的程序，也可以使用基础设施即代码（IaC）技术快速地构建基础设施，并从快照中恢复数据，从而在不同的地理区域创建第 2 个热站，同时将数据从一个区域持续复制到第二个区域。如何才能做出正确的选择呢？
- **PaaS**。如何在云服务提供商的环境中存储数据和应用程序代码呢？对应用程序中加密了吗？或者准备依赖云服务提供商来完成应用程序加密？这些问题的答案会直接影响你对云服务提供商的依赖程度（云服务提供商锁定是指如果用户不费尽九牛二虎之力，无法从一个环境迁移到另一个环境）。最后，如果云服务提供商破产了或者被其他公司收购了，如何导出这些数据呢？

- **SaaS**。在 SaaS 中，业务持续性计划（BCP）/ 灾难恢复（DR）非常简单，仅仅是定期导出数据。然而，在考察 SaaS 时，需要考虑数据的可用性。要确认云服务提供商允许在可接收的时间内按照常规格式导出数据，以满足恢复时间目标（RTO）/ 恢复点目标（RPO）需求。例如，假设恢复时间目标（RTO）时间为 1 小时，而云服务提供商仅允许每周导出一次数据。如果云服务提供商破产或者拒绝进行沟通时，肯定无法满足恢复时间目标（RTO）要求。至少导出的是 5 天之前的数据，并且还需要考察是否采用专用格式存储数据。如果只能使用云服务提供商提供的工具使用数据，当不能使用这些工具时，移植性就会大打折扣。

在云环境中保持业务持续性

现在对以下观点存在争议：在制定 IaaS 业务连续性计划（BCP）/ 灾难恢复（DR）计划时，不要考虑多个云服务提供商。暂且将这个争议搁置在一边，下面来仔细分析一下这个问题。正确地构建单一的 IaaS 环境其实是很困难的事情，而要使多个云服务提供商元结构的安全水平保持一致其实是更困难的事情。首先，每个云服务提供商必须公开自己的控件（每个提供商公开控件的方式基本不同），因此，在所选择的云服务提供商内部必须有专业人士实现所需的控件。所选择的云服务提供商内部的众多职员中确实有一个懂相关知识的专业人士，他知道如何保证单个云服务提供商环境的安全吗？更别说有两个或三个专业人士了。其次，云服务提供商有时间加倍或增加 3 倍的努力保障云环境的安全吗？不仅仅只是保障数据的安全。实际上，我想说的是从一个云服务提供商的环境中将数据复制到另一个云服务提供商的环境中是很简单的事情，你必须理解云和所有各层的整个逻辑模型，了解面临的危险。

- **元结构**。正如之前介绍的，元结构是整个虚拟基础设施。在其上构建合适的安全环境是很困难的事情。那为什么又要在不同的位置再一次构建安全环境呢？而且这个新的环境有可能提供不同的控件。还需要注意的是，必须一直管理多个不同的环境，而且每个环境的配置还不相同。这真的是很疯狂。当然，有基础设施即代码（IaC）技术，但正如之前在 API 背景知识部分所介绍的，所有的命令都不相同，在某个云环境中使用的脚本不能复制到另外的环境中。对于大多数公司来说，元结构导致无法保障多云环境的安全以及维护多云环境，以在多云环境之间实现灾难恢复的故障切换。这也是为什么 CSA 指南中专门使用一部分来详细介绍如何在云服务提供商的环境中保持业务连续性的首要原因。在考虑使用多个云服务提供商之前，需要将这些问题解决好。

- **软件定义的基础设施**。软件定义的基础设施（SDI）使得能够通过软件编排定义和实现基础设施，这对恢复有很大的帮助。可以通过使用 IaC 的方式来利用此功能，第 10 章将对此进行详细介绍。

- **基础设施**。云服务提供商可能会提供多个区域，你可以使用这些区域实现业务连续性计划（BCP）/灾难恢复（DR）计划。根据某个系统或数据的重要程度，地理冗余是切实可行的，并且应该保证（或者强制）实现地理冗余。即使是最大的云服务提供商，也经历过多次所有的区域崩溃的情况。在实现地理冗余时，需要知道如果跨云服务提供商基础设施的不同部分，可以使用哪些服务（例如，并不是每个区域都能使用全部服务），以及从一个区域将数据复制到另一个区域时需要花费的成本。将资源从一处区域迁移到另一个区域时，还需要考虑其他事项（例如，图像复制以及由于复制导致资源 ID 发生变化）。

- **信息结构**。如果计划实现实时复制数据——不仅是从一个服务器实例复制到另一个服务器实例，例如，从北美洲的一边复制到另一边——必须考虑延迟并不断对其进行测试。

- **应用程序结构**。应用程序结构包含的范围很广，涉及到应用程序的方方面面。如果应用程序所需的所有资源全部在单个服务器中（应用程序没有与云服务提供商提供的其他服务绑定），迁移起来就会比较简单。容器、微服务、无服务器计算等都是应用程序代码利用其他服务的例子。

考虑所有这些因素，就会清楚为什么 CSA 指南指出选择停止运行风险也是可行的方案了。如果确定停止运行时间是在可接受范围内的，需要保证系统出现故障也在可控范围内。例如，如果用户无法访问 Web 页面，更好的选择是将 DNS 重定向至另一个页面，其中显示我们已经知道出现问题了，正在进行修复，而不是像常规做法一样，显示"服务器故障 500"。

最后还需要考虑的一件事情是云服务提供商的灾难恢复计划指南。如果云服务提供商说："即使出现了崩溃的情况，我们会从区域 A 至区域 B 进行故障转移，而且会每个月进行测试。"这个方案固然不错，但这里还是想通过比较来讨论这个问题。你知道有些公司每季度都会进行一次消防疏散演习吗？假设办公室在 30 层高的建筑内部，而公司拥有其中的一整层。在进行消防疏散练习时，每个职员需要花 15 分钟的时间逃离建筑物。但是，如果出现了真正的紧急情况，全部 30 层楼的人都能马上逃离吗？还能够花 15 分钟的时间撤离全部职员吗？基本不可能！假设使用具有 6 个数据中心的区域，其总容量为 600 万虚拟 CPU。目标灾难恢复区域有 2 个数据中心，总容量是 200 万虚拟 CPU。如果在一个或多个区域进行故障转移时会出现什么结果呢？就像击鼓传花游戏一样，这时候音乐停了，每个人都同时启动灾难恢复过程。达到恢复容量之前，至关重要的是时间，接着混乱接踵而至。必须与云服务提供商充分交流灾难恢复计划。必须购买容量预留，有预留实例，或者采取其他措施进行灾难恢复计划，以保证目标区域有足够的空间。

混沌工程

混沌工程是一种严格的方法，它指在一个系统上进行实验，使得系统能够很好地应对剧烈的变化及意想不到的状况。有一个主流的公司不仅采用了混沌工程，还创建了混沌工程工具的完整套件，而且将整个套件开源了，这个公司就是网飞（Netflix）公司。作为其对业务持续性进行持续测试的一部分，网飞公司将云计算的一部分降级为确定系统是否按预期进行恢复或正常运行。

你可能在想，网飞公司的技术领导地位是绝对的，如果是你绝对不会这么做。你会对其百思不得其解，这也是可以理解的。这个方法迫使网飞的开发人员和工程师时时想着会崩溃，从一开始就会考虑其解决方案。在任何组织中，这个过程都有助于灾难恢复，因为解决崩溃的方案已成为设计和一部分。在某种程度上来说，可以将混沌工程看作持续恢复的测试过程。

云服务提供商不再提供服务时保持业务持续性

云服务提供商的整个环境有可能都没法使用了，这与云服务商有关。但是，对于主流的 IaaS 服务提供商来说，这种情况很少出现。实际上，我的印象中，整个 IaaS 服务提供商的环境无法使用仅仅出现过一次，即 2012 年微软 Azure 云无法提供服务了，当时因为闰年漏洞导致 9 小时无法提供服务。亚马逊和谷歌也曾出现过无法提供服务的情况，但只影响了部分区域，而不是所有区域的整个基础设施都无法提供服务。

当然，大的 IaaS 无法提供服务的风险是最小的，但 PaaS 和 SaaS 无法提供服务却是另一回事。实际上，PaaS 或 SaaS 云服务提供商停业，或者被出售给不满足合约要求的其他云服务提供商，或者在事先不通知的情况下改变合约的条款等情况并不少见。既然如此，在将数据或应用程序从一个云服务提供商迁移至另外的云服务提供商时，应该知道以下几个重要的条款。

- **协同工作能力**。为了提供服务，所有系统组件协同工作的能力。
- **迁移性**。只需要很少的改动就能够从一个环境向另一个环境迁移的能力。
- **锁定**。云服务提供商想要锁定用户，不仅要从合约上下功夫，而且要做好技术上的工作——例如，不支持按常用格式导出数据（这有可能影响证据的采集，之前法律相关部分曾对此进行过讨论）。

 提示： 当考虑 SaaS 迁移时，其基本是一个定制应用程序。例如，如果之前曾经从 Lotus Notes 迁移至 Microsoft Exchange，应该就能够深刻地体会到应用程序迁移时遇到的困难，SaaS 迁移也是如此。在选择使用某个 SaaS 销售商的产品之前，应该了解如何获得导出的数据以及数据是什么格式的。

私有云的业务持续性和私有云服务提供商

如果你负责公司的私有云，那么要在方方面面应用业务持续性计划和灾难恢复，从基础设施到应用程序和数据存储。你可以确定公有云是最好的辅助站点选择，或者可以使用传统的空闲站点，可以是冷站、温站和热站。和通常一样，需要计划，然后测试、测试、测试。

对于云服务提供商来说，业务持续性计划和灾难恢复的重要性可以说是最高级——整个公司的生存能力取决于适当的业务持续性计划 / 灾难恢复能力。例如，如果不具备业务持续性计划 / 灾难恢复能力，可能会导致丢失云业务。或者，如果潜在客户认为系统不可靠，将不会使用公司的服务。如果没有达到协议规定的服务水平，可能将面临罚款。如果灾难恢复包括向不同法律管辖区域进行故障转移，那么有可能会违反合约的要求，并且违背了数据保留法律条款。

本章小结

　　本章主要介绍了 API 的重要性，访问管理平面时 Web 控制台和 API 的重要性，以及使用云服务提供商提供的 IAM 功能保障管理平面的安全。本章还介绍业务连续性计划及灾难恢复的一些背景知识，在云环境中需要执行合适的灾难恢复计划和体系结构，以满足业务需求。

　　在准备 CCSK 考试过程中，必须理解以下概念。

- 主账户应该使用多因子认证（MFA），并且仅在紧急情况下启动。
- 使用最少权限方法创建账户。
- 对于访问管理平面的所有账户均需要使用多因子认证（MFA）。
- 切实保障 API 网关和 Web 控制台周边安全。
- 业务持续性计划（BCP）/灾难恢复（DR）是基于风险的活动。对于业务持续性来说，并不是所有的系统都同等重要。
- 实现业务持续性计划（BCP）/灾难恢复（DR）时，总是要考虑服务崩溃来设计体系结构。
- 停止服务时间也是一种选择。
- 在考虑业务持续性计划（BCP）/灾难恢复（DR）时，需要考虑整个逻辑堆栈。
- 在进行灾难恢复规划时，从元结构的角度来看，使用多个服务提供商并不是不可能，但是非常困难的。在选择再使用其他云服务提供商之前，可以选择在某个单一云服务提供商内进行故障转移。
- 理解迁移的重要性以及迁移对业务持续性计划（BCP）/灾难恢复（DR）的影响。

本章练习

问题

1. 对访问元结构的账户应该赋予什么级别的权限？

　　A. 只读

　　B. 管理访问权限

　　C. 执行业务所需的最小权限

　　D. 用户正在使用系统的管理访问权限

2. 在云环境中应该如何使用主账户?

    A. 与任何其他有权限的账号同等对待

    B. 通过加密的电子邮件分享账户的密码

    C. 应该仅用于终止实例

    D. 应该进行多因子认证(MFA)并且将其锁定在安全的地方

3. 逻辑堆栈的哪一层可以看作是业务持续性计划(BCP)/灾难恢复(DR)的一部分?

    A. 信息结构层

    B. 元结构层

    C. 基础设施层

    D. 逻辑模型的所有层

4. 应该如何在云中构建业务持续性计划(BCP)/灾难恢复(DR)体系结构?

    A. 针对服务崩溃构建体系结构

    B. 通过单个云服务提供商构建体系结构

    C. 通过多个云服务提供商构建体系结构

    D. 采用实时复制全部数据的方式构建体系结构

5. "锁定"的真正含义是什么?

    A. 锁定适用于按合同规定无法导出数据的情况

    B. 从云环境中导出数据非常困难

    C. 只能使用原云服务提供商提供的服务才能使用导出的数据

    D. 上述三项都正确

6. 在进行业务持续性计划时,用户应该完成以下哪一项工作?

    A. 与销售商讨论灾难恢复计划,确定其采用什么方式保证灾难恢复区域可用

    B. 确定 IaaS 会修复应用程序中的任何可用性问题

    C. 使用合约保证灾难恢复不会涉及在不同的法律管辖区域存储和处理数据

    D. 实现混沌工程

7. 什么是基础设施即编码(Infrastructure as Code,IaC)?

    A. IaC 使用模板创建虚拟网络基础设施

    B. IaC 使用模板创建整个虚拟基础设施,范围包括从组网到系统

    C. IaC 类似于拿到了云服务提供商的门票,可以通过它,从云服务中请求创建其他的实例

    C. IaC 类似于拿到了云服务提供商的门票，可以通过它，向云服务提供商请求增加限额

8. 新功能的发布周期是什么？

    A. 首先发布 API 功能，接着发布 CLI 功能，最后发布 Web 控制台功能

    B. 首先发布 CLI 功能，接着发布 API 功能，最后发布 Web 控制台功能

    C. 首先发布 Web 控制台功能和 API 功能，然后发布 CLI 功能

    D. 由云服务提供商确定发布新功能的方法

9. 艾丽斯想要通过 REST API 更新但不替换某个文件，她应该使用以下哪个方法？

    A. GET

    B. POST

    C. PUT

    D. PATCH

10. 当在多个云环境中实现业务持续性计划（BCP）/ 灾难恢复（DR）时，下面哪一项会让这个过程变得非常复杂？

    A. 应用程序结构

    B. 元结构

    C. 基础设施

    D. 信息结构

答案及解析

1. C。应该始终使用最小权限原则，其他答案均不对。

2. D。应该给主账户分配硬件多因子认证（MFA）设备，身份认证信息及 MFA 设备应该锁定的安全的位置，仅在紧急情况下启用。

3. D。逻辑模型所有的层均是业务连续性计划（BCP）/ 灾难恢复（DR）的一部分。

4. A。在进行业务持续性计划（BCP）/ 灾难恢复（DR）时，应该时时刻刻谨记会出现服务崩溃的情况。

5. D。当不能更换云服务提供商并且很难导出数据时，就出现了锁定。只有通过对云服务提供商进行严格尽职调查流程，才能解决这一问题。

6. A。需要与销售商进行协商，让销售商保证在区域内的可用性。并不是所有区域的总容量都相同，如果在其他区域出现崩溃的情况下，可能会出现超额订购。IaaS 云服务提供商不会解决用户应用程序内部出现的问题。尽管对于某些行业的公司来说，数据留存法规是很重要的，但并不是所有的公司都面临相同的问题，所以 C 不是最佳答案。混沌工程并不适用于每一个人。

7. B。IaC 使用模板创建整个虚拟基础设施，范围包括从组网到系统。使用 IaC，不仅可以创建整个基础设施（包括根据配置映像创建服务器实例），而且还有一些 IaaS 云服务提供商能够支持引导时配置服务器。

8. D。为用户提供的连接和功能通常取决于云服务提供商。云服务提供商可以按任何方式发布新功能。

9. D。艾丽斯应该使用 PATCH 方法来更新而且不替换文件。PUT 方法会创建新文件。POST 方法与 PATCH 方法类似，但 POST 方法会更新并删除文件。

10. B。由于元结构的存在，使得多云环境中的业务持续性计划（BCP）/ 灾难恢复（DR）变得非常复杂。

第 7 章

基础设施安全

本章涵盖 CSA 指南范围 7 中相关的内容，主要包括：

- 云网络虚拟化。
- 云网络带来的安全变化。
- 虚拟设备的挑战。
- SDN 安全的好处。
- 微隔离和软件定义的边界。
- 影响混合云的因素。
- 云计算和工作负载安全。

> 所有行业的公司都应该清楚软件革命即将到来。
>
> ——马克·安德森

尽管本章的标题为"基础设施安全"，但需要理解云之所以成为可能，是因为出现了用于自动化和编排用户使用底层物理基础设施的软件。不知道安德森先生什么时候说的这句话，但是可以说软件革命现在真的来了，你们都将成为云安全专业人士的一分子。本章将介绍这种使云成为可能的新的软件驱动技术。

虚拟化并不是什么新技术。有些报道声称虚拟化技术可以追溯到 20 世纪六十年代，但真正对虚拟技术展开讨论是在 20 世纪九十年代。之前，采用虚拟化技术，可以在单个物理计算机上运行多个虚拟服务器。现在，虚拟化技术已经完全不同了，云环境中的工作负载与只使用虚拟机器时代相比多了很多。云基础设施使用软件定义网络（software defined networking，SDN）、容器、不可变实例、无服务计算以及本章介绍的其他技术。

如何保护这种虚拟基础设施呢？如何执行检测和响应呢？日志文件存储在哪里呢？在账户崩溃的情况下，能够保护这些虚拟基础设施吗？在新形式的虚拟环境中，这是我们要面临的部分问题。如果基于安装服务器实例及服务器实例上的代理实施保护措施，限制使用已知 IP 地址进行扫描完成云环境中的漏洞评估计划，那么在选择这样的新环境时需要重新考虑。

物理基础设施是计算的基础，包括云计算。基础设施是计算机和网络的基础。在此基础之上，构建其他所有一切，包括抽象层和资源池，使得云计算能够快速扩展，并且具有弹性，以满足应用要求。本章涉及的所有内容适用于所有从私有云到公有云的云部署模型。

这里不涉及数据中心安全原则，例如人行道或停车场所需最佳灯光的功率，或者如何在景观中加入岩石来保护数据中心，因为 CSA 指南中不包含相关的知识，CCSK 考试也不会涉及相关内容。这里没有介绍类似于用巨大的石头和金属柱作为屏障的优点的内容，可能有些读者会失望。但本章会介绍工作负载虚拟化、网络虚拟化以及其他虚拟化技术。

下面先讨论与基础设施相关的两个方面（CSA 指南中称之为宏层）。第一个是基本资源，例如物理处理器、网络接口卡（Network Interface Card，NIC）、路由器、网关、存储区域网络（Storage Area Networks，SAN）、网络连接存储（Network Attached Storage，NAS）以及第 1 章曾经介绍过的构成资源池的其他项。当然，所有这些资源都由云服务提供商管理（如果创建公司的私有云，则由公司来管理）。第二个是虚拟 / 抽象基础设施（也称为虚拟世界或元结构），其由用户在资源池中通过选择自己所需要的部分进行创建，由云用户来管理这个虚拟的世界。

在本章中，将会介绍背后运行的一些网络元件，这些元件都由云服务提供商管理。尽管 CCSK 考试中不会涉及到本章提到的背景知识，但这些背景知识会有助于你理解云服务中正在使用的一些新技术。如果其中涉及到 CCSK 考试不相关的内容，我会进行标注。

另外，如果出现与征求意见（Requests For Comment，RFC）相关的内容，我也会明确标注。有些人对 RFC 文档可能不熟悉，RFC 是因特网工程任务组（Internet Engineering Task Force，IETF）发布的正式文件，通常会通过这些文件发布一些标准（例如，TCP、UDP、DNS 等）。非正式的 RFC 通常会包含体系结构和实现相关的内容。本章之所以包含这些内容，是因为想把相关的主题介绍清楚。RFC 可以说是为网络相关知识的权威来源，但在准备 CCSK 考试时不需要阅读 RFC 原文。

云网络虚拟化

网络虚拟化对底层物理网络进行抽象，可用于实现网络资源池。不同的云服务提供商形成资源池的方式及其相关的能力也是不同的。在虚拟化的底层，创建了 3 个网络。这 3 个网络是 IaaS 云的一部分：管理网络、存储网络以及服务网络。
图 7-1 所示为 3 个网络以及其中传输的数据。

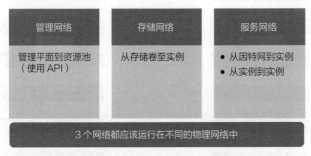

管理网络	存储网络	服务网络
管理平面到资源池 （使用 API）	从存储卷至实例	• 从因特网到实例 • 从实例到实例

3 个网络都应该运行在不同的物理网络中

图 7-1　基于 IaaS 的公用网络

提示： 这 3 个网络没有功能和数据传输方面的重叠，所以它们应该运行在 3 个独立的物理网络中，以解决本网络中相关的问题。这也就意味着云服务提供商需要实现和维护 3 组不同的网络线缆和网络的基础设施。

　　下面将详细介绍在底层物理网络之上运行的虚拟技术，这些技术使得云成为可能。但是，在详细讲解相关知识之前，简单介绍一下著名的 OSI 参考模型。下面介绍的 OSI 参考模型背景知识与具体的云无关，但它对于理解本章相关的知识至关重要，否则无法理解本章相关的知识，如"在第 2 层运行"。

OSI 参考模型背景知识

　　开放系统互联（Open Systems Interconnection，OSI）参考模型是应用非常广泛的模型，很多人都对它都很熟悉。之前是不是经常听到"第 7 层防火墙"或"第 2 层网关"？这些都是以 OSI 参考模型的各层为参照的。CCSK 考试的内容不包含 OSI 参考模型，因为 CSA 认为参加考试的人都已经掌握了相关的知识。正因为如此，本章不会深入讲述模型的一些细节，但会介绍其基本框架。

　　OSI 堆栈由 7 层组成，从最高层应用层（第 7 层）直到最低层物理介质层（第 1 层）。图 7-2 所示为完整的 OSI 参考模型。

　　可以根据参考模型看出是如何创建数据分组的。应用程序数据被层层向下封装（参见图 7-3），每层在封装时都会添加相关信息，封装完成之后通过网络传送，接收数据分组的机器接收数据（例如，介质访问控制 MAC 地址在第 2 层），对应的层解封数据，并且将数据传送至堆栈的上一层。

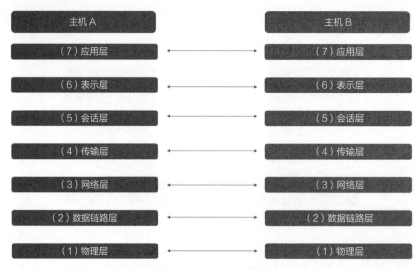

图 7-2　OSI 参考模型

图 7-3　OSI 堆栈每层进行数据分组封装

表 7-1 所示为 OSI 参考模型的各层的功能。

 注意：表 7-1 所示的只是简要信息。这里只是简要介绍模型，能够帮助了解后续讨论的内容即可。

表 7-1　OSI 参考模型中每层的功能

OSI 参考模型的层	各层简要描述
第 7 层：应用层	应用程序数据（例如，HTTP 或 SQL）
第 6 层：表示层	加密和解密
第 5 层：会话层	主机之间的会话控制
第 4 层：传输层	端到端的连接（例如，TCP 或 UDP 端口之间）
第 3 层：网络层	逻辑寻址（例如，IP 地址）
第 2 层：数据链路层	物理寻址（例如，MAC 地址）以及冲突 / 错误检测
第 1 层：物理层	将从高层接收到的数据转换成物理网络的格式

VLAN

虚拟局域网（Virtual Local Area Networks，VLAN）出现已经有很长时间了。2003 年，电气与电子工程师学会（Institute of Electrical and Electronic Engineers）将 VLAN 技术标准化为 IEEE 802.1q，并且在 OSI 模型的第 2 层运行。VLAN 技术主要通过给网络数据分组进行标记（通常在系统连接的交接机的端口进行标记），从而创建唯一的广播域。这样创建了网段，而不隔离开来。网段在单租户环境中可以很好地运行，例如，类似于可信任的内部网络。但是因为云一出现就是多租户的，所以网段无法运行。

注意： 术语"网段"和"隔离"经常被混用，其实它们的内涵完全不同。在组网的过程中，网段指将网络分成更小的网络（广播域）。在广播域中，所有属于某个 VLA 中的系统都会收到广播数据。另外，隔离仅指限制与某个目标机器通信，软件定义网络 SDN 就是这种情况。将受信任的计算机分组是一回事，在多租户环境中这样做完全是另一回事。

在云环境中使用 VLAN 时，还需要注意地址空间的问题。根据 IEEE 802.1q 标准，VLAN 可以支持 4096 个地址（使用 12 字节表示地址，$2^{12}=4096$）。如果某个 IaaS 云服务提供商有超过百万的用户时，这个地址空间显然捉襟见肘。

注意： 之后的 IEEE 标准（802.1aq）的地址空间远远超出了这个数字，但是现在大部分主机采用的还是 802.1q 的地址，所以新的标准基本无济于事。

VXLAN

CSA 指南中根本没有提到虚拟扩展局域网（Virtual Extensible LAN，VXLAN），但是作为 SDN 的一部分，这里讨论 VXLAN 的核心功能，有助于帮助大家通过 CCSK 考试（另外，可以借此机会理解软件定义网络 SDN 是如何工作的）。VXLAN 是一个网络虚拟技术标准（RFC 7348，2014 年 8 月发布），它是由 VMware 公司和思科公司联合创建的。很多销售商都支持这个标准，使用它来解决 VLAN 的可扩展性问题和隔离问题。VXLAN 使用 VXLAN 隧道端点（VXLAN Tunnel End Point，VTEP）在 UDP 数据分组内封装第 2 层的帧，创建隧道将第 2 层数据分组"隐藏"起来，使用第 3 层（例如，IP）寻址能力和路由能力在网络上传输数据。在这些 UDP 分组内部，使用 VXLAN 网络标识进行寻址。图 7-4 示出了其中数据分组封装的过程。与之前讨论的 VLAN 模型不同，VXLAN 使用 24 字节对分组进行标记，这意味着地址空间接近 1.67 亿，从而解决了常规 LAN 所面临的扩展问题。

使用 IP 寻址的方式跨网络路由 | UDP 信息 | 使用 VTEP 地址进行 VNI 寻址 | 发送至 VETP 的源数据帧

图 7-4　VXLAN 数据分组封装的实例

正如从图 7-4 中所看到的，隧道端点接收到源以太网数据帧，接着在其中加入自己的寻址信息，再将其封装至 UDP 分组，并分配一个可路由的 IP 地址。接着将含有隧道信息的数据通过专用信道发送至其目的地，此目的地为另一个隧道端点。在由路由器构成的标准网络之上使用 VXLAN 发送加入隧道信息的数据被称之为覆盖网络（相对地，将物理网络称为底层网络）。通过将路由协议中长的硬件数据封装起来，可以将典型的"虚拟网络"扩展至不同的建筑物之间或整个世界（如图 7-5 所示）。

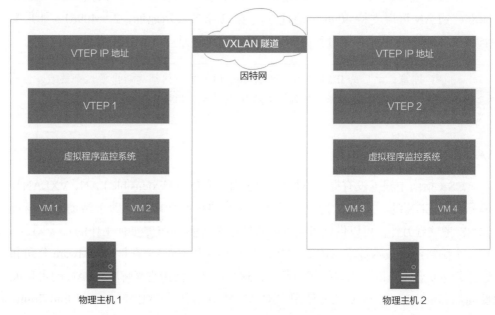

图 7-5　VXLAN 覆盖网络实例

注意： 显然，这里谈到 VXLAN 相关的内容要比 VLAN 多得多。如果想要了解更多关于 VXLAN 相关的知识，可以查阅 RFC 7348 文档。同样，参加 CCSK 考试并不需要知道 VXLAN 的所有相关知识。

网络平面背景知识

在讨论 SDN 之前，还需要关注的一个方面是与网络设备相关的不同平面。每个网络设备（例如，路由器或网关）包含执行不同功能的 3 个平面——管理平面、控制平面和数据平面。下面先大体看看每个平面的情况。

- **管理平面**。这个词是不是听着很熟？是的，正如通过管理平面管理云环境中的元结构一样，可以通过访问管理平面配置和管理网络设备。这个平面提供接口，例如 CLI、API 和图形 Web 浏览器，管理员通过接口管理设备。长话短说，可以访问管理平面配置控制平面。
- **控制平面**。这个平面用于创建控制网络数据传输的方式，并且处理初始的配置。它可以说是网络设备的"大脑"。也是通过这个平面配置路由协议 [例如，路由信息协议（Routing InformationProtocol，RIP）、最短路径优先（Open Shortest Path First，OSPF）协议等]、生成树算法，并进行其他信号处理。基本上可以说，要事先在控制平面配置网络逻辑，之后数据平面才能正确地处理数据传输。
- **数据平面**。数据平面根据控制平面创建的配置，执行用户数据传输，并且负责从一个接口向另一个接口传输数据。数据平面根据数据流表将数据发送到控制平面指定的位置。

在介绍下一个主题软件定义网络之前，理解相关的 3 个平面是很重要的。需要记住的是，控制平面是大脑，数据平面类似于交通警察，它根据控制平面的指示，将数据分组发送到目的地。

软件定义网络

软件定义网络（SDN）是一个系统架构的概念，它实现集中管理，强调软件在网络运行中的作用，以动态控制、改变和管理网络行为。集中管理的代价是突破控制面（大脑），使得这个平面成为 SDN 控制器的一部分，用于管理数据平面。数据平面仍然保留在各个网络组件（物理的或虚拟的）上，通过应用程序平面可以实现动态管理改变和管理。所有这 3 个平面通过 API 通信（大多数情况下）。

图 7-6 展示了 SDN 环境中的各个平面。

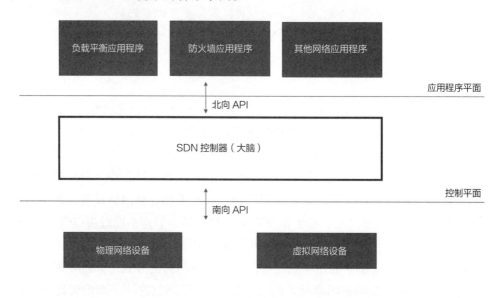

图 7-6　软件定义网络（SDN）体系结构简化版

　　SDN 将控制平面和数据平面分离，这些平面真的分离了吗？确实如此，正如之前所介绍的，在传统的网络设备中，3 个平面全部都在单个硬件设备中。SDN 将控制平面从实际网络设备转移至 SDN 控制器，这种组合和集中控制使得网络环境更加灵活，并具有弹性。SDN 并不是网络协议，但 VXLAN 是一个网络协议。通常情况下（如 CSA 指南），每每谈到 SDN 时，人们往往将这两种技术融合在一起。但需要记住的是，SDN 是体系结构的概念，可以使用例如 VXLAN 的协议实现这个体系结构。

　　没有 OpenFlow，就没有 SDN。在讨论 SDN 时，OpenFlow 是不可分割的一部分，在 RFC 7426 文档的"软件定义网络（SDN）层和体系结构术语"部分，提到 OpenFlow 的有 34 次之多。OpenFlow 协议是开放式网络基金（Open Networking Foundation，ONF）2011 年发布的，它的出现才使得 SDN 成为可能。实际上，很多人将南向 API 称为"OpenFlow 规范"。RFC 7426 中将 OpenFlow 定义为：一个协议，逻辑集中控制器可以通过它控制 OpenFlow 交换机。每个 OpenFlow 兼容的交换机可以维护一个或多个用于执行数据分组查询的数据流表。

注意： 不要从字面意思来理解 "OpenFlow 网关"。需要记住的是，每个网络设备（物理的或虚拟的）都有包含数据流表的数据平面，由控制平面（这种情况下，控制平面为软件定义网络 SDN 控制器）管理数据流表。

市面上可供选择的开源 OpenFlow SDN 控制器有多种，例如 OpenDaylight 项目和 Floodlight 项目。除了开源 OpenFlow 标准之外，许多销售商也看到了 SDN 的强大功能，也开发了自己专有的 SDN [例如，思科应用程序中心基础设施（Application Centric Infrastructure，ACI）或瞻博网络的飞机云（Juniper Contrail）]。

OpenFlow SDN 控制器会与使用 OpenFlow 规范（例如，南向 API）的 OpenFlow 兼容网络设备通信，以配置和管理数据流表。控制器和应用程序之间通过北向接口进行通信。目前，还没有创建与北向接口进行通信的标准通信方法，但会使用典型的 API。

通过实现 SDN（及支撑技术），云服务提供商向用户提供一些常用功能。例如，用户可以在云环境中选择 IP 范围、创建自己的路由表、采用自己想要的方式确定元结构网络的体系结构。实现 SDN 不仅向用户隐藏了底层网络机制，而且还隐藏了在云服务提供商网络运行虚拟网络的复杂性。所有的虚拟实例所看到的都是由虚拟机监控程序提供的虚拟网络接口，再也看不到底层的其他东西了。

注意： 本章后面的 "软件定义网络（SDN）在安全方面的好处" 部分将会介绍 SDN 给安全方面带来的好处。

网络功能虚拟化

网络功能虚拟化（Network functions virtualization，NFV）是 CSA 指南中涉及的另一个方面，所以 CCSK 考试中也不会涉及相关内容，但我认为大家应该了解一下相关功能。NFV 和 SDN 完全不同，但二者可以在虚拟网络中一起工作。在很多出版物中，经常会看到 "网络功能虚拟化（NFV）/ 软件定义网络（SDN）" 的表述方式。

NFV 规范是由欧洲电信标准协会（European Telecommunications Standards Institute，ETSI）于 2013 年制定的。NFV 的目标是将网络进行转换，使用虚拟网络功能（Virtual Network Functions，VNF）替换执行网络功能的物理网络设备（例如，路由器），其中的 VNF 能够在工业标准的服务器上运行并通过软件实现网络功能。

欧洲电信标准协会 ETSI 的规范中指出，这种方法可以降低成本，增加灵活性，通过基于软件的服务部署加快创新，通过自动化的方式提高效率，减少能量消耗，并且提供开放接口使得不同的供应商能够支持解耦的元器件。

NFV 需要大量的虚拟资源。例如，需要进行周密的编排，以进行协调、连接、监控和管理。你应该已经知道 SDN 和 NFV 如何一起工作形成开放虚拟网络环境了，这种方式会给云服务提供商带来很大的好处。SDN 和 NFV 的区别在于：SDN 将控制平面从底层网络设备中分离出来，而 NFV 是用虚拟网络功能代替物理网络设备。

云网络给安全方面带来的变化

在传统的网络中，安全性问题比现在要简单得多。使用传统网络时，可以在两台物理服务器上安装两个网卡，它们将数据发送到物理网络，接着防火墙、入侵防御系统（Intrusion Prevention System，IPS）或者其他安全控制对网络上传输的数据进行检测。在云环境中，这一套完全行不通了。现在，虚拟服务器使用虚拟网卡和虚拟设备。尽管云服务提供商确实在自己的环境中安装了物理安全设备，但不可能要求云服务提供商在云环境中安装用户自己的物理设备。

物理设备安全性控制和现代虚拟设备安全控制仅有的共同点是：都有可能存在瓶颈和单点失效的问题。不仅设备可能会成为瓶颈，而且安装在虚拟机器中的软件代理也会影响性能。在确定云中虚拟控制的体系结构时，需要记住的是它们为虚拟设备或软件代理。

在云环境中，确保网络数据传输安全有很多新的方法，这既是我们面临的挑战，也会带来新的机遇。

虚拟设备带来的难题

需要时刻记住，物理设备和虚拟设备都有可能成为瓶颈，并引起单点失效。毕竟，虚拟机也与其关联的物理服务器一样，也有可能会崩溃，如果选择的虚拟设备配置不合适，可能无法满足实际的需求。另外，需要注意许多云服务提供商在基础设施即服务（Infrastructure as a Service，IaaS）环境中提供相关虚拟设备的成本。

下面看看一个简单的环境中的相关成本：假设云环境由 2 个区域构成，2 个区域都有 6 个子网，提供商说明 2 个子网中都可以安装虚拟设备。创建这个环境总共需要 12 个虚拟设备。不是说会出现单点失效吗？假设云服务提供商无法提供服务了（稍后将对此进行详细介绍），需要将所需的虚拟设备加倍，增加至 24 个。假设所有的每个设备和实例每小时的成本为 1 美元。那么每小时总共需要 24 美元。可能你觉得每小时 24 美元的成本还不算太高。但是与普通员工每天工作 8 时不同，设备是每天工作 24 小时，如果每小时 24 美元，每年成本超过 210 000 美元（365 天为 8760 小时，再乘以 24 美元，每年成本高达 210 240 美元）。这仅仅是一个超级简单的实例！现在假设公司全面部署云，共有 70 个账号（建议隔离），每个账号有两个子网（公有和私有）和一个为实现公司业务持续 / 灾难恢复（BC/DR) 的故障转移区域。这总共需要 280 个设备(70 个设备 ×2 个子网 ×2 个区域)，每个设备每小时 1 美元，那么每年需要超过 240 万美元的成本。如果还需要解决单点失效问题，那么每年的成本会增加至 480 万美元。这就是部署云的系统结构对单位财务支出影响的实例。

另外，虚拟设备提供商提供的功能无处不在。一些云服务提供商利用云的弹性支持高可用性和自动扩展，并提供其他功能来解决性能瓶颈问题；另一些云服务提供商可能根本不支持这些功能。必须了解云服务提供商能够提供哪些功能。

有些云服务提供商声称能够提供"下一代防火墙"产品（这里隐去具体公司的名字），这些产品能够提供多种安全控件（防火墙、入侵检测系统、入侵防御系统、应用程序控制和其他优秀的功能），并且通过集群提供高可用性。但是拿到公司的技术文档时，发现除了核心的防火墙服务为，其他功能都没有，而且无法在云中采用 HA 模式进行部署。这有可能会带来单点失效的风险。

非常重要的一点是，如果某个虚拟设备既需要利用云的弹性，也需要用到云的灵活变化，那么需要将这个虚拟设备标识出来。例如，有些需要跨区域或跨可用性区域迁移的设备。需要考虑的另一个方面是受虚拟设备保护的工作负载，如果某组自动扩展的 Web 服务器从 5 台服务器突然扩展至 50 台服务器，然后在几分钟之内又返回至 5 台服务器，那么虚拟设备是否能够应付这种情况？或者虚拟设备能否应对与特定工作负载关联的 IP 发生变化的情况？如果虚拟设备通过手动配置 IP 地址来追踪这些变化的情况，事情就会变得麻烦，因为与特定虚拟服务器相关的 IP 地址会经常发生变化，在固定环境中尤其如此（参见后面部分"不变的工作负载有利于安全"部分）。

SDN 在安全方面的好处

前面已经介绍了 SDN 的目的和基本结构，还没有介绍 SDN 给安全方面带来的好处，CCSK 考试会涉及到相关的内容。下面根据 CSA 指南介绍 SDN 给安全方面带来的好处。

- **隔离**。SDN 默认情况下需要隔离。正因为有了 SDN 技术，才能使用相同的 IP 范围在云环境中运行多个网络。因为地址冲突，所以没有逻辑上的方法让两个网络直接通信。隔离是根据不同的安全需求隔离应用程序和服务的一种方法。

- **SDN 防火墙**。SDN 防火墙可以被称为"安全群组"。不同的云服务提供商能力不同，但是 SDN 防火墙通常会应用于虚拟服务器的虚拟网卡。和常规防火墙一样，在 SDN 防火墙中制定一套"策略"（也称为防火墙规则），用于定义哪些数据可以传入和传出。这表示 SDN 防火墙是基于主机的防火墙，但是它是被当作网络设备来管理的。作为虚拟网络的一部分，这些防火墙也需要进行编排。可以创建一个系统，以提示规则集的变化，自动恢复原始设置，向云管理员发送通告，这就是通过 API 使用云服务提供商提供的可以编排的控件的好处。

- **默认拒绝**。SDN 通常会默认拒绝一切行为。如果不创建规则具体指出能完成什么操作，那么数据包就会简单地被丢弃掉。

- **识别标签**。通过 IP 地址标识系统的概念在云环境中完全行不通了，需要使用标签来标识虚拟网络设备。这并不是什么缺点，实际上，这可以极大地提升安全性能。使用标签，可以自动地对每台服务器进行安全分组，例如，使用标签标识运行 Web 服务的服务器。

- **网络攻击**。许多对系统和服务低级的网络攻击在云环境中自然而然不存在了。例如，因为 SDN 也具备隔离能力，所以对 SDN 进行网络嗅探就不可能发生了。其他一些攻击也同样如此。例如，由于云服务提供商使用控制平面标识和减少攻击，ARP 欺骗（更改网络接口卡 NIC 硬件地址）也不会出现了。注意，并不是说所有的攻击都不会发生了，但是很多研究论文都指出通过 SDN 的软件驱动功能可减少大量的低级攻击。

微网段和软件定义的边界

前面已经介绍过，VLAN 可以将网络分段。可以使用 VLAN 技术创建区域，将系统分组（可以根据不同的分类进行分组）之后放入自己的区域。这样，网络体系结构不再是典型的"扁平网络"结构。在扁平网络结构中，采用"南—北"模型监测区域内数据传输（一旦数据进行边界，就可以自由传输）。进行分区之后，网络体系结构成为"零信任"网络，可以按照"南—北"模式和"东—西"模式（或者说在网络内部）监测数据传输。这就是微网段背后的原理。但是，微网段的分区方式略有不同，它利用网络虚拟化技术使得分区的粒度更细。

因为已经使用软件定义了网络，并且不需要添加其他硬件，所以能够更轻松地对工作负载区域进行粒度更细的分区。采用 VLAN 技术时，会将数百个服务器划分到单一的隔离区（DeMilitarized Zone，DMZ），而其中某些服务器根本不需要访问彼此。而在微网段中，可以将 5 个 Web 服务器分组，划分到一个微网段区域中。这使得"危险区"的范围被限定在更小的范围内。如果某个服务器崩溃了，攻击者的数据分组只会被限定在 5 个服务器范围内，隔离区的其他服务器不受影响。这种粒度更细的分区方法会打破使用 VLAN 技术将系统分组这种传统分区方法的限制（VLAN 最多只有 4096 个地址，而 VXLAN 有 1670 万个地址）。

实现微网段并不是零成本的。在管理所有的网络及其连接方面，需要增加操作成本。

在软件定义网络（SDN）和微网段概念基础之上，CSA 提出了软件定义边界（Software Defined Perimeter，SDP）模型。SDP 将设备和用户身份认证组合在一起，以动态地监控对资源的访问。在 SDP 中，包含 3 个组件，如图 7-7 所示。

- 在设备上安装的 SDP 客户端（代理）。
- SDP 控制器。它根据设备和用户属性对 SDP 用户进行身份认证和授权。
- SDP 网关。用于终止 SDP 用户网络数据传输，并且执行与 SDP 控制器的通信策略。

注意：要想了解关于 SDP 更多的信息，可以检索 CSA 相关的研究论文，例如 SDP Architecture Guide。虽然 CCSK 考试不会涉及过多的细节，但是这些研究论文都是非常优秀的。

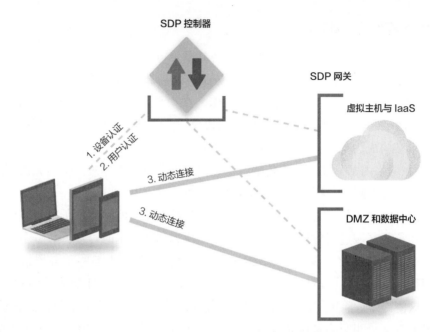

图 7-7　软件定义边界（SDP）（获云安全联盟许可使用）

CSP 或私有云的其他方面

　　与云的消费者不同，云服务提供商（CSP）需要首先保证云环境物理设备的安全性，然后在此基础上创建其他设施。物理层的安全问题会带来灾难性的后果，所有的用户都会受到影响。作为用户，必须确认云服务提供商物理层的安全措施是能满足自身要求的，因为可能其他租户是不可信任的，其他租户甚至可能就是专门来进行破坏的（在公有云中尤其如此）。私有云中同样适用。

　　正如之前提到的，SDN 能够维护多租户环境的隔离，云服务提供商必须假设所有的租户都有可能会对环境进行攻击。正因为如此，云服务提供商必须增加额外的开销，以正确地构建和维护 SDN 的安全控件。云服务提供商还必须将这些安全控件提供给云用户，这样用户才能够正确地管理自己虚拟网络的安全。

　　在云环境中，边界安全也是很重要的。云服务提供商应该实现标准的边界安全控制，例如分布式拒绝服务（Distributed Denial of Service，DDoS）防御、IPS及其他安全技术控制，以过滤掉恶意的数据分组，避免其影响云环境中的用户。但是，用户不能依赖云服务提供商阻止边界上所有可能的恶意攻击数据分组，用户也需要实现自己的网络安全。

最后，还要介绍一下硬件的重用。用户不再使用相关资源之后，云服务提供商应该清除所有资源（例如卷），然后将这些资源放到资源池中供其他用户使用。

混合云考虑的因素

回忆一下第 1 章介绍的混合云的实例——其中用户拥有自己的数据中心，同时使用云资源。对于比较大的组织，会通过专用广域网（Wide Area Network，WAN）链接或使用 VPN 通过因特网进行连接。为了让网络架构师能够整合云环境（尤其是 IaaS 环境），云服务提供商必须支持用户确定的任何网络寻址，因此，基于云的系统与内部网络使用的网络地址范围是不同的。

作为用户，必须保证两个区域的安全水平都是一样的。例如，假设在某个扁平网络中，公司每个职员都能访问网络内的资源，那他们也可以访问云资源。应该时刻注意，链接至云系统的网络都有可能存在恶意攻击，必须通过路由、访问控制和数据传输监控（例如，防火墙）等强制隔离内部网络和云系统。

CSA 指南提到了堡垒（或中转）虚拟网络，它是一种网络体系结构模式，能够增加云中网络体系结构的安全性。从本质上讲，可以将堡垒网络定义为：数据必须通过其中，然后再传输至目的地。正因为如此，可以创建一个堡垒网络，并且强制所有云中的数据传输都通过其中，形成一个检查点（理论上是一个好方法）。这样可以严格地监控网络（必须使用一个堡垒主机），并且按照需求进行网络数据检查，从而保护进入和传出数据中心及云环境中数据传输的安全。图 7-8 所示为云环境和数据中心之间的堡垒网络。

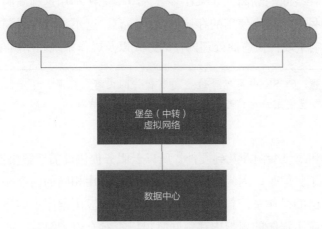

图 7-8　云环境和数据中心之间的堡垒 / 中转网络

云计算和工作负载安全

工作负载是一个处理单元。它可以在物理服务器、虚拟服务器、容器中运行，或者作为其他虚拟服务器上某个功能进行运行。工作负载可以一直运行在某个处理器上，会占用内存空间，云服务提供商要保证这些内容的安全。

计算抽象技术

CSA 指南提到了云环境中可能使用的四种类型的"计算抽象"技术。下面将简要地介绍相关技术，但后面的章节还会介绍相关技术更多的细节。

虚拟机

可以订购传统的虚拟机，其技术与所有 IaaS 服务提供商提供的技术相同。虚拟机管理者（也称虚拟机管理程序）负责创建虚拟环境，正因为有了这个虚拟环境，所有客户 OS（云环境中的实例）会认为自己能够直接与底层的硬件通信。但实际上，虚拟机管理程序接受底层硬件的请求（例如，内存），将其映射至为特定用户机器保留的专用空间。这就是虚拟机管理程序实现的抽象（客户 OS 没有直接访问硬件）。将特定的内存空间分配给某个客户的环境也是分离并将其隔离起来的体现（同一台机器上一个客户的 OS 不能访问另一个客户 OS 的内存空间）。

如果无法实现隔离，整个云服务的多租户特征将无法实现，云服务的商业模式也就不复存在了。过去的漏洞旨在破坏内存隔离，例如熔毁和幽灵漏洞（以及随后的分支）。这两个漏洞都与利用许多 CPU 处理访问内存空间的方式有关，基本上绕过了内存空间的隔离。如果在多云环境中无法利用这种漏洞，那么一个租户不可能访问另一个租户使用的存储空间。注意，这不是软件漏洞，而是一个硬件漏洞，它影响了硬件供应商处理内存的方式以及操作系统利用内存的方式。

注意： CCSK 中不包含这些漏洞相关的内容。但是，了解相关的内容之后，可以理解用户应该与云服务提供商共同分担的责任。

因为熔毁和幽灵漏洞涉及到硬件，所以云服务提供商需要解决这些漏洞问题，或者为其打补丁。但是，因为大多数操作系统都使用相同的内存映射技术，所以建议用户给自己的操作系统打补丁，以保证运行的应用程序不访问相同虚拟机上运行的另一个应用程序的虚拟内存空间（可以查看 CVE-2017-5754 文档了解熔断

漏洞更多的细节）。这个例子并不是表示隔离是一个"不好的"安全控制——它的确不是。实际上，它证明了云服务提供商能够迅速地解决"黑天鹅"漏洞问题。在金融界经常使用"黑天鹅漏洞"一词，它指有一些风险平时根本不会考虑，但一旦发生，就会带来灾难性的后果。这种硬件漏洞绝对是黑天鹅事件，当研究人员发现这个漏洞时，都认为这是不可能发生的事情。从中吸取教训，硬件供应商和软件供应商都持续提高自己的隔离能力。

注意：可能有读者对公共漏洞和暴露（Common Vulnerabilities and Exposures，CVE）数据库不熟悉，它列出了所有已知漏洞，由 MITRE 公司联合几个美国组织共同维护。

第 8 章将详细介绍更多虚拟机安全方面的内容。

容器

容器可以说是刚才介绍的虚拟机的一种演变。它们都采用计算虚拟技术，但使用的方式不同。图 7-9 所示为容器，以及容器与在虚拟机管理程序之上运行的标准虚拟机之间的区别。

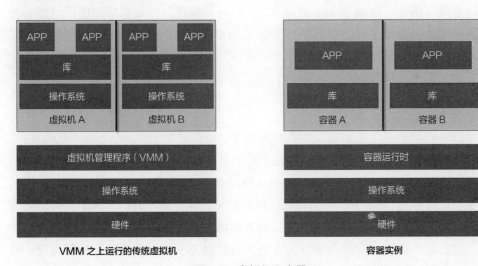

图 7-9　虚拟机和容器

从图 7-9 可以看出，容器与传统虚拟机的不同之处在于：容器不需要处理操作系统的那些"扩展"部分（应用程序不需要 calc.exe 程序完成能正常运行）。使用虚拟机时，将操作系统所需的库以及应用程序本身封装至 30GB 的数据包中。

其实可以将应用程序及应用程序所需的依赖（例如，库）封装至更小的数据包中，或者也可以选择容器。使用容器时，应用程序使用基本操作系统的共享内核和其他功能。代码可以在容器中运行，但容器只为运行的代码提供有限的环境，代码只能访问容器配置中限定的进程和功能。容器并不是云环境中特定的技术，容器本身可以运行在虚拟环境中或者直接运行在单个服务器上。

 注意：容器仅仅是一种打包应用程序及其所需依赖的方法。

因为容器比传统的虚拟机更小，所以它有两个主要的好处。第一，因为不需要类似操作系统引导的过程，容器运行非常快，这会大大地提升容器的敏捷性。第二，容器有助于提高可迁移性。注意这里说是的"有助于"提高便携性，而不是完全"解决"可迁移性问题。对于容器来说，迁移操作可以快速完成，但是容器本身需要支持共享内核。但这只解决了运行时依赖（引擎）的问题，许多云服务提供商会支持 Docker 引擎。现在，Doker 引擎几乎成了默认的容器引擎。容器化技术的其他因素有可能会影响容器的可迁移性，例如容器主机、镜像以及通过管理系统（例如，Docker Swarm 或 Kubernetes）编排等。如果想要使用容器解决不同云服务提供商之间，或者甚至数据中心和云环境之间进行迁移的问题，需要考虑容器技术所涉及的方方面面。

第 8 章将介绍容器中的各种组件。

基于平台的工作负载

CSA 指南将基于平台的工作负载定义为运行在共享平台（不是虚拟机或容器）上的所有负载。可以想象，其中所包含的服务非常广泛。CSA 指南中给出的实例包括在多租户平台即服务（Platform as a Service，PaaS）数据库上运行的存储过程，以及在机器学习 PaaS 上运行的负载。简单起见，这里重点介绍这两个实例。在准备 CCSK 考试时，需要注意，尽管云服务提供商会提供有限数量的安全选项和控件，但云服务商要负责平台本身的安全，当然也需要增加平台使用的便利性，就像 PaaS 服务提供的一样。

无服务计算

在这里，"无服务"指的是云服务提供商提供的基本服务，用户不需要管理任何底层的硬件或虚拟机，只是简单地访问云服务提供商服务器提供的功能（例如，运行 Python 应用程序）。对于用户来说是"无服务"，但它可以使用容器、虚拟机或专用的硬件平台创建并在后台运行。云服务提供商保证所提供平台的安全，并为用户提供便利。

第 10 章将介绍无服务计算。

云计算改变工作负载安全的方式

改变云环境安全性的主要因素是多租户特性。云环境的安全性取决于云服务提供商如何将工作负载进行分离并将其隔离起来的方式，这是选择云服务提供商需要优先考虑的问题。有些云服务提供商可以提供专门的实例，让一个工作负载运行在单个物理服务器上，但这样通常会增加额外的成本。无论公有云环境还是私有云环境都是如此。

不可变工作负载实现安全性

如果云用户具备成熟的云处理能力，那么逐渐实现不可变工作负载是这些用户的关键能力。之所以这么说，是因为大多数企业刚开始使用云服务时，都会采用"差不多"的方法（经常会听到他们说，"我们一直采用这种方式"）。当谈到"不可变工作负载"这个词时，就需要想到"瞬时的"这个词，也就是说"仅持续很短的时间"。但是，不可变工作负载会对安全方面带来很大的好处。这部分会介绍什么是不可变工作负载，以及选用不可变工作负载的原因。

我总是将不可变工作负载服务器称之为"拉斯维加斯计算模型（Vegas model of compute）"，它与传统运行服务器的"宠物"模型完全不同。在采用传统方式运行服务器时，需要打补丁，对它进行维护，数年如一日。在不可变工作负载模式中，服务器运行，完成其工作，然后结束服务器，并开启一个新的服务器（有人将这种方法称之为"推倒重来"方法）。拉斯维加斯计算模型究竟应该在哪里运行呢？如果你从来没有进过赌场，当你在赌桌旁坐一会儿时，就会看到发牌手拍拍手之后离开。为什么发牌手会这样做呢？因为赌场希望发牌手和顾客之间不要起任何冲突。

这和网络安全有什么关系呢？黑客在成功利用漏洞后，会安装一个后门，以便之后再次访问。黑客知道，你迟早会修复相关漏洞的。黑客会慢慢地入侵网络并且抓取数据，这有可能要花几个月的时间才达到自己的最终目的。也就是说，采用传统的方法，给系统打补丁只会修复原始的漏洞，但对已安装的后门却无能为力。但是，在不可变工作方法中，某个服务器终止后，从打补丁的服务器镜像中启动一个新实例，从而移除了漏洞和后门（假设按正常方式进行服务器替换）。通常会定期终止服务器，与拉斯维加斯赌场内的发牌手一样。

如何实现不可变工作负载方法呢？这主要依赖云服务提供商如何开发并提供相关功能。通常，可以通过使用自动扩展，利用云服务提供商提供的弹性。你可以声明，例如，你需要在一个可自动扩展群组（也可以称之为集群）中运行 3 个相同的 Web 服务器实例。 如果时间到了（假设每 45 天），就要使用最新的补丁更新镜像，并对新的镜像进行测试（注意，并不是所有的补丁都是安全补丁）。一旦对镜像满意了，就可以让系统使用新镜像。可以将新镜像用于自动扩展群组，同时终止原有的服务器。自动扩展群组会检测到有一个实例终止了，并且会根据新镜像创建新的服务器。这时，将会根据新镜像创建一个自己的服务器实例。接着进行实时错误监测，如果出现错误则进行修复。重复执行这个过程，直到整个群组都在运行打过补丁的镜像。

考试提示：在 CCSK 考试中，在部署镜像之前，可以使用固定的方法对镜像进行大量的安全测试。

听起来很简单，对吧？但是，它在元结构层。应用程序需要处理元结构层相关的问题，正是元结构层让事情变得复杂。例如，如果使用单个存储卷来存放操作系统、应用程序和所有的数据，这就有可能需要重新构建应用程序的结构体系，将数据存储在本地，而不是将数据存储在运行操作系统的存储卷中。

考试提示：在 CCSK 考试过程中，不涉及到应用结构层如何进行相关操作，只会涉及到在元结构层（或虚拟基础设施）实现相关的操作。

使用不可变工作负载方法最大的问题是什么呢？对实例进行手动更新。当使用固定工作负载方法时，因为更改实例会终止实例运行，所以不允许直接对正在运行的实例进行更改。所有的修改只能在镜像中进行，之后再部署镜像。为了达成这个目标，要禁止对服务器实例的任何远程登录。

上面已经介绍了纯固定工作负载的实例。当然，也可以使用混合方法，例如之前的实例中，通过某种形式的集中系统促使应用程序更新。在这种情况下，依然需要限制直接访问服务器，并且仍然要注意保障系统的安全。因为所有的任务都集中执行，要限制直接对有问题的服务器进行更新。

采用不可变工作负载的方法对安全方面还有其他的好处。例如，白名单应用程序和进程要求不能更改服务器本身。正因为如此，使服务器具备监测某种形式文件的完整性的能力是很简单的事情。因为如果有任何变化，您就知道可能会遇到安全问题。

不可变工作负载的要求

既然已经知道了不可变工作负载方法及其好处，下面来看看这种新方法的要求。

首先，需要云服务提供商支持这种方法——大部分 IaaS 服务提供商都支持。还需要相应的创建镜像的方法，用于更新补丁及恶意软件特征码（如之前混合方法中所讨论的，这些都可以分别执行）。

在创建和部署镜像过程中，还需要确定如何对镜像本身进行安全测试。其中包括所有源代码测试及漏洞评估（如果适用）。第 10 章将进一步介绍相关的内容。

还需要记录日志及保存日志的新方法。在不可变负载环境中，需要尽快将日志从服务器中读取出来，因为服务在接收到通知之后可能会立即消失。这就意味着需要将服务器日志尽可能保存在外部存储器中。

需要合理地管理所有的镜像资产，这可能会增加服务目录的复杂性，并且会增加相关的管理工作，从而维护所有操作服务和准备在实际环境中运行的服务的准确信息。

最后，运行不可变服务器并不意味着不需要创建灾难恢复计划，需要确定如何在实际运行环境之外安全地存储镜像。例如，安全起见，可以使用跨账户许可权限将镜像复制到另外的账户（例如，某个安全账户）。如果实际运行环境被黑客攻击了，他们有可能不仅删除正在运行的实例，还有可能会删除镜像。为了安全，将这些镜像复制到其他位置，可以迅速地重新创建实例。

云对标准的影响

工作负载安全控制

有了比标准虚拟机更好的运行工作负载的新方法，参加 CCSK 考试时，需要熟悉新方法对传统安全方面的一些改变。下面列出了在不同情况下有可能出现的一些情况。

- 可能无法实现软件代理（例如基于主机的防火墙），在无服务环境中尤其如此（详见第 10 章）。
- 即使可以运行代理，需要保证代理是轻量级的（也就是说没有太多开销），并且能够在云环境中正常工作（例如，保持自动扩展）。需要注意的是，任何依赖 IP 地址追踪系统(代理侧或中心控制台)的应用程序基本都无法使用，在不可变环境中尤其如此。CSA 通常将其称为在云环境中"快速应变能力"。至少要做到：询问当前的云服务提供商，他们是否有自己代理的"云版本"。
- 无论使用哪种云服务，代理都不应该增加服务器的攻击面。通常，服务器上开放的端口越多，攻击面就越大。除此之外，如果代理使用配置变更和 / 或特征码，则需要确保这些变更和 / 或特征码来自可信的权威系统，如内部更新服务器。
- 至于使用内部更新服务，云环境中的系统应该好好利用这些系统。好好想想在传统环境中是如何使用这些系统的。每个分公司都有集中管理工具吗？总公司有总管理控制台吗？分公司计算机从单一的源进行更新吗？对于这些更新服务，如果服务器在分公司运行，可以认为云服务器实例采用相同的方式运行。当然，首先需要构造合理的网络路径。

工作负载监测及日志记录方面的变化

由于受到传统使用 IP 地址标识机器的影响，虚拟机的安全监测及日志记录都会发生变化。在类似云的动态变化的环境中无法使用传统的使用 IP 地址的方式。其他技术（例如，无服务）采用传统方法根本无法运行，因为无法实现代理。这也给工作负载监测和日志记录带来了很大的挑战。

不使用 IP 地址，也必须使用其他形式的唯一标识。例如，可以使用某种形式的标签标识系统。设计这种标识时，也需要考虑云变化快的特征。需要注意的是，这种标识不仅需要用于代理，而且需要用于集中的控制台。要确认云服务提供商有一个云版本可以使用 IP 地址以外的其他方式来标识系统。

另一个影响较大的领域是日志记录。在虚拟服务器环境中，应该尽快将日志从服务器中读取出来，但其中涉及到很多细节。在无服务环境中，记录日志可能需要在云服务提供商服务器上运行的代码中采用某种方式记录日志。另外，需要考虑以下相关成本：可能需要将大量的数据传回集中的日志系统或安全信息和事件管理（Security Information and Event Management，SIEM）系统。SIEM 提供商有可能使用某种"转发器"减少网络数据传输量，可以咨询他们对转发数据有何建议。例如，由于开销过大，开发商会推荐不将网络流日志发送至集中日志系统？如果网络数据传输成本是一个问题（以及何时不对运营成本做过多要求？），需要坐下来，认真规划哪些日志数据是需要的，哪些日志数据是不需要的。

漏洞评估方面的变化

进行漏洞评估（Vulnerability Assessment，VA）的方法有两种。一方面，有些公司选择从局外人的观点进行漏洞评估，因此他们在通用因特网上放置一个扫描器，并且使用各种方法（例如，防火墙、IPS 等）执行漏洞评估。另一方面，一些安全专业人士认为不需要这些手段也能够进行漏洞评估，所以他们能在没有防火墙隐藏漏洞的情况下，真正地看到系统或应用程序中所有可能的漏洞。

CSA 推荐尽可能靠近实际的服务器进行漏洞评估，具体来说，就是主要对镜像进行漏洞评估，而不是对运行的实例进行漏洞评估。正因为如此，CSA 推荐按以下几点进行漏洞评估，CCSK 考虑会涉及相关的内容。

云服务提供商通常会要求你在进行任何测试之前都要通知他们，这是因为云服务提供商不知道是合法用户还是黑客在进行扫描。云服务提供商需要提交通常内部测试中所需的通用信息，例如，从哪里进行的测试（例如，测试工作站的 IP 地址，测试的目标以及起始时间）。云服务提供商通常会声明，无论你对自己的系统造成了损坏，还是对整个云环境造成了损坏，都应该由你负责（我个人的观点是，从单个测试工作站进行扫描导致整个云环境损坏几乎是不可能的事情，但是既然这样要求了，最好让有权威的专业人士对测试请求进行确认）。

至于对云环境本身的测试，几乎无法进行。云服务提供商会限制用户使用云环境。PaaS 服务提供商会允许用户测试自己的代码，便不会让用户测试他们平台。SaaS 服务提供商同样如此——不会让用户测试他们的应用程序。仔细想想，也还是有一定实际意义的。如果在对云环境测试时你让共享组件（PaaS 服务提供商的平台和 SaaS 服务提供商的应用程序）停止运转了，受到影响的不仅仅是你自己，而是每一个用户。

使用安装在服务器上的代理执行漏洞评估是最佳选择方案。在默认拒绝的云世界里，阻止或隐藏漏洞的控件可能已经在发挥作用了（例如，SDN 防火墙或安全群组）。虽然默认拒绝的方式能够很好地阻止（甚至可能全部阻止）可能存在的恶意攻击数据，但是如果授权安全群组改变实例，或者如果实例错误地向所有的数据流开放，会出现什么情况呢？正因为如此，CSA 推荐尽可能靠近工作负载进行漏洞评估。

提示：漏洞评估和渗透测试的区别在于，通常，漏洞评估是确定进行测试的目标是否有可能存在漏洞，渗透测试是尝试利用任何已发现的可能存在的漏洞。通常情况下，云服务提供商不会对二者进行区分。

本章小结

本章介绍了网络和工作负载的虚拟化，以及在云环境中使用这两种技术后对安全方面的影响。在准备 CCSK 考试时，需要掌握网络（例如，软件定义网络 SDN）和计算（例如，虚拟机和不可变负载服务器）部分讨论的各种技术。更重要的是，需要理解使用这些新技术后，导致安全方面发生了哪些变化。CCSK 考试主要涉及以下内容。

- 云是责任共担模型。云服务提供商全面负责构造云环境的物理架构。
- 需要由云服务提供商实现 SDN 网络。如果不实现网络虚拟化，就意味着无法实现扩展性、弹性、编排，而且最重要的是无法实现隔离。
- SDN 具有隔离能力，使得能够创建多账户 / 多网段，从而将事故对其他工作负载的影响限制在最小范围内。
- CSA 推荐云服务提供商利用 SDN 防火墙实现默认拒绝环境。会自动拒绝未经用户允许的所有行为。
- SDN 防火墙（安全群组）应该严格限制在同一虚拟子网工作负载之间进行网络数据传输，系统之间必须进行通信的情况除外。这是使用微网段限制"东—西"（网络内部）数据传输的实例。
- 保证虚拟设备能够在动态和弹性环境中正常运行（即，能够应对快速的变化）。与物理设备类似，如果没有正确实现虚拟设备，它们有可能成为瓶颈或出现单点失效。
- 对于计算工作负载，不可变环境在安全方面带来了极大的好处。用户应该尽量使用这个方法。
- 当使用不可变服务器时，可以通过以下方式增加安全性：给镜像打补丁并对其进行测试；使用打好补丁的镜像创建实例，并用新实例替换未打补丁的实例。

- 在使用不可变服务器时，因为正在运行的实例是不能做任何更改的，所以应该禁止远程访问，并整合文件完整性监测。
- 安全代理必须适应云环境，并且能够适应云环境变化的速度（例如，不要使用 IP 地址标识系统）。
- 因为云环境中，所有的服务器都是暂时存在的，所以应该尽快将服务器上的日志读取下来，并存放到一个集中的位置。这也是我推荐的最佳实践方案。
- 云服务提供商对漏洞扫描和渗透测试会有所限制，要对云服务提供商的平台进行测试时尤其如此。

本章练习

问题

1. 对于云实例的安全代理，主要需要考虑什么？

   A. 云服务提供商是否赢得了很多奖项

   B. 云服务提供商不使用基于特征码的测试，而是采用基于启发式的测试

   C. 所选云服务器实例的云服务提供商与内部实例的云服务提供商为同一云服务提供商

   D. 云服务提供商代理不使用 IP 地址标识系统

2. 下面哪一项对 SDN 和 VLAN 之间的区别描述准确？

   A. SDN 隔离数据传输，这有助于实现微网段。VLAN 将网络节点分成广播域

   B. VLAN 最多只有 65 000 个 ID，而 SDN 可以有超过 1600 万个 ID

   C. SDN 将控制平台与硬件设备分离开来，并且使得应用程序能够和控制面板进行通信

   D. 以上描述都准确

3. 在使用不可变服务器时，如何对应用程序结构层进行管理访问授权，从而修改正在运行实例？

   A. 应该只对运维团队授权管理访问权限，从而支持标准的安全责任分离方法

   B. 应该只对开发团队授权管理访问权限，从而支持软件开发的新方法，即软件开发人员拥有自己创建的应用程序

C. 应该限制每个人的管理访问权限。对应用结构层的更改会影响镜像，会使用新镜像创建新实例

D. 应该只对不可变环境中的云服务提供商授权应用结构层管理访问权限

4. 微网段的主要目的是什么？

A. 将主机进一步分组，以方便对它们进行管理

B. 将主机进一步分组，以将事故的影响限制在最小范围内

C. 微网段可以使用传统的 VLAN 技术给机器分组

D. 微网段实现零信任网络

5. 下面对容器和虚拟机之间的区别描述准确的是哪一项？

A. 容器包含应用程序及其依赖（例如，库）。虚拟机包含操作系统、应用程序及其依赖

B. 虚拟机可以从任何云服务提供商的环境中移进或移出，而容器与特定的云服务提供商绑定

C. 容器可以移除特定核心的依赖。虚拟机可以在任何平台上运行

D. 以上描述都准确

6. 云影响工作负载安全最主要的特征是什么？

A. 软件定义网络

B. 弹性特征

C. 多租户

D. 责任共担模型

7. 选择以下云环境中虚拟设备应该具备的两个属性。

A. 自动扩展

B. 管理员的权限区分更细致

C. 故障转移

D. 利用云服务提供商编排功能的能力

8. 温迪想要在云实现中添加实例。当她尝试添加实例时，被拒绝了。仔细检查授权之后，没有发现拒绝添加实例的相关限制，问题究竟出现在哪里？

A. 温迪想要运行 Windows 服务器，但她只有创建 Linux 实例的权限

B. 温迪没有对正在运行 Linux 服务器的根访问权限

C. 这是因为云环境的默认拒绝特征。如果不明确指出允许温迪能够创建实例，默认情况下她是被拒绝的

D. 温迪是拒绝添加实例群组中的一员

9. 在软件定义网络中，如何实现集中管理？

　　A. 通过从底层网络设备移除控制面板，然后将其放置到软件定义网络 SDN 控制器中

　　B. 通过使用北向 API，使得软件驱动控制层的动作

　　C. 通过使用南向 API，使得软件驱动控制层的动作

　　D. SDN 是一个去中心化模型

10. 在对正在运行的实例进行漏洞扫描操作之前，应该做什么？

　　A. 选择能够在云环境中正常运行的漏洞扫描产品

　　B. 确定云服务提供商是否允许客户执行漏洞扫描，以及是否需要提前通知云服务提供商

　　C. 打开全部网络定义软件防火墙，使得能够执行漏洞扫描

　　D. 确定将要访问云服务提供商数据中心的时间和日期，这样就可以在实例运行的物理服务器上进行漏洞扫描了

答案及解析

1. D。最佳答案是云服务提供商不使用 IP 地址进行标识。云中服务器实例只是暂时存在的，在不可变实例中尤其如此。其他答案也是云安全代理的特征，但不是最佳答案。

2. D。所有答案都是正确的。

3. C。在不可变环境中应该严格限制每个人对服务器的管理访问权限。应该对镜像进行更改，然后使用新镜像创建实例。其他答案都不对。

4. B。实现微网段的目标是将攻击者对资源造成破坏的影响限定在最小范围内。使用微网段，可以更加精细地给机器划分群组（例如，不是将全部的系统划分在一个隔离区，而是将 5 个 Web 服务器划分在隔离区，它们之间可以进行通信）。答案 D 说微网段可以创建"零信任"网络，答案 B 要比答案 D 更好一些。

5. A。容器包含应用程序及其所需的依赖（例如，库）。虚拟机包括操作系统、应用程序及其依赖。

6. C。最佳答案是多租户对云安全的影响最大。正因为如此，需要确认云服务提供商对云环境隔离的掌控能力。尽管其他答案也有一定的合理性，但都不是最佳答案。

7. A、C。自动扩展和故障转移是虚拟设备在云环境中应该具备的两个最重要的属性。任何设备都可能成为性能瓶颈，并且 / 或者出现单点失效，云环境中的虚拟设备必须解决这些问题。更加精细地划分权限会有好处，但它不是云环境中特有的技术。最后，充分利用云服务提供商的编排功能也会发挥很大的作用，但它不是前 2 个最佳答案。在利用编排功能时，必须考虑弹性，而且要正确地使用。但是，没有提到如何正确利用编排的程度。下面是编排相关的例子。虚拟设备是否具有根据用户在云环境中的操作或者正在调用的某个特定 API，改变防火墙规则的能力？这种类型的编排显然是最理想的，但是需要云服务销售商和云服务提供商紧密联合才能提供相关功能。通常情况下，云服务提供商的服务本身就是这种类型的编排（例如，根据特定的动作自动改变安全群组）。

8. C。云服务提供商应该在安全方面采取默认拒绝的方法。因此，最有可能的是，没有明确指出允许温迪运行实例。尽管温迪有可能是明确指出不允许运行实例群组中的一员，但 C 是最佳答案。元结构许可与操作系统许可完全不同，所以 A 和 B 也是错误答案。

9. A。SDN 通过以下方式实现集中管理：将"大脑"从底层网络设备中取出来，并在 SDN 控制器中实现相关功能。答案 B 中的描述也是正确的：北向 API 驱动应用程序完成相关功能，但它不是问题的答案。同样地，答案 C 中的描述也是正确的，但它也不是问题的答案。

10. B。应该确定云服务提供商是否允许用户对他们的系统进行漏洞扫描。如果不允许，你会发现所有的操作都被阻止了，因为云服务提供商不知道是攻击者还是合法用户在进行扫描。如果在服务器应用程序结构层安装代理，能够完成相应的功能，无论服务器是云环境中的虚拟服务器还是数据中心的物理服务器都是如此。答案 C 中，如果打开所有的防火墙执行漏洞扫描，会是一个不太明智的选择。因为如果操作不正确，可能会将所有的数据传输全部泄漏（例如，因特网上的任何 IP 地址都能访问实例的任何端口）。最后，不太可能访问云服务提供商的数据中心，但是可以在云服务提供商拥有并且管理的设备上进行漏洞扫描。

第 8 章

虚拟化技术和容器

本章涵盖 CSA 指南范围 8 中相关的内容，主要包括：

- 主要虚拟化技术类别。
- 计算虚拟化技术的安全。
- 网络虚拟化技术的安全。
- 存储虚拟化技术的安全。
- 容器组件。
- 容器及相关组件的安全。

> 所有行业的公司都应该清楚软件革命即将到来。
>
> ——马克·安德森

你没有看错，本章的开篇引言与第 7 章完全相同。之所以这么做，是因为想要强调本章的内容是以第 7 章介绍的软件改革为基础的。本章继续讨论虚拟化相关的安全问题，以及云服务提供商和用户之间的责任划分。这样可以与 CSA 指南以及 CCSK 考试保持一致。如果已经在别的章节讨论过相关的内容，我会指出来新增的知识点。

注意：同样，本章所包含的背景知识材料在 CSA 指南中不会涉及相关内容。因为 CSA 指南假设读者已经了解了相关的知识。这里给出背景知识，可以帮助读者理解相关的核心技术及概念。CCSK 考试中也不会涉及相关内容。

正如之前提到的，虚拟化是云中的核心技术，它不仅只包含虚拟主机的内容。虚拟化是指如何创建计算、网络和存储资源池。正因为有了虚拟技术，才使得云环境中能够实现多租户。本章中，将会介绍各种虚拟技术中安全责任的界定——云服务提供商应该在安全方面负什么样的责任？用户应该在安全方面负什么样的责任？还会介绍容器包含各种组件以及保障组件安全的各种方法。

注意：虚拟化技术对资源池进行抽象，然后使用编排技术来管理资源池。可以说，没有虚拟化技术，就没有云计算。

在 IT 领域使用的安全技术大部分都假设对底层基础设施进行物理控制。在云环境中，这一点没有变，变化的是云服务提供商负责保障物理基础设施的安全。另外，虚拟化技术在安全控制方面增加了两个方面的内容。

- 虚拟化技术本身的安全，例如，虚拟机监控程序的安全。这部分由云服务提供商负责。
- 虚拟资产的安全控制。由用户负责实现虚拟资产的安全控制。向用户提供可用的安全控制是云服务提供商的责任。

与云计算相关的主要虚拟化技术分类

CCSK 考试中涉及到的与虚拟化技术相关的主要方面包括计算、网络和存储。这三种技术都会创建自己的存储池，这些存储池本身就是通过虚拟化技术实现的。这三个方面就是 CCSK 考试所涉及到的内容，下面的内容可能会改面你对每种存储池的看法，其中会涉及到 CSA 对每种技术是如何划分安全责任的。

计算虚拟化技术

前面已经介绍过虚拟机和虚拟机监控程序，下面介绍一些相关的新知识。计算虚拟化是对底层硬件运行代码（包括操作系统）的抽象。原来直接在硬件上运行代码，取而代之的是在抽象层（例如，虚拟机监控程序）之上运行代码，抽象层可以将一台虚拟机与另一台虚拟机隔离开来（不仅仅是分离）。这样，就能够在同一个硬件上运行多个操作系统（客户操作系统）。

 考试提示：在准备 CCSK 考试过程中，需要记住，计算虚拟化是对底层硬件运行代码（包括操作系统）的抽象。

尽管计算虚拟化通常与虚拟机捆绑在一起，但它比虚拟机（或者使用云中的术语更准确地说，实例）包含的内容要多。大多数读者应该知道 Java 虚拟机（JVM），这是比较早的虚拟技术。这里不会深入讨论 Java 虚拟机技术，只是简单介绍下如何使用 JVM 创建一个 Java 应用程序能运行的环境。JVM 从应用程序中抽象出底层的硬件，在此基础上，就可以实现跨底层硬件平台进行迁移。因为 Java 应用程序不需要直接与底层的硬件进行通信，只需要与 JVM 进行通信。当然，还有很多其他虚拟化技术的实例，但共同的方式是使用虚拟化技术实现抽象。

注意： CSA 指南将 Java 虚拟机看成计算虚拟化的一种形式。

下一代计算虚拟化技术需要解决的问题是容器和无服务计算技术，二者也是执行某种形式的计算抽象。第 14 章会更加深入地讨论无服务计算相关的内容。

云服务提供商的安全责任

在计算虚拟化技术方面，云服务提供商的主要责任是加强隔离，并且维护虚拟基础设施的安全。隔离保证一台虚拟机 / 容器中的计算进程或内存不会被另一台虚拟机 / 容器访问。隔离支持安全的多租户模型，多租户可以在相同的物理硬件（例如，单个服务器）上运行某个过程。云服务提供商还要负责底层物理基础设施的安全，并且要保护虚拟化技术的实现不被外部攻击或内部误用。与其他软件类似，需要正确地配置虚拟机监控程序，给虚拟机监控程序安装最新的补丁，以解决新出现的安全问题。

云服务提供商还应该保障提供给云用户的各种虚拟技术的安全。这意味着从镜像（或其他源）创建一个安全的进程链，用于在引导过程中一直运行虚拟机，安全性和完整性是首要考虑的问题。这可以确保租户不能基于他们不应该访问的镜像（例如属于另一个租户的镜像）启动机器，并且当客户运行虚拟机（或其他进程）时，所运行的虚拟机是客户希望运行的虚拟机。

最后，云服务提供商还应该向客户保证，不能在不允许的情况下监控易失性存储器。如果另一个租户、恶意攻击的职员或者其他不怀好意的人能够访问属于其他租户正在运行的内存时，可能会抓取其中重要的数据。

考试提示： 需要注意的是，易失性存储器中包含各种各样敏感的信息（例如，未加密的数据、身份识别信息等），必须保证在未授权的情况下不能访问易失性存储器 中的内容。云服务提供商也必须实现易失性存储器的隔离，并对其进行维护。

云客户的安全责任

云用户的主要责任是在云环境中正确地部署和管理所有资源，实现安全。云用户应该利用云服务提供商提供的安全控制管理其虚拟基础设施。当然，没有法律法规规定云服务提供商必须向用户提供什么，但云服务提供商基本都会提供某些控制。

云服务提供商提供用于管理虚拟资源的安全配置，例如身份识别和访问管理（Identity and Access Management，IAM）。在选择使用云服务提供商提供的 IAM 时，需要注意的一点是，它通常是在管理平面上实现的，而不是在应用结构层实现。换句话说，这里所讨论的是授予公司用户访问管理平面的能力，需要合适的许可即可启动或停止实例，不需要登录服务器来完成相关操作。可以参见第 6 章 "保障管理平面安全" 部分。

云服务提供商也有可能让用户在元结构层完成日志相关的操作，并且在虚拟化层监测工作负载，包括虚拟机的状态、性能（例如，CPU 的利用率）以及其他动作和工作负载。

在云环境中，IAM 和在传统的数据中心一样重要。云计算部署是基于主镜像的（虚拟机、容器或其他代码），接着作为云环境中的实例运行。与使用信任的、预先配置的镜像在数据中心创建服务器一样，在云环境中也要完成相同的工作。一些基础设施即服务（IaaS）提供商还有可能提供 "社区镜像"。但是，除非是可信任的源提供的社区镜像，我在实际的运行环境中使用它们时会慎重考虑，因为云服务提供商有可能不会对其进行监测，查看是否有恶意软件或者不怀好意的人是否安装了后门。管理公司使用的镜像是用户最重要的安全责任之一。

云服务提供商还有可能提供 "专有实例" 或 "专门托管"。随之而来也会增加成本，但是如果考虑到工作负载运行的风险，不能与其他租户共享硬件，或者如果只在单租户服务器上运行工作负载才合规，那么这不失为一个很好的选择。

 提示： 对专用实例有各种相关的限制，其中之一为尽管工作负载运行在单租户硬件上，但是数据有可以存储在多租户存储环境中。还有可能存在其他的限制，例如专有实例并不一定支持全部的服务，或者有些服务是不可用的。这就要求用户充分了解云服务提供商在提供 "专有实例" 时，究竟能提供什么功能。

最后，用户需要负责工作负载内全部的安全。对于这一点，所有的标准都适用，例如，启动时对操作系统进行安全配置、保障任何应用程序的安全、更新补丁、使用代理等。在云环境中，最大的不同点在于：由于云计算的自动化，必须正确地管理用于创建运行服务器实例的镜像。如果不进行严格的资产管理，就很容易使用旧的配置进行部署，这些旧的配置可能没有打补丁或者存在安全隐患。

通常，计算安全问题还会包括以下两点。

- 虚拟化资源只是暂时存在的，它可能以更快的频率进行更新。所有相应的安全措施（例如，监测）必须也同步更新。

- 可能无法使用主机级别的监测／日志记录，对于无服务部署来说尤其如此。可能需要选择其他记录日志的方法，例如将日志功能嵌入到自己的应用程序中。

网络虚拟化技术

本部分所涉及的内容第 7 章已经介绍过，所以这里尽可能简要地介绍相关内容。现在，有多种网络虚拟化技术，范围从虚拟局域网（VLAN）至软件定义网络（SDN）。你应该能够理解行业盛行的是"软件驱动一切"。正因为有了软件驱动技术，才能够实现资源池、弹性以及云能够扩展的其他方面。

这里只简单地介绍与虚拟环境安全相关的内容，接着介绍云服务提供商和用户在安全方面的责任。下面先从虚拟网络的过滤和监测开始。

过滤和监测

如果两台虚拟机之间的网络数据传输从来没有离开过一台物理计算机，那么外部物理防火墙能够检测并过滤它们之间的数据传输吗？当然不能，那么在这种情况下，我们应该怎么实现过滤和监测呢？仍然需要对两台虚拟机之间的数据传输进行过滤和监测，但不能再使用之间的安全控制技术了。在虚拟化技术出现的早期，许多人认为可以这样做：将所有虚拟网络传输的数据全部发送到虚拟环境外部，使用物理防火墙检测传输的数据，然后将数据重新传回虚拟网络。解决这个问题更新的虚拟方法是：将虚拟环境传输的数据路由到相同物理服务器上的虚拟监测机器上，或者将数据路由到相同虚拟网络的虚拟设备上。这两种方法都是可行的，但是仍然有可能会成为瓶颈并且需要低使用率的路由。

云服务提供商很有可能会使用软件定义网络 SDN 防火墙或在虚拟机监控程序内，提供某种形式的过滤能力。

 注意：需要注意，无论是虚拟设备还是物理设备，都有可能会成为瓶颈和／或发生单点失效。

就网络监测方面来讲，如果从云服务提供商获得的网络传输数据没有以前在自己环境中所获得的数据详细，也属于正常情况。这是因为云平台 / 云服务提供商不支持直接访问网络监测数据。这会提高控制的复杂性，并且会增加成本。只有在主机或使用虚拟设备才能自己访问原始的分组数据，因为网络数据流量是源自或流向你自己控制的系统。在其他环境中，例如在云服务提供商管理的系统中，不能够访问网络数据传输的测测数据，因为这对云服务提供商来说存在安全隐患。

用于管理的基础设施

默认情况下，所有用户都可以使用虚拟网络管理平面，如果不怀好意的人访问管理平面，他们有可能通过 API 或 Web 访问方式在数秒钟之类毁损整个虚拟基础设施。因此，首要任务是要保证管理平面的安全。如果要了解保障管理平面安全相关的知识，可以参见第 6 章的"保障管理平面安全"部分。

云服务提供商的责任

与云环境中的计算虚拟化技术一样，虚拟网络也采用责任共担模式。下面先介绍云服务提供商在网络虚拟中的安全责任，接着再讨论云用户在网络虚拟中的安全责任。

安全方面的重中之重就是对网络数据传输进行分离并隔离起来，以防止某个租户查看另一个租户传输的数据。除了双方明确允许（例如，通过跨户许可）之外，一个租户完全没有必要去查看另一个租户传输的数据。对于多租户网络来说，这是最基本的安全控制。

其次，需要禁止分组嗅探（例如使用 Wireshark），即使在租户自己的虚拟网络内部也需要禁止嗅探，以降低攻击者破坏单个节点并使用其监视网络的能力，在传统网络中这是通用做法。这并不是说用户不能在虚拟服务器上使用一些分组嗅探软件，但它意味着用户应该能够看到发送至特定服务器的传输数据。

另外，所有的虚拟网络应该提供内置的防火墙，这样云用户就不需要使用主机防火墙或其他外部产品。云服务提供商还负责检测并防止对底层物理网络及虚拟平台的攻击。还需要负责云环境本身周边的安全。

云用户的责任

用户必须遵守自己的安全要求，并对此负责。通常情况下，会要求使用并配置由云服务提供商创建并管理的安全控制，尤其是虚拟防火墙。在保障网络虚拟化方面，给云用户提出以下几点建议。

尽可能利用新的网络体系结构。例如，将应用程序堆栈划分到它们自己的隔离虚拟网络中，从而则增强安全性，这样几乎不需要任何成本（除了操作成本之外，虽然操作成本有可能会增加）。在传统的物理网络中，这种实现方式成本非常高昂。

接下来，软件定义基础设施（Software Defined Infrastructure，SDI）具备创建网络配置模板的能力，如果认为某个网络环境运行良好，可以直接将其存储为软件。如果需要，使用这种方法能够快速地重建整个网络环境。也可以使用这些模板确保网络配置保持在最佳状态。

最后，当云服务提供商不为用户提供合适的安全控制来满足用户的安全需求时，用户需要自己实现相关控制（例如，虚拟设备或基于主机的安全控制）满足自己的需求。

云覆盖网络

为了与 CSA 指南保持一致，增加了本部分内容。与本章其他内容类似，第 7 章已经介绍过云覆盖网络相关的内容。非常重要的一点是，云覆盖网络是虚拟扩展局域网（Virtual Extensible LAN，VXLAN）的功能，使用这种技术后，虚拟网络能够在广域网范围内跨越多个物理网络。这主要是因为 VXLAN 以可路由的格式将数据分组封装起来了。需要注意的是，CSA 指南具体说明，相关技术是超出指南范围的，因此 CCSK 考试不会涉及到相关内容。

存储虚拟化技术

存储虚拟化技术听起来像是一个新技术，但实际并非如此。经典的独立磁盘冗余阵列（Redundant Array of Independent，RAID）即为存储虚拟技术。存储虚拟技术已经存在很多年了（从 20 世纪七十年代就已经存在了），现在在任何操作操作系统中都能实现存储虚拟技术。这里不会讨论各种不同级别的 RAID，只是简单地介绍一下 RAID 0（带区集），例如，可以将三个 1TB 的硬盘驱动器当作单个 3TB 的硬盘驱动器来使用。这是什么技术？什么是存储池？是的，这就是虚拟存储。使用 RAID 软件，通过将硬盘驱动器放在一起虚拟形成存储池，从而实现存储虚拟化（这个实例是在 20 世纪九十年代的 Windows NT 中实现的——如果需要，可查看相关资料）。

存储虚拟化技术的概念已经存在很长一段时间了，但在云环境中如何实现存储虚拟技术呢？云服务提供商不会使用安装了多个驱动器（即，使用多个驱动器的直连存储器）的通用服务器。他们可能会使用网络连接存储（Network Attached Storage，NAS）或存储区域网络（Storage Area Networks，SAN）来形成这些存储池。因为 SAN 对于很多人来说不太熟悉，下面介绍相关的背景知识。如果对 SAN 已经很熟悉了，可以跳过相关部分。

存储区域网络背景知识

研究表明，存储区域网络占据网络存储市场的三分之二。其中的关键词是"网络"。存储区域网络是存储设备的专用网络，它是硬件和软件的结合，提供了块级存储机制。它没有提供文件系统，但它根据授权服务器的请求存储和发送数据块。正因为如此，工作站上的用户不能直接访问存储区域网络。与大多数虚拟技术一样，访问存储区网络是抽象的，需要进行动作编排。

从更高级的体系结构来看，存储区域网络体系结构大致可以分为 3 层：主机层、结构层和存储层。图 8-1 所示为典型存储区域网络的 3 层结构。

存储区域网络体系结构中每层的作用如下。

- **主机层**。这是服务器（或主机）接收来自局域网（LAN）调用的位置，从而能够访问底层的存储区域网络结构层。
- **结构层**。所有组件的所在地位置。存储区域网络的网络设备包括交换机、路由器、网桥、网关甚至线缆。
- **存储层**。这里就是真正存储设备所在的位置，通常使用小型计算机系统接口（Small Computer System Interface，SCSI）实现直接物理通信。

存储区域网络使用自己的协议完成各项功能，这些协议包括光纤通道、以太网光纤通道（FCoE）、互联网 SCSI（iSCSI）和无线带宽协议。这些协议的目的是实现快速传输数据块，比传输控制协议（Transmission Control Protocol，TCP）网络具有更高的通量。光纤通道是大型存储区域网络环境中使用最多的协议。有报道称，现在高达 80% 的存储区域网络使用光纤通道协议，理论上其速度可以高达 128Gbit/s。

正如其字面上所看到的，光纤通道使用光缆传输数据。可以使用主机总线适配器（HBA）或聚合网络适配器（CNA）连接至存储区域网络，这两种网卡都有光纤连接器，CNA 具备光纤连接器和传统的以太网适配器。

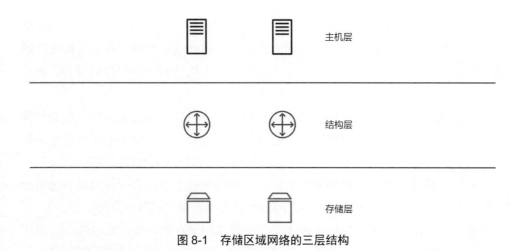

主机层

结构层

存储层

图 8-1 存储区域网络的三层结构

为了尽可能降低费用并且不再增加额外的光缆，公司可以选择使用标准以太网在聚合网络中传输 SAN 数据。能够完成相关功能的主要协议是 FCoE 和 iSCSI，二者均是将 SCSI 指令封装在以太网帧中，并使用标准以太网进行传输。通常认为 iSCSI 可用于较小的环境中，但它不适合于高容量的 SAN。

逻辑单元号

前面介绍了存储区域网络的三层体系结构、所使用的组件以及存储虚拟化技术使用的协议。下面介绍另一个 SAN 术语：逻辑单元号（Logical Unit Number，LUN），它用于给 SAN 中的每个驱动和分区分配一个逻辑单元号。例如，如果有一个 1000TB 容量的存储区域网络，但肯定不希望公司（或云环境中）每个人都能访问 1000TB 容量中存储的全部内容。相反地，我们将这个大的存储区域网络分成更小的 1TB 的容量，以创建 1TB 逻辑容量，并且给它们分配一个逻辑单元号，这样就可以访问它们了（或者，更进一步讲，可以控制它们了）。可以使用逻辑单元号向主机服务器提供逻辑驱动，使得主机能够抽象访问存储池中的保留空间。

注意：逻辑单元号不仅仅是存储区域网络中的概念。逻辑单元号的概念可以追溯到 SCSI 技术标准，用于确定如何访问存储空间。因此，逻辑单元号可以适用于很多形式的存储技术，从 20 世纪九十年代的存储阵列到最新的存储区域网络技术。

你可能会问，如何限制特定用户访问这些虚拟驱动器呢？限制对存储区域访问的方法是分区和逻辑单元号掩蔽。

分区使得形成端口或节点逻辑群组，用于限制某些主机只能访问特定的存储设备，通常在存储区域网络结构层的光纤通道上对此进行配置。在以太网光纤通道 FCoE 中，采用与 VLAN 一样的方式限制某些主机访问特定的存储设备。创建分区、软分区和硬分区的方法有以下两种。

- 在光纤通道交换机上的软件中执行软分区，以防止从指定区域之外看到端口。软分区的安全问题是采用过滤的方式进行查看，而不是在物理上进行阻止。因此，如果光纤通道地址被欺骗，可以访问未授权的端口。

- 硬分区采用硬件实现相关的限制，并且在物理上阻止未授权的设备访问分区。对于阻止不同分区设备之间的通信方面来说，硬分区更加安全。

除了分区之外，可以执行逻辑单元号掩蔽来增加存储环境的安全性。需要注意的是，分区对主机和存储设备一起进行分组，并且在访问分区成员时会受到限制。但是，一个存储设备可以包含多个逻辑驱动。逻辑单元号掩蔽用于标识分区内可以访问的虚拟驱动器，可以在主机服务器的主机总线适配器（HBA）处或者在存储控制器处执行逻辑单元号掩蔽。从安全的角度来看（由于欺骗），通常认为应该在存储控制器中实施逻辑单元号掩蔽。

存储虚拟技术的安全

大多数云平台使用高度冗余和持久存储机制，这样就存在多个数据副本，并且会跨越多个存储位置传输这些副本，通常将其称为数据分散。使用这种方法之后，云服务提供商能够提供很强的弹性（有些云服务提供商甚至提供 99.999999999% 的弹性服务水平协议）。

 注意：弹性和可用性并不是一回事。如果网络崩溃了，是不能访问数据的。但数据仍然保留（弹性），但是不能访问这些数据（可用性）。

云服务提供商通常在物理层对所有用户数据加密，而不是在虚拟层保护数据，但是需要保护已停用并即将销毁驱动器上的数据（并且如果驱动器被恶意管理员偷走，它会保护数据的安全）。

第 11 章将介绍用户可以用来保护所存储数据的其他安全措施（例如，加密、访问控制等）。

容器

在第 7 章中，曾经提到容器可以解决可迁移性的问题，但实现可迁移性技术不仅仅依赖需要保障其安全的源代码和所有的组件。本部分介绍容器系统的各种组件，以及 CSA 给出的高水平安全建议。注意，尽管容器是一种非常成熟的技术，但它还在迅速地向前演进。

容器是一种计算虚拟技术，而且它与虚拟机的区别在于容器中仅包含应用程序所需的依赖，之后在共享的内核隔离的用户空间运行应用程序。容器可以直接运行在物理服务器上（甚至可以运行笔记本上），也可以运行在虚拟机上。

 注意： 容器是应用程序层的抽象，它将软件从其环境中隔离出来。容器不需要进行全栈安全隔离，但需要进行任务分离。另外，虚拟机通常需要实现安全隔离。可以将具有等效安全上下文的任务放在同一组物理或虚拟主机上，以实现更强的安全分离。

容器系统均包含以下组件。

- **容器**。这是执行环境。代码在容器内执行，容器的安全管理很严格，只有通过配置文件（本章后面会讨论配置文件相关内容）在容器配置中限定的进程及功能才能访问容器。虚拟机对整个操作系统进行的抽象，而容器只是一个被分离的进程运行的位置（其受到严格限制）它仍然利用基础操作系统的核心和其他能力。

- **引擎**。也称为容器运行时，这是运行在其上的环境。目前常用的容器运行时为 Docker 引擎（Docker Engine）。它不是唯一的容器运行时，但它可以说是第一个容器运行时（正如我们今天所知道的容器），而且是最广为人知的。

- **编排和调度控制器**。容器编排管理容器的生命周期。编排处理容器相关的事务，例如，提供和部署容器、扩展、容器迁移以及容器运行监测。当需要部署容器时，编排工具会安排部署，并标识要在其上运行容器的适当系统。编排工具会根据配置文件部署并管理容器，配置文件告知编排软件到哪里找容器镜像（镜像库）及相关的配置项（例如，网络、存储空间大小），以及在哪里存储容器日志。容器编排和调度工具的实例有 Kubernetes 和 Docker Swarm。

- **镜像存储库**。作为容器部署的镜像和代码都存储在镜像存储库中。Docker Hub 是最常用的容器镜像存储库。镜像存储库可以是公有的，也可以是私有的。

 考试提示：对于镜像存储库，这里使用了 CSA 指南中使用的说法，但也需要了解相关的概念——镜像注册和镜像存储库。镜像注册用于托管并发布镜像。镜像存储库在技术上是不同的，因为它定义了相关镜像的集合。长话短说，这就意味着镜像注册可以包含多个镜像库。这些术语经常互换使用。CCSK 考试会使用"镜像存储库"。

尽量记住这些元素，希望你能够理解，可能存在一些专有的依赖关系，它们可能会使迁移时碰到的问题比想象中多。例如，将容器从 Windows 迁移至 Linux 运行时（或者相反）会怎么样呢？如果现在使用 Kubernetes 进行编排和调度，并且接着确定使用云服务提供商编排服务进行替换会怎么样呢？运行时向后兼容吗？正如我所说的，容器有助于实现迁移，但它不能完全实现迁移。

容器定义背景知识

根据创建的定义文件创建并管理容器。将定义文件提交至服务，创建镜像，就可以正确地分配资源并实现其他配置。

 注意：CSA 指南中不包含容器定义文件，所以 CCSK 考试也不会涉及相关内容。这部分的内容主要是让读者更好地理解如何正确地配置并管理文件。

下面列出了亚马逊弹性容器服务（Amazon Elastic Container Service，Amazon ECS）的配置文件中包含的一些内容，可以参考它们来创建并管理容器。

- **名称**。容器的名称。
- **镜像**。库中镜像的名称，用于创建容器。
- **内存**。为容器分配的内存容量。
- **端口映射**。容器所需的网络端口。
- **协议**。所需的网络协议（TCP 或 UDP）。
- **运行检测**。监控容器的运行状况。如果无法访问容器，则会将其移除并进行替换。

- **CPU**。容器所需的 CPU 容量。
- **工作目录**。指令运行容器的目录。
- **特殊存储区（Secrets）**。容器外部身份识别信息存储的位置。
- **DNS 服务器**。容器使用的 DNA 服务器列表。
- **挂载点**。供应数据卷。
- **日志配置**。容器存储日志的位置。
- **用户**。使用容器用户的用户名。授权用户可以作为根用户（管理员）运行所有功能。

前面已经介绍了如何创建容器，以及编排和调度服务如何运行和维护容器。同样，CCSK 考试并不涉及相关内容。

容器安全方面的建议

正如之前提到的，容器技术日趋成熟，但是很多相关产品具有特定的安全需求。下面是 CSA 针对常用安全最佳实践给出的一系列安全方面的建议，在公司内部或者云环境内部署容器技术时需要考虑相关问题。

- **保障底层基础设施安全性**。首先要保障容器和云环境的安全，这是云服务提供商的责任。正如云服务提供商负责虚拟机物理基础设施及虚拟监控程序的安全一样，云服务提供商也需要负责物理基础设施以及托管用户容器的容器平台的安全。
- **保障编排和调度服务的安全性**。编排和调度是部署和管理容器的重要组件。CSA 指南称之为容器的"管理平面"。
- **保障镜像存储库的安全性**。容器的镜像存储库与虚拟机中的镜像类似。需要将镜像存储在安全的位置，并配置合理的访问控制权限，只允许被授权修改镜像或配置文件的用户才能访问。
- **保障容器内任务 / 代码的安全性**。容器保存软件代码，如果应用程序本身存在安全隐患，那么无论在容器或虚拟机中运行，安全隐患依然存在。安全隐患不仅存在于容器中保存的代码中，它也会存在于容器定义文件（参见"容器定义背景知识"部分）。合理地配置网络端口、文件存储、特殊存储区（Secrets）或进行其他配置会增加容器环境的安全性，从而提高整个应用程序的安全性。

注意：这些都是常用的最佳实践。有关最新的产品相关安全建议，需要查阅云服务提供商相关文档。可以查阅云安全联盟网站，了解更多更深入的容器安全性推荐，例如"实现安全应用程序容器体系结构的最佳实践"。另外，网络安全中心（Center for Internet Security）对保障具体产品（例如，Docker 和 Kubernetes）的安全进行了行业方面的推荐。

容器环境安全性需要注意的最后一点是，工具将提供不同程度的安全性。至少，所有的产品都有很强的访问控制和身份识别功能。这些产品也会支持隔离文件系统、进程和网络访问的安全配置。

本章小结

本章主要介绍计算、网络和存储虚拟化相关的内容，还包括云服务提供商和云用户之间安全责任划分方面的信息。同样，介绍的背景知识信息用于解决读者可能存在的知识盲区问题，CCSK 考试不会涉及相关内容。

CCSK 考试主要包括以下相关内容。

- 云服务提供商必须将完全隔离工作负载看成自己的首要责任。
- 云服务提供商要负责所有物理设备的安全，并实现用户使用的虚拟技术。还要负责虚拟机监控程序的安全，并打好所需的安全补丁。
- 云服务提供商必须使用"默认安全"（也称为默认拒绝）配置实现所有客户管理的虚拟化功能。
- 云服务提供商必须保障任何易失性存储器的安全，从而防止其他的租户或管理员意外访问 。
- 云服务提供商必须实现很强的网络控制，保护用户物理层以及用户无法控制的虚拟层安全。
- 云服务提供商必须隔离虚拟网络数据传输，即使是由同一个用户控制网络也是如此。
- 云服务提供商必须保障正在使用的物理存储系统的安全。包括在物理层加密来防止更换驱动器时发生数据泄露。
- 用户需要知道云服务提供商可以提供哪些安全保障，并且知道为了满足自己的安全需求需要做什么。
- 在容器安全方面，需要注意的是，需要正确地保障所有组件（引擎、编排和存储库）的安全。

- 容器对应用程序进行隔离，但并不是完全隔离。可以将具有相同安全需求的容器组成群组，运行在相同的物理或虚拟主机上，从而提供很好的安全分离。
- 对所有的容器组件来说，都需要配置合理的访问控制和很强的身份识别功能。
- 只能部署已证实、熟知并且安全的容器镜像。

本章练习

问题

1. 为什么云服务提供商必须在物理层对硬件驱动进行加密？
   A. 防止因盗窃而泄露数据
   B. 防止其他人通过虚拟层访问数据
   C. 防止替换驱动泄露数据
   D. 答案 A 和 C 都正确

2. 容器如何实现隔离？
   A. 实现应用层隔离
   B. 与虚拟机一样，实现所有层的隔离
   C. 实现存储库隔离
   D. 以上都正确

3. 下面哪一项对于云服务提供商来说是最重要的安全原则？
   A. 为用户实现 SDN 防火墙
   B. 隔离租户访问资源池
   C. 保障网络周边安全
   D. 为用户提供网络监测能力

4. 下面哪一个是计算虚拟实例？
   A. 容器
   B. 云覆盖网络
   C. 软件模板
   D. A 和 C

5. 内森在运行的实例上使用分组捕获工具想要解决某个问题。他注意到所捕获的网络数据中有明文的 FTP 用户名和密码，这是另一个租户主机的用户名和密码。内森应该怎么做呢？

    A. 这是云环境中正常的行为。他应该与另一个租户联系，并且告诉他们在云环境中使用明文身份识别信息是一个很大的漏洞

    B. 内森应该与另一个租户联系，并且将这个漏洞提交，获取漏洞奖金

    C. 这是不可能的，因为在云环境中禁止使用 FTP

    D. 他应该与云服务提供商联系，并且最好不再使用他们的云服务了，因为云服务提供商没有实现网络隔离

6. 与物理网络相比，虚拟网络的优点是什么？

    A. 可以应用程序自己的隔离虚拟网络内划分应用程序堆栈

    B. 可以使用单个管理平面管理整个虚拟网络

    C. 在物理网络上进行网络过滤更简单

    D. 以上描述都对

7. 如何创建存储池？

    A. 提供商使用直接存储，并将一组硬盘驱动器连接到服务器

    B. 云服务提供商使用存储区域网络

    C. 云服务提供商使用网络连接存储（NAS）

    D. 云服务提供商根据需要创建存储

8. 云服务提供商想要在驱动失效的情况下保证用户数据不丢失，他应该怎么做？

    A. 使用存储区域网络 SAN，并且跨存储控制器内多个驱动复制数据

    B. 将数据复制至第三方

    C. 获得数据的多个副本，并且将这些副本存储在多个存储位置

    D. 使用固态驱动（SSD）存储用户数据

9. 为什么由云服务提供商保护易失性存储器的安全？

    A. 并不是，保护易失性存储器的安全是用户的责任

    B. 易失性存储器可能包含未加密的信息

    C. 易失性存储器可能包含身份认证信息

    D. B 和 C 是正确的

10. 下面哪个容器环境中的组件需要进行访问控制和严格的身份识别?

　　A. 容器运行时

　　B. 编排和调度系统

　　C. 镜像存储库

　　D. 以上都对

答案及解析

1. D。答案 A 和 C 是正确的。云服务提供商对硬盘驱动器加密。这样，即使硬盘驱动器被偷或者被替换，也无法读取其中的数据。在物理层加密不保护通过虚拟层请求的数据。

2. A。容器只在应用层进行隔离，这一点与虚拟机不同，虚拟机可以在所有层进行隔离。需要合理地控制存储库，防止在未授权的情况下访问存储库中保护的代码和配置。

3. B。云服务提供商首先应该保证实现很强的隔离功能，其他几个答案都有可能优先考虑，但最佳答案是 B。

4. A。列出的几个选项中，只有容器采用计算虚拟技术。使用软件模板可以快速地创建整个环境。尽管可以在基础设施即代码（Infrastructure as Code，IaC）的环境中使用这些模板创建和部署容器和虚拟机，但这并不是计算虚拟技术。云覆盖网络使得能够跨多个物理网络创建虚拟网络。

5. D。内森能够看到目的地是其他机器的数据，所以表明网络隔离失败了。隔离是云服务提供商必须首先考虑的问题。如果我是内森，我会尽可能换云服务提供商。其他答案都不合适（尽管将一堆屏幕捕获放到其他租户的 FTP 目录，以告诉他们数据泄露会很有趣）。

6. A。唯一正确的答案是对虚拟网络进行划分，这样可以增加安全性。如果可以在物理网络进行划分，成本会增加。软件定义网络 SDN 可以提供物理网络设备的管理平面，过滤的"易用性"是因人而异的。在虚拟网络实现过滤不同，但这有可能会很难实现，也可能不难实现。

7. D。这完全依赖云服务提供商如何创建存储池。他们可以使用选项中列出的其他技术，或者也可以使用完全不同和专用的相关技术。

8. C。为了增加弹性，云服务提供商应该将用户数据复制多份，并且可以跨多个存储位置存储这些副本。答案 A 看起来对，但它不是最佳答案，因为

SAN 并不是必需的，更重要的是，将数据存储在相同控制器内的多个驱动器可以防止控制器中单点失效（或者控制器损坏数据）。最后一点，我们没有讨论"通用"磁盘存储驱动器和固态存储驱动器之间的区别，但是固态磁盘存储器与磁盘存储器一样会损坏，所以 D 也不是最佳答案。

9. D。正确答案是易失性存储器可能包含敏感信息，例如身份识别信息，这些数据需要解密才能处理。云服务提供商和用户在保障易失性存储器的安全方面都有责任。云服务提供商需要保证某个租户的易失性存储器不能被另一个租户看到（或者换一种方式说，一个工作负载不应该访问另一个工作负载）。用户必须确认，在易失性存储器中创建镜像之前，需要将其从系统中清除，可以用在创建镜像之前重新启动实例的方式完成相关操作。

10. D。本题所有选项都是正确的。这里有一个相关的故事。2018 年 2 月，黑客进入了特斯拉的系统，感谢特斯拉，黑客仅仅想要使用特斯拉的云资源进行比特币挖矿。黑客如何进入特斯拉系统的呢？是零日攻击吗？是国家资助的高级技术人员吗？不是！可以从互联网访问特斯拉的容器编排软件（使用的是 Kubernetes），而且不需要密码即可访问！这样，黑客不仅能够运行自己容器（由特斯拉付费），而且 Kubernetes 系统内部是特殊存储区域，Amazon S3 的密钥存储在里面。可以使用这些密钥访问特斯拉的非公开信息。同样，容器安全不仅仅只涉及容器内应用程序的安全。

事故响应

本章涵盖 CSA 指南范围 9 中相关的内容，主要包括：

- 事故响应生命周期。
- 云环境对事故响应的影响。

> 没有战术的战略会导致胜利之路漫长。没有战略的战术只会导致失败。
>
> ——孙子兵法

这里可以引用这样一句话：如果没有很好地计划，只会导致失败。孙子兵法的策略主要用于军事方面，但它也适用于事故响应（Incident Response，IR）处理。事故响应处理必须做好计划，并且需要不停地进行检测，以很好地应对事故的发生。应该在事故发生之前就做好事故响应计划，并且不断地进行演练。你听说过任何一种防御控制能够 100% 成功地防止所有的黑客攻击吗？肯定没有，因为不存在这种防御控制技术。除了蓄意攻击之外，还有很多其他类型的事故。你应该多次听到很多"人为错误"导致的事故。有些事故可能是偶然发生的，也有一些事故是有人故意所为，事故响应策略需要考虑这两种类型的事故。

许多公司都有事故响应计划，这是一个好的开始。不过，我想知道有多少公司已经将这些计划扩展到其云系统，有多少公司正在考虑响应能力、取证收集和治理方面的变化。需要注意的是，在云的虚拟世界中，需要一些虚拟工具（软件）。例如，现在不会再使用密码狗以控制对硬盘数据进行复制操作了。事故响应计划还要考虑云服务，如何处理云服务所依赖的人和流程的事故响应？这些人是否接受过特定云环境的事故响应培训？用于云环境的事故响应流程面临的机遇和挑战是否与传统数据中心面临的机遇和挑战是否相同？本章主要涵盖在准备 CCSK 考试的过程中可能会面临的各种知识盲区。事先做好计划并不断练习就能解决问题，如果不这样做，事故响应策略就会致出现员工不停地到处灭火的局面，有可能会使情况变得更糟。好好学习孙子兵法，将其用到事故响应的实践中。

本章涵盖 NIST 在 SP 800-61 Rev 2 中提出的事故响应生命周期。如果愿意，也可以参考 ISO/IEC 27035 和欧洲网络和信息安全局（European Network and Information Security Agency，ENISA）发布的"事故响应和网络危机联合策略"中提出的另一个标准框架。

事故响应生命周期

CSA 指南中的事故响应生命周期来自文档《计算机安全应急处理指南》（NIST 800-61r2）。如图 9-1 所示，事故响应生命周期包含 4 个阶段：准备；检测和分析；控制、清除和恢复；善后处理。

在介绍 CCSK 相关内容之前，先介绍什么叫应急，以及为什么计算机安全事故响应与企业事故响应完全不同，并介绍事故和事件的背景知识。

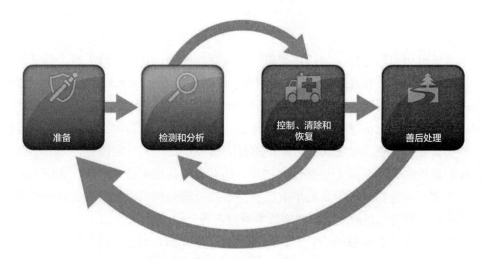

准备　　检测和分析　　控制、清除和恢复　　善后处理

图 9-1　NIST 事故响应生命周期（来源：NIST 800-61r2）

注意：同样，本章所包含的背景知识主要是 CSA 指南中没有的相关内容。其目的是帮助读者理解 CSA 指南假设你已经掌握的核心技术和概念，CCSK 考试不会涉及相关的内容。

事故和事件的背景知识

尽管本章后面的内容主要涉及云环境中的事故响应处理，但这里首先需要使用 ITIL 中的定义来清楚地认识这几个术语。

注意：有些人可能不知道 ITIL，它是一个关注持续改进 IT 服务管理的组织。基本上，ITIL 会描述实现 IT 服务最佳实践的框架。ITIL 提供了许多与 IT 相关的业务主管和企业家所使用的语言。ITIL 4 是 2019 年发布的最新版本。

- **事件**。事件是指改变对管理 IT 服务或其他配置项（Configuration Item，CI）具有重要意义的状态。什么是配置项呢？配置项是指为提供 IT 服务需要管理的所有内容，包括软件、基础设施、流程及其他。

- **事故**。事故的定义为"IT 服务意外中断或者服务质量降低"。配置项失效但还未对服务产生影响也是事故，这是什么意思呢？下面举例说明。假设有多个数据库的读取复本（基本上是复本），其中一个复本不能使用了。这是事故，因为即使没有中断服务或者降低服务质量，但在需要使用复本时却不能使用了，这会影响之后的可用性。

所有的事故都是事件，但并不是所有的事件都是事故。换句话说，如果没有事件管理的需求，那么就永远不会有事故。事故管理分析这些事件。如果事件被认定为事故，那么就需要进行事故响应。

ITIL 对其他国家资助的黑客偷窃企业知识产权会有何看法呢？说实话，不会有任何看法。作为一个安全专家，会将所有的事情都看作安全事故，但 ITIL 对事故响应的标准定义却并非如此。物理组件失效，并且因此导致无法提供服务是事故吗？它是意外中断服务，所以是事故。海外攻击者从云环境的存储空间抓取了 5TB 的数据会怎么样？从我看来，ITIL 的定义需要改进了——或者说需要我们更多地关注计算机安全事故响应和计算机安全事故响应小组（Computer Security Incident Response Teams，CSIRT）。

企业界和安全领域对"事故"的定义是不完全相同的，二者所涉及的团体和认识是不同的。再来看看云环境中定期做事故响应计划，其中会对事故响应生命周期每个阶段进行描述，并且介绍云环境中事故响应在每个阶段的变化。

 注意：下面各阶段的主要活动都借鉴了 CSA 指南。指南列出了一些项目，但并没有详细地介绍每个阶段的具体活动。可以免费查阅 NIST 800-61r2 了解详细信息。

准备阶段

在真正开始实施之前，准备阶段决定了应对事故的成败。换句话说，正是在准备阶段，公司构建了自己的计算机安全事故响应措施，并且创建了计算机安全事故响应小组（CSIRT），因此公司做好了充分的准备，做好了处理事故响应的一切准备。

下面列出了 CSA 指南中在这个阶段所需的元素。

- 处理事故的流程。
- 通信及设备处理器。
- 事故分析硬件和软件。
- 内部文档（端口列表、资产列表、网络图表、网络数据传输当前基准）。
- 培训要求。
- 通过主动扫描和网络监控、漏洞评估以及进行风险评估改进基础设施。
- 订阅第三方威胁情报服务。

下面用孙子兵法中的另一句话来对列出的内容进行总结：知己知彼，方能百战不殆。换句话说，知道自己的资产情况以及自己的漏洞，了解内部（计算机安全事故响应小组）和外部（第三方威胁情报服务）人员的情况，这才可以说是准备好了。

检测和分析阶段

这个阶段是进行远距离监控（日志记录、监视、指标、警报及其他消息），这些活动都是从系统或其他 IT 组件进行的。正如之前介绍的，ITIL 事故响应和计算机安全事故响应不完全相同。下面就介绍了二者采用的不同方法。简单地检查 CPU 利用率以及其他远距离监控数据，不足以判断是否存在攻击。计算机安全事故响应小组（CSIRT）需要专用于安全的检测和分析工具。

下面是 CSA 指南推荐的相关任务。

- 实现系统警告，包括终端保护、网络安全监测、主机监测、创建账户、权利提升、SIEM、安全分析（基准和异常检测）和用户行为分析。
- 产生验证警报（减少误报）和将其上报。
- 估计事故的影响范围。
- 指定事故响应管理人员，由他来协调对事故的进一步处理。
- 指定一名人员向高级管理层传达事件控制和恢复状态。
- 构建攻击发生的时间线。
- 确定可能丢失了哪些数据。
- 确定通告和协调方法。

控制、清除和恢复阶段

这是事故响应最困难的阶段。这时要准备打硬仗，而不是纸上谈兵。

首先，必须使系统脱机来遏制攻击，确定哪些数据丢失以及可以使用云服务提供的哪些服务，保证在检测过程中系统不会遭受损坏。接着，进行清除和恢复，也就是清理被攻击的设备，并恢复系统使其能正常运行。确认系统能正常完成各项功能，安装系统控件，防止再发生相同的事故。最后，使用文档记录相关事故，并且收集证据（监管链）。

善后处理阶段

你看过《星际迷航》系列电视剧吗？其中有一个穿着红衣服（安全细节）的人吗？他将光束射向另一个星球，接着被一些绿色外星人用巨大的石块击碎了。每当我想到事后会议的时候，就会不自觉地想到这个细节（实际上，我穿一件红色的衣服只是为了好玩，会议上任何人都没有注意到这一点，但没有关系）。这些事故响应事后会议有助于每个人了解如何改进事故响应过程。但往往是事与愿违，应用急响应事后会议通常会变成大家相互责备。尽量不要相互责备，大家可以就以下问题达成共识。

- 有什么地方值得改进呢？
- 是否能够更快地检测到攻击行为？
- 可以使用哪些数据帮助更快地隔离攻击行业？
- 需要改进事故响应过程吗？如果需要改进，如何改进呢？

"五个为什么" 背景知识

CCSK 考试中不会涉及到相关的内容，但是可以使用"五个为什么"方法看到事故背后的原因（也就是说，找到事故发生的根本原因）。下面是亚马逊运营中心（Amazon Fulfillment Center）发生的例子，有一个员工在工作中受了工伤（大拇指受伤）。

第一个为什么：为什么员工的拇指受伤了呢？

第一个为什么的答案：因为他的拇指被传送带卡住了。

第二个为什么：为什么他的拇指被传送带卡住了？

第二个为什么的答案：因为他的包在传送带上，他想要拿取那个包。

第三个为什么：为什么他要拿取那个包呢？

第三个为什么的答案：因为他将自己的包放在传送带上，传送带突然意外启动了。

第四个为什么：为什么他的包在传送带上？

第四个为什么的答案：因为他把传送带当成桌子了。

- 根本原因：因为员工没有桌子，所以他把传送带当成桌子了。
- 解决方案：给员工在工作间放置一张桌子。

在这个实例中，仅回答了"四个为什么"就找到根本原因了，应该在问不超过五个为什么的情况下找到根本原因。可以在下次事故响应事后会议中尝试一下这个方法（别忘记穿红色衣服）。

云计算对事故响应的影响

云计算会使事故响应生命周期的每个阶段都发生改变。例如，如果事故影响了云服务提供商负责的部分，必须联系云服务提供商。或者它会改变使用配置项的过程（这些过程由用户负责）。不管哪种情况，都需要对云环境中的事故响应做好充分的准备。

准备

云环境中，治理的过程会发生变化。治理及相关的服务水平协议（Service Level Agreements，SLA）是需要首要注意的事情。云服务提供商的服务水平协议是什么，如何与云服务提供商进行沟通？下面是向云服务提供商就事故响应方面提出的一些关键问题。

- 谁负责事故响应，应该在什么情况下负责事故响应？换句话说，云服务提供商和用户在事故响应方面的责任分别是什么？
- 沟通的要点是什么？如果事故发生了，云服务提供商知道联系谁吗？公司可以与云服务提供商的某个员工联系吗？他们是否支持使用 E-mail 进行联系？是否有账号可以直接访问他们的论坛？能否 7×24 小时与云服务提供商联系？或者只能在工作时间与云服务提供商联系？

- 事故发生之后，云服务提供商多长时间能够响应？ 10 分钟，10 个小时，10 天？
- 如何按照云服务提供商的要求进行上报？
- 如果网络不能使用了，能否采用其他离线方式进行通信？
- 用户事故响应小组和云服务提供商的事故响应小组之间如何进行工作移交？
- 用户访问过事故响应相关的数据和日志吗？包含哪些相关的数据和日志？
- 日志是否采用合适的格式？事故响应小组可以使用自己的工具访问日志吗？用户需要使用云服务提供商的工具访问日志吗？
- 在什么情况下，云服务提供商会警告用户有事故发生？云服务提供商的服务水平协议要求警告有哪些内容？
- 云服务提供商有专门的事故响应小组吗？

我曾为价值数十亿美元的公司提供咨询，为其提供服务的 IaaS 提供商仅提供基本支持（论坛支持）。实际上，可以让云服务提供商提供适当的付费支持，至少可以向云服务提供商的某上联系人发送电子邮件，但没有后续行动，并且从来没有发生过。简单地实现支持协议简直毫无用处。

当然，沟通是双向的。下面是保证在事故发生的情况下，能够和云服务提供商进行通信的几点建议。

- 确保与云服务提供商的沟通渠道畅通，并且保证云服务提供商在出现问题时可以与公司联系。
- 不要指定某个员工为主要联系人。如果云服务提供商就事故响应方面给出一些建议时，那个指定的员工已经从公司离职了怎么办？保持监控联系人的电子邮件，并且将这项监控任务纳入到公司事故响应流程中。

测试对于事故响应来说也是非常重要的。如果可能，每当发生重大变更时都和云服务提供商测试事故响应流程。大多数云服务提供商都希望能与用户合作愉快。他们希望与用户一起工作，确认用户已经做好了事故响应的准备。云服务提供商会根据其他用户的情况给出事故响应以及如何改善事故响应流程方面的一些建议，所以必须改变之前的事故响应流程。

可能需要使用云服务提供商提供的新工具解决物理访问云服务提供商服务器的问题。CSA 指南称之为"跃云套件"。这些套件需要在元结构层和应用结构层工作。如果常规的日志记录过程中不包含这部分的内容，那么可以使用"跃云套件"获到云平台本身（元结构层）相关活动的信息，以及运行在云环境系统（应用结构层）相关活动的信息。可以采用多种方式实现相关功能，从使用 API 调用获得元结构层信息到使用免费开源软件（Free Open Source Software，FOSS）和现成的商业（Commercial Off-the-shelf，COTS）软件执行相关的操作，例如访问运行服务器的内存。

通过使用固定工作负载、虚拟网络、软件定义网络（SDN）防火墙及其他新的技术和功能构建云环境的体系结构，可以极大地增加事故响应能力。下面是CSA 指南就云环境体系结构和如何在云环境中实施事故响应方案给出的建议。

- 清楚系统的数据保存在哪里。CSA 指南将"应用程序堆栈映射"作为解决监控和数据捕获方面地理差异问题的一种方法。应用程序堆栈主要用于识别所有的应用程序组件（例如所使用的实例、数据以及可以使用的其他服务）。
- 知道日志文件保存在哪里。调查人员能够访问日志文件吗？
- 知道隔离工作负载的方法。如果事故的影响从一个系统扩展到数百个系统，处理起来会非常困难。在云环境体系结构中，使事故的影响范围尽量小可以对事故响应起到很大的作用。这样不仅可以将事故影响缩小在最小范围内，而且有助于分析事故情况，并对事故进行控制。
- 利用固定工作负载。通过将工作负载从受到攻击实例迁移到正常工作实例的方式，可以非常快速地回溯并运行工作负载，这会使得文件完整性监测和配置管理方面的检测能力大大提高，因为不能更改固定工作负载中正在运行的实例。
- 对威胁建模（第 10 章将对此进行讨论）并且在桌面系统上进行演练，确定对云堆栈中不同组件上不同类型的事故进行控制的有效方法。

云控制矩阵事故响应控制

在事故响应策略中结合云控制矩阵（Cloud Controls Matrix，CCM）和共识评估调查问卷（Consensus Assessment Initiative Questionnaire，CAIQ）是非常重要的。尽管 CSA 指南中并未就云控制矩阵中特定的控制方法给出建议，但在准备阶段花点时间看看 CSA 指南中相关的内容并不是什么坏事情（也就是说，CCSK 考试不直接测试具体的控制，但这里也并未将相关的内容放在背景知识部分。究其原因，是因为理解 CSA 指南中提到的应该如何与云服务提供商沟通，对履行自己的安全责任是有很大好处的）。

表 9-1 中列出了云控制矩阵和共识评估调查问卷（v3.0.1）中与各种事故响应相关的各项内容。我建议大家能够打开云控制矩阵和共识评估调查问卷的文档参考阅读。再次强调，在 CCSK 考试中不会涉及到控制本身的细节，但是这个过程会让你理解 CSA 指南中提出来的事故响应的重要点是什么，并且会更加深入理解云控制矩阵和共识评估调查问卷的更多细节，CCSK 考试会涉及到这部分内容。

 考试提示： 在准备考试的过程中，云控制矩阵涉及的是相关的控制及责任方，而共识评估调查问卷给出了如何用通俗易懂的语言与云服务提供商进行沟通的方法。

表 9-1 云控制矩阵与共识评估调查问卷

CCM 控制 ID	CCM 控制说明	CAIQ 问卷	责任方
BCR-02	在计划中断，或者公司环境有变化时，业务持续性和安全事故响应计划需要提交测试。事故响应计划应该涉及受到影响的用户（租户）和关键供应链内部业务流程依赖关系的其他业务关系	计划中断，或者公司或环境有变化时，将业务持续计划提交测试，从而保证计划一直有效吗	用户和云服务提供商
SEF-01	维护并定期更新适用监管机构、国家和地方执法机构以及其他法律管辖机构发布的相关信息（例如，影响的范围发生变化，或者合规义务发生变化），以保证建立了直接合规的联络方式，并且为快速配合做好法律调查做好准备	是否根据合约和适用的法规维护与地方相关机构的联络信息并根据法规的变化更新相关内容	用户和云服务提供商
SEF-02	创建策略和过程，实现支持的业务流程和技术手段，以根据既定的 IT 服务管理政策和程序，对安全相关事件进行分类，并确保及时、全面地管理事件	是否有安全事故响应计划相关的文档？是否已将租户个性化的需求结合到安全事故响应计划中？是否对自己及租户在安全事故响应方面的责任进行了清楚划分，并发布了不同角色责任相关的文档？在近一年内是否对安全事故响应计划进行了测试	用户和云服务提供商

续表

CCM 控制 ID	CCM 控制说明	CAIQ 问卷	责任方
SEF-03	告知员工和外部业务关系伙伴其安全责任，如有需要，应同意和 / 或合同约定及时报告所有信息安全事件。应该按照适用的法律、法规或监管合规义务通过预定沟通渠道按时报告信息安全事件	安全信息和事件管理系统（Security Information and Event Management, SIEM）是否合并数据源（例如，应用程序日志、防火墙日志、入侵检测日志、物理访问日志等），以完成相应的安全分析和警告? 是否能够利用日志和监测框架将事故隔离在特定的租户范围内	用户和云服务提供商
SEF-04	需要制定适当的法律程序（包括证据链），以在信息安全事故发生之后，呈现相关的证据，支持法律管辖区域内可能进行的法律诉讼。根据通知，应该给受安全漏洞影响用户和 / 或其他外部商业合作伙伴参与的机会，这在法律调查过程中受法律保护的	事故响应计划是否符合法律允许的监管链管理流程和控制的行业标准? 事故响应功能是否包括使用法律认可的法律数据收集和分析技术? 是否能够在不冻结其他租户数据的情况下，支持特定租户的诉讼封存（封存特定时间点的数据）? 在根据法律传票生成数据时，是否强制执行并证明租户数据分离	用户和云服务提供商
SEF-05	应建立机制，以监控和量化信息安全事件的类型、数量和成本	监控并量化信息安全事件的类型、数量和成本了吗? 会否根据请求与租户共享安全事故响应的统计信息	用户和云服务提供商

检测和分析

正如之前提到的，需要关注云基础设施，而且要关注在云环境中运行的工作负载。云服务提供商会监控元结构层，并记录相应的日志，需要将所有相关数据都存储在安全的位置。更好的选择是，建立自动事件驱动机制，一旦云环境中发生事故，即可启动自动响应。安全群组发生变化了吗? 如果可以自动地将其变回至期望的状态，何必让一个工程师来调查解决相关的问题呢? CSA 指南将此实现过程称为"自动事故响应工作流"。

云服务提供商通常提供的其他反馈数据更多地是与性能相关的数据。尽管从安全的角度来说不是很理想，但是因为存在刻意设计成不影响周围环境（即，不致使 CPU 处理达到峰值或者网络数据通信量不太正常，这些状况会发出警告）的

"威力小且慢速"的攻击，这些数据可用于检测安全事故。也有可能通过云服务提供商提供的数据解决证据链问题。迄今为止，没有云服务提供商提供的数据在法庭上被认可的法律先例。

正如外部威胁相关的处理策略适用于传统数据环境一样，外部威胁相关的处理策略依然适用于云环境，用于帮助识别系统受到损坏的指示信息，从而获得攻击者更多的信息。下面是如何管理应用程序结构（这由用户负责）的另一个实例，其中云环境中的情况与在传统数据中心的情况是一致的。

如果云服务提供商不提供 API 所有的日志信息（与 SaaS 云服务提供商相比，IaaS 与 PaaS 云服务提供商更愿意提供全部日志信息），控制台可以是标识环境或配置的变化的手段。如果云服务提供商不愿意提供全部的 API 日志信息，可以与他们谈谈。因为如果一系列事故发生时，云服务提供商可能会保存有用的内部日志数据。

在"常规"实例的日志（例如操作系统日志）方面，Windows 和 Linux 日志相关的事项在云环境中是一样的。需要确定并实现收集这些日志信息的方法。最佳实践是尽可能快速地将实例的日志下载，并将其保存至集中的日志系统。云服务提供商也会采用相同的方式收集个人实例的操作系统日志数据，但是公司需要确定是否需要代理，并且要确定是否愿意以及是否能够在公司的系统上安装云服务提供商的代理。

正如第 8 章提到的，与自己控制的传统数据中心相比，能够看到的网络日志内容可能会受到限制。有可能可以获得工作流日志，但是不能在云环境中捕获所有网络中传输数据的全部数据分组。这是软件定义网络和微网段（超网段）的独有的特性。

在处理 PaaS 和无服务应用程序时，需要添加自定义应用程序级日志记录，因为应用程序运行的平台属于云服务提供商，这样不必访问由云服务提供商控制的系统生成的任何日志数据。CSA 指南称之为"检测技术堆栈"。

另外，在云环境中进行取证的过程会完全改变。在 IaaS 的云环境（从元结构层到应用程序层）中，有一个绝佳的机会优化取证，但是必须在设计系统架构的时候考虑取证环节。可以利用镜像和快照，使用应用程序结构层取证可使用数据的位级副本。在确定体系结构时，可以针对取证隔离受攻击区域，并且将镜像和快照复制至完全隔离的区域。

从应用结构层的角度来看，可以使用访问工具在现有环境中进行某些取证。所有这些都得益于远程从主机上读取数据，可以使用云环境中或者传统数据中心的虚拟机进行数据读取。

对于元结构层，需要访问所有相关的日志数据，在之前的"检测和分析阶段"部分对此进行了讨论。需要注意的，无论是在真实的工作环境中，还是参加考试，取证需要支持适当的证据链需求，而且无论是用户还是云服务提供商的取证都是如此。也就是说，必须和公司的法律团队合作，以确保正确地处理取证。

在云环境中，有一个简化取证和调查过程的绝佳机会。对于很多人来说，这不仅是一个机会，而是一个要求，因为云环境具有动态特征并且迅速变化。例如，快速扩展群组自动地确定工作负载，或者管理员人工确定实例。下面是 CSA 指南推荐的一些自动操作，其可以支持云环境中的调查取证。

- 虚拟主机存储的快照。
- 发出警告的时候捕获元数据，在事故发生时可以根据基础设施的情况进行分析。
- 如果云服务提供商支持，"暂停"实例将保存易失性存储器中的内容。

正如 CSA 指南中列出来的，可以利用云平台其他的功能确定受损的范围，具体如下。

- 分析网络流量，检查隔离是否正确。可以使用 API 调用生成网络和虚拟防火墙规则集快照，可以根据这些快照判断事故发生时整个堆栈的准确情况。
- 检测配置数据，确定类似的实例是否受到了某种攻击。
- 检查数据访问日志（如果可以，对基于云的存储）和管理平面日志，确定事故是否对云平台造成了影响，以及是否跨入了云平台。
- 无服务和基于 PaaS 的体系结构需要跨平台并且能够记录自己创建任意应用程序的日志。

控制、清除和恢复阶段

当事故发生时，首要任务是确保攻击者不在云管理平台。为了保证完成这一步，需要使用主账户（根账户）进行身份认证登录管理平台（这个账号被锁在安全的位置，只有在紧急情况下才可以启用。现在就是紧急情况）！使用主账户可以看到权限受到限制账户看不到的一些行为。

在这个阶段，可以收获很多（在 IaaS 服务中尤其如此），但是，只有事先做好计划才能有所收获。可以利用例如软件定义基础设施、自动扩展群组和自动 API 调用等改变虚拟网络或主机配置，以减少恢复时间。同样，只有确认攻击者不访问管理平面的时候才能执行这些操作（第 1 章介绍过代码空间实例 I。当他们启动事故响应计划时，没有考虑规则 1。攻击者依然在管理平面时，代码空间启动。攻击者对此非常清楚，于是他决定终结所有的一切）。

通过使用虚拟防火墙，不再需要在执行调查之前将实例从网络中移除。通过修改虚拟防火墙规则集以仅允许从系统访问，可以迅速地锁定实例。使用这种方法，不需要改变应用结构层，并且证据链是合法的。应该尽可能利用这种隔离技术。使用虚拟防火墙更改隔离系统，从受信任的系统构建一个新的替代系统，接着对受损主机展开调查。

当然，只有 IaaS 服务能提供其中大多数功能。对于 PaaS 和 SaaS 服务模型，需要更多地依赖云服务提供商执行事故响应相关的操作，因为这些模型对给用户提供的事故响应处理采取了更多的限制。

善后处理阶段

在善后处理的过程中，你可能会意识到你的事故响应小组掌握云环境相关的知识并不太多，但有时候领导层和小组成员会觉得自己了解了相关的知识。但他们甚至对包括数据收集源和方法的知识都不太了解。

从治理的角度来看，需要重新评估服务水平协议，实际响应时间、数据可用性和其他项都是次要因素。改变云服务提供商的服务水平协议，这可以说是一个很好时机，你可以根据自己的经验尝试与他们进行相关谈判。

本章小结

本章根据 CSA 指南给出了事故响应建议。在准备 CCSK 考试过程中，需要记住以下几项。

- 云环境中事故响应最重要的是：根据用户和云服务提供商的角色和责任完成服务水平协议并设置期望值。这些服务水平协议必须涵盖应急响应的各个阶段。
- 在实践中不断完善。有一个创建事故响应实践很好的机会——必须利用这个机会！了解如何处理事故响应中公司负责的部分，以及如何与云服务提供商进行责任划分。
- 必须建立明确的沟通渠道（用户与云服务提供商沟通，或者云服务提供商与用户沟通）。如果云服务提供商需要通知一些事情，那么需要与公司联系。

不要使用一个未监控的电子邮箱来发送这些消息。

- 用户必须理解云服务提供商提供的用于分析的数据的内容和格式。如果采用无法使用的格式提供数据，是没有任何用处的。

- 充分利用云环境的自动功能。与传统数据中心相比，在云环境中实现持续及无服务监测有助于提高检测问题的速度。

- 了解云服务提供商提供的可以使用的工具。与云服务提供商一起制定事故响应计划——他们能够改进应急响应计划。

- 在某个云环境中运行良好的应急响应计划不一定能在其他的云环境中运行。应针对每个云服务提供商，制定检测和处理事故计划，将其作为企业事故响应计划的一部分。

- 如果没有记录日志数据，就没有事故检测。没有事故检测，就没有事故响应。尽可能在自己的环境中记录日志。

- 测试、测试、测试。必须至少每年或者发生重要变化时进行测试。同样，与云服务提供商进行协商，尽可能让云服务提供商参与测试过程。

本章练习

问题

1. 事故响应的哪个阶段受自动化执行影响最大？

   A. 准备阶段

   B. 检测阶段

   C. 控制、清除和恢复阶段

   D. 善后阶段

2. 根据对可能发生事故的调查，应该首先完成以下哪项工作？

   A. 应该找回主账户的身份识别信息，并使用其对元结构层进行调查，确保攻击都不在管理平面

   B. 每个账号都应该退出登录并且重置密码

   C. 应该中止每个服务器

   D. 使用 API 执行每个实例的快照

3. 在 IaaS 环境中如何快速隔离服务器实例？

   A. 执行快照

B. 登录至服务器实例并且禁止所有用户访问

C. 如果云服务提供商允许，可以"中断"实例

D. 改变虚拟防火墙的规则集，使得仅能从调查者的工作站访问实例

4. 下面哪一项是云服务提供商提供的日志数据必须满足的条件？

　　A. 满足法律证据链的要求

　　B. 采用用户能够使用的格式

　　C. 及时提供用于支持调查

　　D. A 和 B 正确

5. 事故响应计划的测试周期是什么？

　　A. 每年

　　B. 半月

　　C. 每个季度

　　D. 作为系统投入使用之前尽职调查的一部分

6. 哪个阶段执行主动扫描和网络监测、漏洞评估，以及执行风险评估？

　　A. 准备阶段

　　B. 检测阶段

　　C. 控制、清除和恢复阶段

　　D. 善后阶段

7. 云环境事故响应过程中，最重要的方面是什么？

　　A. 获得调查虚拟服务器的虚拟工具

　　B. 训练事故响应相关员工

　　C. 设置服务水平协议并构建角色及其责任划分

　　D. 以上都对

8. "应用程序堆栈映射"的目的是什么？

　　A. 知道应用程序使用的各种系统

　　B. 知道在哪里保存数据

　　C. 知道应用程序使用的程序设计语言

　　D. 知道与应用程序相关的各种依赖

9. 什么是"跃云套件"？

　　A. 在简历产生事件（Resume-Generating Event，RGE）发生的时候已经有
　　　　一份准备好的新简历了

B. 具备用于对物理服务器进行调查所需的线缆、连接器和硬盘驱动器的套件

C. 对远程位置进行调查所需的工具集合

D. 移交对云服务提供商的调查时的程序

10. PaaS 中的日志与 IaaS 中的日志有哪些不同？

A. 必须由云服务提供商根据申请提供 PaaS 日志

B. 可能需要个性化应用程序级别的日志

C. PaaS 日志格式必须是 JSON 格式，需要使用特定的工具读取

D. 以上答案都对

答案及解析

1. C。正确答案是控制、清除和恢复阶段。尽管云服务提供商提供的工具也可以很大地提升检测的效果，但是云环境中可用的工具会对控制、清除和恢复阶段产生的影响最大。

2. A。应该使用主账号进行调查，这样可以完全看到管理平面上的所有活动。可以产生被调查服务器的快照，但只有在确认攻击者不在管理平面之后才能产生照快。让每个人退出登录带来的好处有限。在元结构层的事故响应过程中，确认攻击者没有访问管理平面是首要任务。中止所有的服务器实例完全不对，不是正确答案。

3. D。最佳答案是改变虚拟防火墙的规则集，只允许从调查者工作站访问实例。只有攻击者不能访问服务器实例之后，才能执行其他答案中的步骤

4. D。正确答案是 A 和 B。CSA 指南中没有提到及时访问云服务提供商提供的任何数据。

5. A。应该每年都测试应急响应计划。CSA 指南具体地描述了每年或者发生重大变化时进行测试。

6. A。在 CSA 指南中，主动扫描和网络监测、漏洞评估以及执行风险评估都是在准备阶段完成的。

7. C。应该说所有的选项都很重要，但问题是"哪一项是最重要的"。CSA 指南中提到，"对于用户做什么和云服务提供商做什么来说，服务水平协议和配置预期是基于云资源事故响应最重要的方面。"在使用工具和培训员工之前完成相关的工作。

8. B。最佳答案是实现应用程序堆栈映射，以了解数据存储在什么位置。最重要的是要知道数据驻留在哪里，这将有助于解决监测和数据捕获时地理位置不同的问题。

9. C。跃云套件是对远程位置（例如，云服务）进行调查时所需工具的集合。可以说，这是一套"虚拟世界的虚拟工具"。当然，如果云环境中发生了事故，并且就在那一刻你发现自己没有虚拟工具，并且对此一无所知，这就是所谓的简历产生事件。如果云服务提供者在自己的终端上进行调查，那么他们有可能使用自己的调查工具。

10. B。PaaS（和无服务应用程序体系结构）有可能需要个性化应用层日志，因为云服务提供商提供的日志以及支持事故响应所需的日志之间可能存在差异。PaaS 服务提供商可能有更详细的日志，但是必须确认云服务提供商什么时候能将这些数据与你共享。最后，尽管数据的格式很重要，但是 JSON 数据很容易就能够读取，不需要专门的工具。

10

应用程序安全

本章涵盖 CSA 指南范围 10 中相关的内容，主要包括：

- 云中应用程序安全方面的机遇和挑战。
- 安全软件开发生命周期。
- 云对应用程序设计和体系结构的影响。
- DevOps 的兴起和作用。

> 高质量产品绝对不是偶然的，明确的意图、不懈地努力、明智的方向和熟练的技艺等是保证质量的先决条件。

——约翰·罗斯金

安全保障从来都不是轻而易举的事情，软件开发也同样如此。保障应用程序安全之所以困难重重，是因为安全人员和开发人员的工作是完全分开的，说实话，软件开发人员通常根本不知道安全人员都在做什么，反之亦然。要想将两类人员放在一起工作，需要改变原来的工作方式，采用相关的新技术，例如平台即服务（PaaS）、无服务计算以及 DevOps。正如罗斯金先生所说，要保障质量，必须要经过不懈的努力，并且有明确的方向。这种方法将会提高公司生产软件的质量。

应用程序安全所涉及的知识面非常广。对于 CCSK 考试来说，不会测试任何编程相关的问题。但是，要保障应用程序的安全，必须考虑到设计和开发、部署和防御等环节。应用程序开发本身及安全方面的规程都在快速向前发展。应用程序开发小组积极使用新的技术、流程及模式来满足业务需求，并且降低开发成本。同时，应用程序开发、新编程语言及采用新的方式获取计算服务等方面不停向前发展，保障安全性方面也一直在追赶它们的脚步。

本章首先介绍软件开发相关的内容以及如何在云环境中构建和部署安全的应用程序——具体来说，是在 PaaS 和 IaaS 模式中进行构建和部署。公司构建 SaaS 应用程序也可以使用其中的一些技术来帮助构建安全的应用程序，这些程序可以在自己的数据中心运行，也可以在 IaaS 云服务提供商的云环境中运行。

最后，因为云采用的是责任共担模式，解决应用程序安全问题的方式会发生了很大的变化。本章讨论云环境中应用程序安全相关的主要变化，包括以下几个方面。

- **安全软件部署生命周期**。通过安全软件部署生命周期（Secure software development lifecycle，SSDLC）可以确定云计算对应用程序安全的影响，包括从最初的设计到软件部署。
- **设计和体系结构**。云环境中设计应用程序的几个新趋势会影响安全，并且会提高安全保障。
- **DevOps 和持续整合 / 技术发布**。云应用程序的开发和发布过程通常会使用 DevOps 和持续整合 / 技术发布（DevOps and continuous integration/continuous deployment，CI/CD）。无论是在云环境中，还是在传统的数据中心，这些技术正在成为软件开发的主流方法。DevOps 让我们重新思考安全方面的问题，并且与现在相比，能够很大地提高安全保障水平。

安全软件部署生命周期和云计算

多个不同的团队采用了不同的方法来实现安全软件部署生命周期。基本上，安全软件部署生命周期描述了软件设计、开发、部署和运行整个阶段应该执行的一系列安全操作。下面是一些使用较为普遍的框架。

- 微软安全部署生命周期。
- NIST 800-64，"系统开发生命周期中的安全考虑"。
- ISO/IEC 27034 应用程序安全控制项目 。
- OWASP 开放 Web 应用安全项目（S-SDLC）。

尽管这些框架都有一个共同的目标，即增加应用程序的安全性，但它们还是略有不同。这也就是为什么云安全联盟将安全软件部署生命周期分为 3 个阶段的原因。

- **安全设计与开发**。这个阶段包括从培训和开发公司标准的过程到收集需求、通过恐吓模型审查设计以及编码测试。
- **安全部署**。这个阶段包括将应用程序代码从开发环境迁移至生产环境时需要执行的安全保障和测试。
- **安全运行**。这个阶段指在生产环境中持续保障应用程序的安全。这个阶段包含其他一些防御措施，例如 Web 应用程序防火墙、持续的漏洞评估、渗透测试，以及将应用程序部署到生产环境后可以进行的其他操作。

无论使用哪个特定的框架，云计算会影响安全软件部署生命周期的各个阶段。云抽象和自动化，再加上对云服务提供商较强的依赖就导致这个结果。

在责任共担模型中，变化是基于服务模型的——无论是 IaaS、PaaS，还是 SaaS。如果开发一个在 IaaS 服务模型中运行的应用程序，相对于云服务提供商利用 PaaS 提供商提供的其他功能和服务的情况，自己必须负更多安全方面的责任。另外，服务模型影响用户可看到的内容以及控制。例如，在 PaaS 模型中，找到出现的问题及进行安全调查时不再需要访问网络日志了。

 注意： 应用程序安全审查不仅要审查核心应用程序功能，而且要审查管理平面和元结构。

安全设计与开发

图 10-1 所示为 CSA 定义的安全应用程序设计与开发的 5 个阶段：培训、定义、设计、开发和测试。

培训	定义	设计	开发	测试
• 安全编码练习 • 编写安全测试 • 云服务提供商 / 平台技术训练	• 编码标准 • 安全功能需求	• 威胁建模 • 安全设计	• 代码审查 • 单元测试 • 统计分析 • 动态分析	• 漏洞评估 • 动态分析 • 功能测试 • 问题解答

图 10-1　安全应用程序设计与开发的 5 个阶段（获云安全联盟许可使用）

 注意： 在图 10-1 中，包含了安全编码实践。开放式 Web 应用程序安全项目（Open Web Application Security Project，OWASP）是 Web 开发方面领先可用资源之一。可以使用开放式 Web 应用程序安全项目安全编码实践清单解决关键的开发问题，例如输入验证、编码输出、身份识别和密码管理、会话管理、访问控制、密码实践、错误处理和日志记录、通信安全、系统配置、数据库安全、文件管理、内存管理和通用编码实践。

培训

第一阶段必须对小组成员进行培训。CSA 指南将人员分成 3 种不同的角色(开发人员、运维人员和安全小组),并且有 3 种不同类别的培训(服务提供商无关的云安全培训、特定服务提供商安全培训和开发工具培训),所有相关人员都要接受与服务提供商无关的云安全基础培训(例如,CCSK 考试培训)。同样的,小组也应该接受公司使用的云服务提供商和平台相关的特定云服务提供商的培训。另外,确定体系结构及管理云基础设施的开发人员和运维人员应该接受使用的开发工具的培训。

最后的培训内容之一是如何创建安全测试。正如古谚语所说:得到答案固然很好,但是能够提出问题同样重要。实际上,一些公司会事先告知开发人员将要执行哪些安全测试,因为开发人员知道在系统交付之前安全小组会对哪些功能进行测试。采用这种方式进行开发,在开始进行开发时就会构建更安全的应用程序。从某种程度上来说,这种方法在开发人员开始编码之前就为开发人员成功开发系统打好了基础。

定义

在应用程序设计阶段,就需要确定应用程序设计方案本身是否存在安全方面的问题(注意:这只是软件设计阶段,不是实际的软件开发)。安全人员和软件开发人员需要就软件应用程序体系结构、使用的所有模块等达成共识。进行威胁建模的好处是:在安全人员开始审查代码之后,不需要来来回回地检查代码。这可以节约大量的开发时间。当然,在对应用程序进行审查时,需要考虑云服务提供商和其提供的服务。例如,在设计阶段,可以确认云服务提供商能否提供所需要日志功能。

威胁建模背景知识

作为应用程序设计的一部分,威胁建模的目的是标识任何可能对应用程序的威胁,攻击者可以成功地利用这些威胁损坏应用程序。可以在设计阶段,即还没有写任何代码之前完成威胁建模。

注意:与之前一样,背景知识只是为你提供相关的信息。CCSK 考试不涉及背景知识部分的内容。

与其他情况一样，威胁建模可以包括许多不同的变化形式。本章中，讨论 STRIDE 威胁模型［STRIDE 分别为欺骗（Spoofing）、篡改（Tampering）、抵赖（Repudiation）、信息泄露（Information Disclosure）、拒绝服务（Denial of Service）以及权利提升（Elevation of Privilege）首字母的大写］。表 10-1 给出了每种威胁的详细情况，给出了高度概括的描述，并提供了常见的对策。

表 10-1　STRIDE 威胁及对策

威　胁	描　述	对　策
欺骗	使用虚假身份	身份识别
篡改	恶意修改数据或进程	输入验证
抵赖	否认已完成的行为或事件	审计日志
信息泄露	数据泄露和破坏	加密
拒绝服务	致使服务不可用	调整访问频率
权限提升	获得超出自己权限的访问权限	身份识别

可以采用多种方式进行威胁建模练习，从在传统的会议室使用白板的方式到各种工具（例如 OWASP Threat Dragon 或微软威胁建模工具，再到微软权利提升卡片游戏——使用得分系统玩的一种卡片游戏）。无论使用哪种方法进行威胁建模，至少应该有两组人员参与其中：安全小组和开发小组。更理想的情况是商业分析人员、系统拥有者和其他相关人员也参与到威胁建模过程中。在某种程度上，这是一种很棒的团建形式，它打破了安全小组和开发小组之间传统的隔膜。

在威胁建模练习中，第一步是绘制相关的图表，包括应用程序所有的组件（以及组件所在的位置），所有将与应用程序交互的用户和其他系统以及数据流动的方向。完成这一步之后，安全小组和开发小组可以一起工作，标识出对各种组件可能的威胁，以及阻止这些威胁所需的对策。图 10-2 所示为使用 OWASP Threat Dragon 工具绘制的实例图。

我参加过很多威胁建模练习。这种练习真的有很多好处，我可以提供相关的一手资料。在某次具体的威胁建模练习过程中，通过威胁建模发现了以下威胁。

- 应用程序使用未加密的 FTP，其采用明文进行身份识别。
- HTTP 不需要认证。
- 没有进行输入验证。
- 没有进行 API 身份认证或限制其调用频率。

- 没有追踪成功登录或未成功登录的各种情况。
- 计划使用不正确的标识存储。
- 没有使用网络时间协议（Network Time Protocol）同步日志记录。

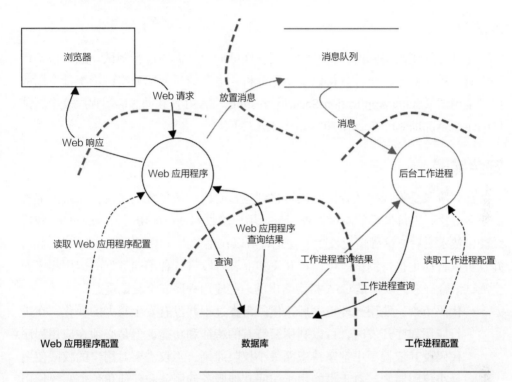

图 10-2　OWASP Threat Dragon 工具绘制的样本 Web 应用程序图（在 Apache 2.0 下使用）

　　这个练习使用了将近 3 小时的时间。可以想象一下，如果应用程构建完成之后再来解决这些漏洞会花费多长时间。花费的时间会比 3 个小时长很多。实际上，在完成练习后，客户的首席安全执行官宣布，以后开发的每个应用程序都需要进行 STRIDE 威胁建模练习。这个首席安全执行官也被这个练习的结果震撼了，彻底改变了公司的策略和流程。其实这也是大多数公司的选择。

开发

　　开发阶段是最终构建应用程序的阶段。与之前构建其他系统及应用程序一样，开发环境应该尽量与生产环境相同。换句话说，开发者不可能在生产环境中创建应用程序，或者在开发阶段不可能使用实际数据。开发者也可能使用某种形式的持续集成和持续交付（CI/CD）管道，需要保障管道的安全，同时也需要特别关注代码仓库（例如，GitHub）。另外，如果利用 PaaS 或无服务开发，必须在应用程序中加入增强日志记录功能，以弥补在这种情况下无法使用日志功能的不足。

测试

正如之前刚刚提到的，在开发应用程序的同时，需要进行测试。测试包括代码审查、单元测试、统计分析以及动态分析。本章的后面部分将讨论统计应用程序安全测试（Static Application Security Testing，SAST）和动态应用程序安全测试（Dynamic Application Security Testing，DAST）。

安全部署

部署阶段是将代码从开发阶段转移到运营阶段。从传统上来说，在安全部署阶段会对代码进行最后的质量检查，包括用户验收测试。使用了云、DevOps 和持续交付技术之后，这种情况发生了变化，可以在生命周期中更早的阶段进行测试，并且可以自动化执行测试。可以在开发和部署阶段将各种不同类型的应用程序安全测试结合进来。以下是 CSA 指南给出的一些应用程序安全测试重点。

- **代码审查**。使用云环境之后，代码审查过程并没有发生很大的变化。在进行应用程序开发时，可以利用云特有的特征和功能，但是必须在应用程序代码及其依赖项中都坚持遵循最小权限原则。不仅需要对用户的权限使用最小权限原则，对于可能用于访问其他服务的服务和任何角色也需要使用最小权限原则。从应用程序权限的角度来看，最糟糕的事情是对能够访问应用程序的用户进行严格的访问控制，并让应用程序完全控制云环境的各个方面。也就是说，需要保证与身份识别相关的所有相关问题都必须进行代码审查，包括应用程序使用的身份识别和任何需要加密的信息。

 考试提示：在 CCSK 考试中，有可能会考以下内容，在云中运行应用程序与在传统数据中心运行应用程序之间，应用程序身份识别和加密的主要区别。

- **单元测试、回归测试和功能测试**。由开发人员进行这些标准测试，应该对任何利用云服务提供商提供功能的 API 调用进行测试。
- **静态应用程序安全测试**。静态应用程序安全测试离线分析应用程序代码。它通常是基于规则的测试，会基于某个目的对软件代码进行扫描，例如，嵌入应用程序代码的身份识别以及测试输入验证，都是为了保障应用程序的安全。

- **动态应用程序安全测试**。静态应用程序安全测试在离线的情况下查看代码，而动态应用程序安全测试则是在应用程序运行时进行。动态应用程序安全测试的实例是模糊测试。在进行模糊测试时，采用不合法的测试数据对应用程序进行测试，从而使服务器产生错误（例如，Web 服务器出现代码为500 的错误，这是一个内部服务器错误）。因为动态应用程序安全测试是系统正在运行时进行的实时测试，所以在进行测试之前需要事先获得服务提供商的许可。

云计算对漏洞评估的影响

在运行实例之前，会在镜像上执行漏洞评估（Vulnerability Assessments，VA）。可以将漏洞评估整合至持续集成和持续交付（CI/CD）管道。应该在专门锁定的测试环境中对镜像进行测试，例如虚拟网络或独立账户。但是，与所有的安全测试一样，只有在云服务提供商允许进行某项测试时才可能进行测试。

随着对运行实例进行持续漏洞评估，可以使用基于主机的漏洞评估检测到系统上所有的漏洞。通过利用基础设施即代码（IaC）构建测试环境，可以使用漏洞评估测试整个虚拟基础设施。可以利用它在数分钟之内生成一个生产环境的副本，这样，可以在不影响生产环境的情况下，正确地访问应用程序和所有基础设施组件。

对于进行漏洞评估来说，存在两种不同的观点。一种观点认为应该直接在系统上进行漏洞评估，这样可以实现全透明，并且避免引起对安全控制方面的担忧，担心系统可能隐藏实际存在的漏洞，这是所谓"基于主机"的观点。另一种方法是从系统外部的视角来看，考虑使用各种控件进行漏洞评估，例如虚拟防火墙。CSA 指南建议利用基于主机的代理，采纳基于主机的观点。在这种情况下，不需要云服务提供商的许可，因为这种评估是在服务器上执行的，不需要跨越云服务提供商的网络。

云计算对渗透测试的影响

与漏洞评估一样，也可以在云环境中执行渗透测试，执行渗透测试时需要获得云服务提供商的许可。CSA 推荐在云环境中进行渗透测试时，可以采用当前使用的渗透测试方案。渗透测试过程中主要注意以下几点。

- 在挑选测试公司或测试人员时，要注意其是否具备与部署应用程序的云服务提供商的合作经验。应用程序可能会使用云服务提供商提供的服务，而渗透测试人员如果不懂云服务提供商的服务，很有可能会忽略一些重大的漏洞。
- 渗透测试需要由开发人员和云管理人员自己完成。因为许多云漏洞攻击的不仅仅是运行在云环境中的应用程序，而且也攻击维护云环境的人员。还需要对云管理平台进行测试。
- 如果测试的是多租户应用程序，渗透测试还需要测试是否能够打破租户之间的隔离，从而访问另一个租户的空间。

部署管道的安全

这可能和你想象的不一样，但是持续集成和持续交付（CI/CD）管道可以通过以下方式提高安全保障：支持不可变基础设施、自动安全测试；如果使用部署管道，会改变基础设施，当应用程序和基础设计发生变化时，需要将这些变化记录到日志中。这样做的强大之处在于测试时不可能出现人为的错误——所有的运行时间执行 100% 的测试。可以将测试结果直接导入测试结果桶，这样，如果需要审计，可以很轻松地向审计人员展试所有的测试结果。还要对日志记录进行配置，记录提交变更的人员或系统，如果所有测试都成功通过，还可以在变更管理系统中进行自动批准。

同样必须保障管道的安全。可以将管道托管在专门的云环境中，准确地限制访问生产环境工作负载或托管管道组件基础设施。图 10-3 所示为构成部署管道的各种组件。

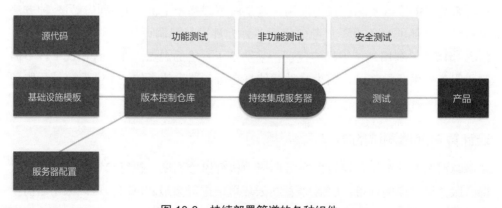

图 10-3　持续部署管道的各种组件

正如从图 10-3 中所看到的, 部署管道有 2 个中心组件: 一是版本控制仓库(例如 GitHub), 用于存放代码; 二是持续集成服务器(例如 Jenkins), 它可以使用插件执行任何预构建、构建和构建后活动。所说的活动可以包括执行安全测试和功能测试, 向指定的位置发送测试结果。另外, 持续集成服务器可以连接至变化管理系统, 以追踪环境中任何被许可的更改。也可以对测试结果设置一个阈值, 例如, 如果有任何重要的发现, 持续集成服务器甚至可以不构建应用程度或者不执行已请求的活动。

全部测试必须事先创建。从安全的角度来讲, 这就意味着已经使用持续集成和持续交付(CI/CD)管道分离了各方面的责任, 但人在构建时期不执行测试。理解这一点之后, 就可以看到有很多地方(当然, 最重要的是 CSA 指南)将自动持续部署管理看作在云环境中部署软件较安全的方法。

IaC 和不可变负载的影响

已经在第 6 章介绍了 IaC, 并且在第 7 章介绍了不可变工作负载。IaC 使用模板创建一切, 从创建特定服务器实例的配置到创建整个云虚拟基础设计。IaC 能够提供多少功能完全依赖于云服务提供商。例如, 如果云服务提供商不支持使用 API 调用创建新账户, 那么必须手工完成这个任务。

因为按照一组源文件的定义(模板)自动构建云环境, 所以它们是不可变的。正因为如此, 所以手动完成的任何更改都会覆盖下次模板的运行。当使用不可变方法时, 必须时刻检查是否对云环境进行了更改, 而且必须通过模板来进行更改——如果使用了持续部署管道, 也可能通过管道进行更改。采用这种方式, 可以完全锁定整个基础设施——比起在非云环境进行应用程序部署来说, 锁定有明显改善。

在制定安全策略时, 使用 IaC 和不可变部署可以大大地提高安全性。

 考试提示: 不可变部署和 IaC 可以大大地提高安全性。CCSK 考试中有可能涉及相关的内容。

安全运维

一旦将应用程序部署完成之后, 就需要关注运维阶段的安全了。其他安全方面, 例如基础设施安全(第 7 章)、容器安全(第 8 章)、数据安全(第 11 章)和身份识别和访问管理（第 12 章）都是安全运维阶段的关键组件。

以下是可以直接应用于应用程序安全的一些指南。

- 生产环境和部署环境必须一直是分离的。与在开发环境相比，必须严格限制对生产环境管理平面的访问。在评估对应用程序的权限分配时，必须知道应用程序访问其他服务所使用的身份。与对用户账户采用最小权限原则一样，必须根据最小权限原则分配权限。可以为每个应用程序服务设定多组身份识别方案，更加细化授权（许可），以实现最小权限。

- 即使使用不可变基础设施，也应该实时监测改变以及与已核实基准的偏差。同样，不同云服务提供商采用的方法可能不同，但都应该可以而且尽可能自动进行监控。也可以采用事件驱动安全（接下来将对此进行讨论），以自动恢复对生产环境的更改。

- 应用程序测试与评估是一个持续的过程，即使使用不可变基础设施也是如此。同样，如果要跨越云服务提供商网络进行测试和 / 或评估，应该首先获得云服务提供商的许可，从而避免违反服务条款。

- 改变管理方式不仅仅指对应用程序进行更改。如果要对基础设施和云管理平面进行更改，应该得到许可，并对此进行追踪。

云对应用程序设计与架构的影响

云服务可以带来新的设计与体系结构供选择，这些新的方案能增加应用程序的安全。云的几个特征可用于通过应用程序体系结构本身来增加应用程序的安全性。

云服务默认情况下可提供隔离。应用程序可以运行在自己隔离的环境中。根据云服务提供商的方案不同，可以在隔离的虚拟网络或使用不同的账户运行应用程序。尽管对每个应用程序使用独立的账户会增加操作上的麻烦，但是使用独立账号的好处是能够使得管理平面分离，从而使访问应用程序环境的范围最小。

如果使用不可变基础设施，可以通过以下方式增加安全性：禁止远程登录至不可变服务器和其他网络工作负载，添加文件整体性监测，在瞬时恢复计划与不可变技术结合。在第 9 章对此进行了详细的讨论。

PaaS 和无服务技术可以减小直接安全职责范围，这是以增加尽职调查责任为代价的。这是因为利用了云服务提供商的服务（假设云服务提供商在保障向用户提供服务安全方面做得非常好）。云服务提供商负责底层服务和操作系统的安全。

第 14 章将会详细介绍无服务计算。下面是无服务计算可以增加云环境安全性方面的两个重要概念。

- 软件定义安全。这个概念涉及自动安全运维和云的自动化，包括云事件响应自动化、更改授权自动化（许可）和对未经许可更改基础设施的修补。
- 事件驱动安全。它将软件定义安全的概念付诸实践。可以使用系统进行监控，在发现被更改的情况下调用脚本执行自动响应。例如，如果安全群组改变了，可以启动无服务脚本恢复到变化之前的状态，通常使用某种形式的通知信息完成相关交互。安全策略可以限定要监控的事件，并且使用事件驱动安全功能触发自动通知和响应。

 考试提示： 至于软件定义安全及事件驱动安全方面之间的区别，需要注意的是，软件定义安全只是一个概念，而事件驱动安全将此概念实现了。

最后，微服务在应用程序开发领域使用越来越多，而且非常适合于云环境。使用微服务，可以将整个应用程序分成单独的组件，并在独立的虚拟服务器或容器上运行这些组件。采用这种方式，通过清除某个特定功能所有不需要的服务，可以严格地控制访问，而且能够减少单个功能易受攻击的点。利用自动扩展功能还有助于提高可用性，只对需要额外计算能力的功能进行扩展。但是，如果使用微服务，从安全的角度来看，会增加额外的开销，因为必须保障各功能和组件之间的通信的安全。包括保障任何服务发现、调度和路由服务的安全。

微服务背景知识

在 21 世纪初期，我与一位名为的拉尔夫的项目经理一起工作。拉尔夫最喜欢说的一句话是："系统不是服务器，服务器也不是系统。"可以说拉尔夫走在了当时时代的前列了！在微服务技术还没有出现之间，他就已经洞悉到了其中的基本原理。

微服务体系结构将系统的各个组件分解开来，并让它们彼此完全分开运行。当某个服务需要访问另一个服务时，可以使用 API（通常为 REST API）来访问另一个服务获取数据。接着将这些数据发送给请求数据的系统。重要的是，修改一个组件时，不需要完全更新系统，这与多个组件运行在同一服务器的整体系统完全不同。

在第 6 章，讨论了亚马逊杰夫·贝佐斯的"API 授权"。公司构建微服务体系结构，在这个体系结构中构建每个组件，并公开了其 API。图 10-4 所示为类似于亚马逊的公司是如何将各种组件分解成微服务的。

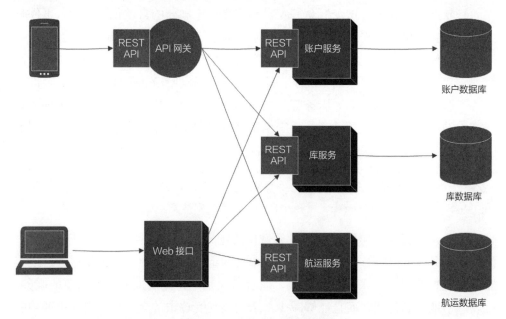

图 10-4　微服务体系结构图

云服务提供商需要考虑的问题

在应用程序安全方面，所有服务模型的云服务提供商需要注意以下几点。

- 必须严格保障向用户提供的所有 API 和 Web 服务的安全，云服务提供商必须假设所有的用户都有可能存在恶意。
- 必须监测 API 是否被滥用，并且检测任何异常活动。
- 必须对所有服务进行扩展设计和测试，以防止受到攻击或者跨租户访问。

　　如图 10-4 所示，其中包括账户服务、库服务和数据传输服务。可以根据不同服务自己的目的，选择合适的语言来编写不同的服务。例如，可以使用 Java 编写账户服务，使用 Ruby 编写库服务，使用 Python 编写数据传输服务。当要修改库服务时，账户服务和数据传输服务都不会受到影响。另外，可以严格限制某个开发人员只访问自己负责的单个服务，这样在访问方面更加严格地执行了最小权限原则。

在图 10-4 所示的体系结构图中，还包含了移动手机应用程序使用的 API 网关。API 网关是所有服务的进入点，所以它可以基于微服务处理客户访问系统各个方面的问题（第 12 章将介绍 API 网关和身份识别）。

DevOps 的兴起和作用

DevOps 是"开发（Development）"和"运维（Operations）"的结合体。它是一种文化，不是一个工具，也不是可以购买并实现的技术。DevOps 的目标是让开发小组和运维小组深度结合，实现应用程序部署和基础设施运维的自动化，从而实现短时间内进行框架的高质量开发。

从技术角度来看，DevOps 依赖于持续集成和持续交付（CI/CD）管道，本章之前的"部署管道安全"部分对此进行过介绍。它使用编程自动化工具改善对基础设施的管理。尽管 DevOps 是在云领域经常看到的新技术，但它不是云环境中进行软件开发专有的方法。

DevOps 背景知识

在 DevOps 领域中，开发小组和运营小组不再是完全独立的了，相反是将两个小组融合成了一个小组。软件工程师（即开发人员）的工作将会贯穿应用程序的整个生命周期，从开发和测试到部署，再到最终的运维。

DevOps 给软件开发文化带来了巨大的变化，这也是很多公司犹豫是否选择它的主要原因。DevOps 会改变软件部署方式，从排队数周做一次更新，到每周末部署，再到每天更新多次。你可能会问，公司在没有进行质量保证测试的情况下，如何能够做到每天数次更新呢？这是一个非常好的问题。为了解决这个问题，有些公司都实现了自动回滚功能，并且实现了蓝绿部署，以进一步降低风险。

蓝绿部署方法的工作模式与不可变部署方法非常类似。尽管可以使用容器和负载均衡器完成蓝绿部署，但在我们的讨论中，将使用一个自动扩展群组中的不可变虚拟机工作负载的示例。假设这个自动扩展群组包含 3 台 Web 服务器，为了实现蓝绿部署方法，更新 Web 服务器镜像，同时更新应用程序代码，接着终止一个正在运行的实例。当自动扩展群组注意到有一个实例不存在了之后，将自动使用新的已打好补丁的镜像自动部署服务器。完成之后，33% 进入的网络数据被导入至这个新的已打好补丁的服务器。对这个服务器进行监测，如果没有问题，将会终止或删除自动扩展群组中的服务器。现在有 66% 的网络数据由运行在 Web 服务器池上已更新的应用程序进行处理。重复这个操作，直到所有的服务器都被更新为止。这就是被 DevOps 独角兽的公司（例如 Netflix、Pinterest、Facebook、亚马逊以及其他提供 24×7 服务的网络运营商）如何有效地实现零停机的方法。

关于 DevOps，一些商业领袖关心的另一个问题是，DevOps 界的开发人员基本上拥有自己的代码。这就意味着在许多 DevOps 环境中，开发人员不仅创建应用程序，而且还负责管理应用程序。当然，这就违背了强制进行职责分离的主要安全原则。但是，我们希望开发人员能够尽快上传代码，不希望开发人员访问生产环境中的数据，并且不希望开发人员危害安全检查。现代持续集成和持续交付（CI/CD）管道及其相关的安全测试使这一切成为可能。

在 DevOps 部分的最后，还想强调的一点是 DevOps 不是魔术，不可能一个晚上就实现。业务领导需要花一段时间才会确信：执行微小的增量更改实际上可以提高应用程序的安全性和可用性，而且还可以显著缩短上市时间。

DevOps 对安全的影响及其优势

要想知道 DevOps 在安全方面的优势，请参阅本章前面"部署管道安全"部分。管道只允许部署已许可的代码。开发、测试和生产版本都是基于相同的资源文件，这可以防止与已知好的标准产生偏差。

几个重要的持续集成和持续交付（CI/CD）术语

在本章的最后，介绍两个 CSA 指南提到的术语，应该对你有所了解。

- SecDevOps（即 DevSecOps）。这两种表达方式的意思一样。从技术上讲，SecDevOps 意味着将安全放在首位，而 DevSecOps 意味着在开发的时候考虑安全性，接着进入运维阶段。两种方式的目标都是将安全检查结合至持续集成和持续交付（CI/CD）管道。
- 坚固 DevOps。从根本上讲，指将安全测试结合至应用程序开发的整个过程，以开发出更加安全（即坚固）并具有弹性的应用程序。

持续集成和持续交付（CI/CD）管道生成虚拟机、容器以及基础设施堆栈的主镜像，这个过程非常快速，并且保持一致。这使得能够实现自动部署及不可变基础设施。怎么许可代码进行部署呢？可以将安全测试结合至构建过程。当然，手动测试也可以作为在生产环境中启动应用程序之前的最终检查。

在构建应用程序之前，自动测试应用程序代码。可以通过这种方式支持审计（之前出现过许多类似的案例）。可以追踪所有的变化，哪怕是某个人更改源文件也是可以追踪的，可以沿着完整的路径追溯到是谁做了更改，以及整个变更的历史。可以在单个位置完成全部的追踪。这有利于完成审计追踪和变更追踪。

对于变更管理，如果当前使用的变更管理系统提供 API，那么持续集成和持续交付（CI/CD）管道可以获得部署许可。简单地说，如果部署请求是通过与变更系统结合的服务器传入的，那么可以将变更管理系统设置为根据测试成功的事实自动许可任何变更。

本章小结

本章讨论了云环境中应用程序的安全。将应用程序部署至云环境之后，应用程序安全本身并不会因此而带来变化，但是在云环境中出现了确定应用程序体系结构和设计的很多新方法，但需要保障这些方法的安全。另外，安全软件开发生命周期有很多不同的相关框架，CSA 将其分成 3 个不同的阶段：安全设计与开发、安全部署、安全运维。本章还介绍了与云相关的其他技术，例如微服务和 DevOps。

在准备 CCSK 考试过程中，应该掌握以下几点。

- 理解云服务提供商提供的安全功能，在采用其平台和服务之前，需要对每个平台和服务进行检查。
- 将安全性构建到初始设计过程中。在应用程序中引入安全性通常为时已晚。安全应用程序是安全设计的结果。
- 即使公司没有遵循正式的软件开发生命周期，也要考虑将持续部署方法和自动化安全策略结合至部署管道。这种方式依然支持职责分离，但是人们并不是每次都执行测试。安全小组创建测试方案，自动化的系统在所有的时间 100% 地运行测试。
- 威胁建模（例如 STRIED）、静态应用程序安全测试（SAST）和动态应用程序安全测试（DAST）都应该整合至应用程序开发过程中。
- 必须针对特定的云环境创建并执行应用程序测试。云环境中应用程序检查的重点在于使用的 API 身份识别方式。简单地说，需要保证应用程序不访问超出访问权限的其他服务。

- 如果要利用新的体系结构选项和需求，需要更新安全策略和标准。在新环境中，不能只增强现有策略和标准。新环境中创建和运行的方式与传统数据中心不同。
- 使用软件定义安全实现自动化安全控制。
- 事件驱动安全改变了游戏规则。使用无服务技术，很容易就能启动自动事故响应脚本。
- 应用程序可以在不同的云环境中运行，例如，使用不同的账号，从而改进对管理平面的访问隔离。

本章练习

问题

1. 在云中部署应用程序之前，安全小组成员应该接受什么培训？

    A. 与云服务提供商无关的云培训

    B. 针对云服务提供商的专门培训

    C. 开发工具培训

    D. A 和 B

2. 特里斯坦被聘为某公司的首席信息主管。他的第一个想法是引入 DevOps。下面哪一项是特里斯坦应该首先完成的项？

    A. 选择合适的持续集成服务器

    B. 选择概念验证项目作为第一个使用 DevOps 的项目

    C. 理解现有公司文化并获得领导力认同

    D. 选择适合于 DevOps 的云服务

3. 当计划进行漏洞评估时，首先应该做什么？

    A. 确定漏洞评估的范围

    B. 确定将被测试的平台

    C. 在进行评估之前，确定是否需要通知云服务提供商

    D. 确定评估是作为外部人员执行，还是在正在运行的应用程序使用的服务器实例上执行

4. 通过下面哪一项可以更好地执行管理平面隔离？

    A. 在 PaaS 上运行所有应用程序

B. 使用其他自己的云账号运行应用程序

C. 利用 DevOps

D. 使用不可变工作负载

5. 怎样在不可变环境中提高安全性？

　A. 通过禁止远程登录

　B. 通过实现事件驱动

　C. 如果云服务提供商提供无服务计算，可以利用无服务计算提高安全性

　D. 通过增加漏洞评估频率

6. 下面哪一项关于持续集成和持续交付（CI/CD）的描述是错误的？

　A. 可以自动化执行安全测试

　B. 持续集成和持续交付（CI/CD）系统可以自动产生审计日志

　C. 持续集成和持续交付（CI/CD）系统更改现有的变更管理过程

　D. 持续集成和持续交付（CI/CD）利用持续集成服务器

7. 在云环境中，渗透测试有哪些变化？

　A. 渗透测试人员必须了解各种云服务提供商的服务，这些服务可以是应用
　　 程序的一部分

　B. 在大多数情况下，用于运行应用程序的服务实例具有定制的内核，除了
　　 云服务提供商之外，其他任何人都不了解此内核

　C. 因为虚拟网络的特征，必须由云服务提供商执行渗透测试

　D. 容器不可能进行渗透测试，因为许多测试结果将是不确定的

8. 用户应该在安全软件部署生命周期的哪个阶段期间执行威胁建模？

　A. 设计

　B. 开发

　C. 部署

　D. 运维

9. 用户应该在安全软件部署生命周期的哪个阶段期间首次执行渗透测试？

　A. 设计

　B. 开发

　C. 部署

　D. 运维

10. 什么是事件驱动安全?

    A. 在检测到攻击的情况下,云服务提供商会为用户关闭服务

    B. 根据云服务提供商提供的设置,收到通知即自动响应

    C. 根据用户提供的设置,收到通知即自动响应

    D. 自动通知系统管理员执行了某项操作

答案及解析

1. D。安全小组成员不仅要接受与云服务提供商无关的培训(例如 CCSK),而且要接受专门针对某云服务提供商方面的培训(开发人员和运维人员也同样如此)。专门用于部署的工具未按安全小组成员的要求列出,仅针对运维人员和开发人员。

2. C。DevOps 是一种文化,而不是工具和技术 [持续集成服务是持续集成和持续交付(CI/CD)管道关键的组件,DevOps 将会利用此组件]。理解现有的公司文化并且获得领导力认同应该是特里斯坦在新职位上实施 DevOps 的第一步行动。DevOps 不是云技术。

3. C。应始终确定是否必须在评估之前通知云服务提供商。如果云服务提供商在服务条款中规定需要事先通知,在不通知他们的情况下进行评估可视为违反合同。答案 A 和答案 B 是评估中包含的标准程序,无论使用什么云服务,都必须执行。答案 D 是一个很有意思的答案,因为在评估过程中,您甚至不能保证有一个服务器实例可以登录。可以使用 PaaS、无服务技术或云服务提供商管理的一些其他技术构建应用程序。

4. B。在自己的云账号内运行应用程序可以实现管理平面的严格隔离。其他答案都不正确。

5. A。当利用不可变负载时,通过移除远程记录日志的功能来提高安全性。任何更改都必须在不可变的环境中集中进行。也可以实现文件整体性监测来提高安全性,因为对不可变实例的任何更改都有可能成为安全事故的证据。

6. C。错误的描述是持续集成和持续交付(CI/CD)系统替换当前更改管理系统流程。实际上,持续集成服务是持续集成和持续交付(CI/CD)系统可以与当前的更改管理系统集成。其他描述全部正确。

7. A。应用程序很有可能利用各种云服务提供商提供的服务，这些服务之间如何通信对于渗透测试人员来说是很重要的，所以只有对特定平台有经验的测试人员才能执行这些测试。

8. A。威胁建模是应用程序设计阶段的一部分，在开发阶段还未写任何代码之前进行威胁建模。

9. C。渗透测试最初应作为安全软件部署生命周期部署阶段的一部分进行。这需要有一个实际的应用程序来对其进行渗透测试，并且应该在应用程序生产环境运行之前进行渗透测试。当然，在运维阶段定期进行运维测试也很好，但问题是什么时候首次执行。

10. C。事件驱动安全实现对通知的自动响应，这是由用户创建的，用户通常会利用某种形式的 API 进行监测。如果使用 API，会触发工作流，其中包括向系统管理人员发送信息以及运行脚本和实现实例自动化（例如，恢复更改、改变虚拟防火墙规则集等）。

第 11 章

数据安全和加密

本章涵盖 CSA 指南范围 11 中相关的内容，主要包括：

- 数据安全控制。
- 云数据存储类型。
- 管理到云的数据迁移。
- 保障云中数据的安全。

b692bb0826305047a235d7dda55ca2a0

本章的导言就是加密的实例（虽然不是很强）。千万不要使用 MD5 对代码（云或数据中心的代码）中的身份识别信息加密，如果在线通过 MD5 解密程序运行此字符串，就可以得到其原文。

书前面从业务的角度讨论了信息风险管理。本章中，主要关注增强信息和数据治理关键工具的安全控制。我们需要有选择性地进行控制，并采取基于风险的方法来保护数据，因为并非所有数据都需要相同级别的保护。

将数据存储在云中不需要对数据安全方法进行任何修改。也就是说，许多商业领导自然倾向于对云环境中托管的任何数据应用强大的安全控制，而不是坚持采用久经考验的、基于风险的方法，这将比使用强大的安全控制保护所有数据（甚至是公开使用的数据）的一揽子政策更安全、更经济。

没有人说过所有的数据必须存储在云中，如果公司认为某个特定的数据集对公司来说非常重要，如果云服务提供商不正确地访问这些数据集将会带来灾难性的后果，那么首先就要考虑不能将这些数据保存在云中，无论数据加密与否。

对于数据安全方面，您需要特别关注基础控制，这仍然很重要。一旦正确建立了基础控制之后，可以考虑使用更多高级控制，例如，静态和传输中的数据加密。毕竟，当一个文件被意外设置为世界上任何人都可以访问时，"军用级强度加密"有多重要？

数据安全控制

对于云环境中的数据安全来说，需要考虑以下 3 个主要组件。

- 根据数据分类（第 5 章讨论过相关内容）确定将哪些数据存储在云环境中，以满足法律法规合规性需求。需要特别注意许可的管辖区和存储介质。
- 保护和管理云环境中的数据安全，包括构建安全架构、正确的访问控制、加密、检测能力和所需的其他安全控制。
- 正确地创建审核日志，确保其满足合规性要求，还需要进行备份并保持业务连续性。

云中数据存储的分类

第 8 章中，介绍了存储的物理实现和虚拟实现。本章更加深入介绍通常向用户提供不同方式的存储技术。下面是云服务提供商的客户使用存储的最常见方式。

- **对象存储**。这种存储类型与文件系统类似，通常可以通过 API 或前端接口（例如 Web）访问，文件（如对象）可以被多个系统同时访问。这种存储类型不太安全，它经常被意外地公开，这样可以通过公共互联网进行访问。通用对象存储的实例包括亚马逊 S3、微软 Azure Block 二进制大对象（BLOB）和谷歌云存储服务。

 注意：二进制大对象（BLOB）存储用于存储无结构数据，例如视频、音频和其他文件类型。

- **卷存储**。这是存储介质，例如连接至服务器实例的硬盘驱动器。通常情况下，卷在某个时刻仅可以连接至单个服务器。
- **数据库**。云服务提供商可以向用户提供范围广泛的各种数据类型，包括商用数据库和开源数据库。通常情况下，云服务提供商也会使用自己的 API 提供专有的数据库。这些数据库由云服务提供商托管，并使用现有的标准连接。所提供的数据库可能是关系型数据库，也可能是非关系型数据库。非关系型数据库的实例包括 NoSQL、其他健 / 值存储系统和文件系统——基于数据库的 [例如，Hadoop 分布式文件系统（Hadoop Distributed File System，HDFS）]。

- **应用程序 / 平台**。这种类型的存储由云服务提供商管理。应用程序 / 平台的实例包括内容分发网络（content delivery networks，CDN）、在软件即服务（SaaS）应用程序（例如客户关系管理系统 CRM）中存储的文件、高速缓存服务以及其他形式。

无论使用的存储模型是什么，大多云服务提供商使用冗余、持久性存储机制，这种机制使用数据分散技术（CSA 指南中也称之为"按位分割的数据碎片"）。这个过程先获取数据（或者说对象），将其分成较小的碎片，将碎片进行复制以获得多个碎片的复本，跨多个服务器和多个驱动器存储这些碎片复本以提供高持久性（弹性）。换句话说，不会将单个文件存放在单个硬盘驱动器上，而是将单个文件跨多个硬盘驱动器进行存放。

每个存储类型都有不同的威胁和不同的保护数据的措施，不同的云服务提供商会选择不同的方案。例如，通常单个用户可以访问单个对象，但是存储卷全部位于虚拟机上，这就意味着要基于所使用的存储模型选择在云环境中保障数据安全的方法。

管理至云的数据迁移

公司需要控制存储在私有云和公有云上存储的数据，这通常取决于数据的价值以及与合规需求相关的法律法规。要想确定哪些数据适合于存储在云上，需要采用相应的策略来确定哪些类型的数据适合迁移、可接受的服务和部署模型以及需要应用的基本安全控制。例如，可以采用以下策略：允许将个人身份识别信息（Personally Identifiable Information，PII）存储在公司允许的特定法律管辖区域内的某个特定云服务提供商的平台上，并通过平台进行处理，并对静态数据存储进行适当控制。

一旦确定了可接受的位置，必须使用工具监控数据相关的行为，例如数据库活动监控（Database Activity Monitor，DAM）工具和文件活动监控（File Activity Monitor，FAM）工具。这些控制不仅可以进行检测，而且可以防止大规模数据迁移发生。

下面列出的工具和技术可用于监控云的使用情况及数据转移情况。

- **云访问安全代理**。云访问安全代理（Cloud access security broker，CSAB）系统最初的目的是用于保护 SaaS 部署并监控其使用情况，但是最近也将其扩展至平台，即使用 PaaS 和基础设施即平台 IaaS 的部署。使用云访问安全代理，可以通过多种方式查看云服务实际使用的情况，例如网络监控、与现有网络网关及监控工具结合，甚至监控域名系统（DNS）查询。可以将云安全代理看作是一种发现服务。一旦发现在使用各种服务，云访问安全代理可以通过 API 连接或内联（中间人）拦截等方式监控已许可服务的活动。通常情况下，云访问安全代理的效果依赖于其数据丢失防护能力（数据防护能力也是云访问代理或外部服务的一部分，它会随着云访问安全代理服务提供商能力的不同而不同）。

- **URL 过滤**。URL 过滤（例如 Web 网关）有助于了解用户正在使用（或者想要使用）哪些云服务。但是，URL 过滤的存在的问题是：当要控制哪些服务可用，哪些服务不可用时，通常会陷入类似"打地鼠"游戏的状态。URL 过滤通常使用黑名单和白名单确定是否允许用户访问特定的 Web 站点。

- **数据丢失防护**。数据丢失防护（Data loss prevention，DLP）工具有助于检测将数据迁移至云的过程。但是，使用数据丢失防护技术时需要注意两个问题：第一，需要"训练"数据丢失防护工具理解哪些是敏感数据，哪些不是敏感数据；第二，数据丢失防护不能检查被加密的数据。一些云 SDK 和 API 可以加密部分数据和传输的数据，这会影响数据丢失防护工具使其无法正常工作。

 考试提示：本部分涵盖了 CCSK 考试中与云访问安全代理相关的全部内容，但是还有一些相关技术需要了解，下面的背景知识部分将对其进行介绍。

云访问安全代理背景知识

云访问安全代理最初用于 SaaS 安全控制，但是最近扩展到也可以保护 PaaS 和 IaaS 的安全。云访问安全代理有多个目标，其中最主要的是对公司当前使用的 SaaS 产品进行发现扫描。为了实现这个目标，云访问安全代理会读取从出口网络设备获得的网络日志，执行反向 DNS 查询以追踪云服务提供商域名的 IP 地址。或者，如果发现服务支持，可以看到正在使用特定 SaaS 服务的用户。

 提示：CCSK 考试中将不涉及背景知识相关的部分。背景知识的目的只是帮助理解重要的技术。

除了发现之外，云访问安全代理可用作阻止访问 SaaS 产品的预防性控制措施。但是，在集成数据丢失防护技术之后，这个功能很快就被替代了。通过集成数据丢失防护服务，除了继续允许访问 SaaS 产品，还可以控制能够在 PaaS 提供的服务中做什么事情。例如，如果某个人使用推特，可以限制其向平台发送某个关键字或某句话。法律规定，未披露公司和个人对标的股票的所有权状况时，不得进行推荐。在这种情况下，可以允许用户使用推特推广股票经纪公司，但可以严格限制他们发布类似"苹果公司的服务将涨到每股 50 美元"的言论。

是使用 SaaS 应用程序还是使用 Web 站点？

上面关于推特的案例是 SaaS 的实例。Web 站点和 SaaS 之间的分界线变得越来越模糊了。在进行选择时，主要考虑两个方面的问题：使用 Web 站点是否是为了达到合法的商业目标；如果是这样，它是否是一个 SaaS 应用程序，即使是免费的也需要考虑。例如，许多公司为用户支持推特。对于我来说，这使推特成为一个商业应用程序，所以将它定位为 SaaS 应用程序。曾经使用过汽车 Web 站点吗？如果你是一个汽车经销商，那么你的 Web 站点应该是用于购买和销售汽车的，所以这是一个商业应用程序，这不仅仅是让员工无聊的时候在 Web 站点上打发时间的。之所以提到这一点，是因为许多云访问安全代理服务提供商声称每个公司使用的 SaaS 应用程序超过 1500 个，但实际上，他们把员工处于商业目标和个人目标访问的站点全部都计入了。

前面介绍了云访问安全代理发现和内联过滤功能，下面介绍一些云访问代理服务商可能会提供的 API 集成方面的内容。对于需要集成 API 的云访问安全代理来说，通常需要通过元结构层确定用户如何使用云产品。例如，从这里可以通过云访问安全代理得知有多少次登录活动，还可以得到云环境的许多其他细节。还需要特别关注云访问安全代理服务提供商是否支持正在使用的平台 API。

至于云访问安全代理集成内联过滤功能和 API，大多数提供商同时采用两个功能的混合模式。这是非常成熟的技术，并且正在不停向前发展。在选择云访问安全代理提供商时，将自己的实际需要与云安全代理提供商能提供的功能进行比较是非常重要的。毕竟，如果云访问安全代理提供商不支持正在使用或计划在不久的将来使用的功能，它支持的 API 再多又有什么用呢？对于集成外部数据丢失防护解决方案的情况，同样如此。

使用云访问安全代理控制 PaaS 和 IaaS 对市面上大多数云访问安全代理来说是非常新的技术。在大多数情况下，只能获得元结构层的 API 覆盖率。换句话说，不能将云访问安全代理用作某种形式的应用程序安全测试工具，将其用于对在 PaaS 上运行的应用程序进行测试，也不能将云访问安全代理作为在 IaaS 环境进行漏洞评估的集中位置 。

安全传输云数据

在将数据迁移到云环境过程中，需要保证数据的安全。例如，云服务提供商支持安全文件传输协议（Secure File Transfer Protocol，SFTP）吗？文件传输协议（File Transfer Protocol，FTP）使用明文在因特网上传输身份识别信息，云服务提供商要求使用 FTP 协议吗？云服务提供商提供给用户的 API 都受到很强的安全机制保护，所以不需要用户处理 API 的安全问题。

在对传输的数据加密方面，现在使用的很多方法与之前使用的方法基本相同。包括传输层安全（Transport Layer Security，TLS）、虚拟专用网（Virtual Private Network，VPN）访问，以及其他保障传输数据安全的方法。如果云服务提供商不提供这些基本的安全控制，那么尽快换一个云服务提供商。

传输数据加密的另一个方法是代理（即混合存储网关或云存储网关）。代理设备的任务是在将数据通过因特网传送至云服务提供商之前使用自己的加密密钥对数据进行加密。虽然这项技术前景很好，但是它的采用率并没有达到大家的预期。但是，云服务提供商有可能采用这种技术的软件版本向用户提供服务。

如果向云服务提供商传送大量的数据时，如果有可能，可以考虑直接使用硬盘进行数据传输。尽管通过因特网进行数据传输的速度比 10 年前要快，但使用硬盘直接传输 10 千兆字节的数据要比通过因特网传输要快得多。要注意的是，直接使用硬盘传输数据时，公司要制定相应的策略，规定采用物理形式使数据离开数据中心时，必须对数据加密。如果是这种情况，需要与云服务提供商进行沟通，告诉他们直接使用硬盘传输数据的好处。许多云服务提供商都提供使用硬盘驱动器和 / 或磁带向其传输数据的功能。有些云服务提供商甚至专门的硬件完成数据传输。

最后，有些数据传输可能会涉及到一些不是自己的或者不是自己管理的数据，例如，来自公共来源或不受信任来源的数据。在处理这些数据或者将这些数据与现有的数据混合时，必须要保障这些数据的安全。

保障云中的数据的安全

在准备 CCSK 考试时，只需要掌握两种安全控制方法：访问控制和加密。访问控制是第一位的控制方法。如果没有做好访问控制，那么其他控制方法都起不了作用。一旦实施了很好的访问控制方法，接着就可以基于风险的方法实现合适的静态数据加密。下面详细介绍云环境中相关的安全控制。

云数据访问控制

正确实施访问控制包含以下 3 个主要的方面。

- **管理平面**。这些访问控制用于限制访问云服务提供商的管理平面可以执行的操作。对于新创建的账户，大多数云服务提供商采用默认拒绝访问控制策略。
- **公共和内部共享控制**。这些控制必须进行计划，当向公众或同事共享数据时，需要实施这些控制计划。正如第 1 章介绍的，有几家公司发现，由于向公众提供对象存储，这些访问控制出现了错误，因此他们登上了全国性报纸的头版。
- **应用程序级别的控制**。必须适当地对应用程序本身进行设计和实现，以管理对应用程序的访问。包括在 PaaS 环境中创建的自己的应用程序，以及公司使用的任何 SaaS 应用程序。

除了应用程序级别的控制外，根据云服务模型和云服务提供商提供的具体特征选择实现访问控制。为了做好合适的访问计划，可以借助于特定平台功能的授权矩阵。这个授权矩阵基本上是一个表格，如下表所示。其中列出了用户、群组和各种角色对资源和功能的访问级别。

授权	超级管理员	服务管理员	存储管理员	开发人员	安全审计员	安全管理员
卷描述	×	×		×	×	×
对象描述	×		×	×	×	×
卷修改	×	×		×		×
读取日志	×				×	×

 提示：第 12 章将会详细介绍这个授权矩阵。

确定好授权方案后，必须经常验证控制是否满足需求，要特别关注公共共享控制。设置新的公共共享或者允许公众访问的时候要发出警告，以快速识别超越授权的访问。

了解云服务提供商提供了哪些控制，可以在自己的控制下对所有数据进行适当的访问控制。创建自己的授权矩阵并在云环境中实现这些控制。这些操作涉及到所有的数据，例如数据库和所有云数据存储。

提示：授权的主要目的是实现应用程序级别的运维风险控制。如果云服务提供商未提供相关方案，以让自己进行微调之后实现自己的授权方案，那么应该尽快换一个云服务提供商。

存储（静态）加密和令牌化

在讨论特定模型的加密方法之前，先介绍静态保护数据的各种方法。CSA 指南提到的两种技术是加密和令牌化。采用这两种技术之后，想要读取数据的未授权用户或系统将无法读取数据。加密会扰乱数据，使数据在可见的未来无法读取（如果量子计算成为主流，这种情况可能会发生变化）。令牌化是指使用随机值替换数据集中的每个元素。令牌化系统将原始数据和随机化之后的数据存储在安全数据库中，以备之后检索。

令牌化是支付卡行业（Payment Card Industry，PCI）率先使用的方法，用于保护信用卡号。在 PCI 令牌化系统中，公共可访问的令牌化服务器可用作前端，以保护后端存入到安全数据库中的实际信用卡信息。当进行支付时，销售商会接收到一个令牌，它类似于一个参考 ID，可用于对交易执行相关操作，例如退款。销售商完全没必要存储实际的信用卡信息，他们只是存储这些令牌。

CSA 指南表示，当数据的格式很重要时，通常使用令牌化技术。格式保留加密（Format-preserving encryption，FPE）对数据进行加密，但保持格式不变。

考试提示：在准备 CCSK 考试时，需要注意，加密通常会显著增加文本字符串，而令牌化和数据屏蔽技术可以保持数据的长度和格式不变，同时使任何可能访问数据的人都无法使用数据。

格式保留加密 FPE 与标准加密

格式保留加密能解决什么问题呢？下面我们来看一下信用卡的例子，主要通过 MD5、AES-256 和令牌化的方法进行加密。

- 原信用卡号码：4503 7253 6154 9980。
- MD5 加密后的值：3f50ae380920a524b260237b2c63fe0d。
- AES-256 加密后的值：VS3kSTTJc8mNk8NChcfFscekJFUW1UwdT3zw pf0xAsL n+tV4mCKqwMdJp9yrHRgl。
- 令牌化之后的值：4623 5622 9867 5645。

在这个实例中，使用了格式保留加密令牌化技术（不是所有的令牌化系统都需要保留格式）。与其他实例不同，格式相同，但真实信用卡卡号"隐藏"起来了，对于不正确访问数据的人来说是没有用的。

格式保留加密的另一个实例是数据屏蔽。两种方法主要的区别就是隐藏数据的技术是否可逆。使用 FPE 的令牌可以使用已知的"字母表"来更改数字，并且是可逆的，而数据屏蔽通常是不可逆的。令牌通常用于支付系统，用于保护信用卡号码，而数据屏蔽通常用于开发环境。

在云环境中，有 3 个加密系统的组件和 2 个位置。3 个组件分别是数据本身、加密引擎和保存加密密钥的密钥管理。

3 个组件中的任何一个均可在任意位置运行。例如，可以将数据保存在云环境中，加密引擎和保存密钥的密钥管理服务放在数据中心内。实际上，任意组合都可以。通常基于风险偏好来选择组合。某个公司愿意将 3 个组件都放在云环境中，而另一个公司可能要求将数据在本地加密之后才能将数据存储到云环境中。

这些安全需求会驱动加密架构的整体设计。在设计加密系统时，应该首先进行威胁建模，并且回答以下一些基本的问题。

- 信任云服务提供商存储密钥吗？
- 密钥能够公开吗？
- 应该将加密引擎存放在哪里来管理所关注的威胁？
- 哪种选择满足风险容忍需求，自己管理密钥或者让云服务提供者管理密钥？
- 存储数据加密密钥、存储已加密的数据以及存储主密钥的职责是否需要进行分离？

这些及其他问题的答案将有助于指导您的云服务加密系统设计。

现在，已经介绍了云环境中加密和隐藏的高级元素，下面看看如何在特定的服务模型中执行加密。

IaaS 加密

对于 IaaS 中的加密，需要考虑两种主要的存储产品：卷存储以及对象和文件存储加密。

卷存储加密包括以下 2 种。

- **实例管理加密**。加密引擎运行在实例内部。实例管理加密的例子是 Linux 统一密钥设置。实例管理加密的问题在于：密钥本身存储在实例中，使用密码短语进行保护。换句话说，可以使用密码短语 1234 保护 AES-256 加密的安全。
- **外部管理加密**。外部管理密码将加密密钥保存在外部，根据需要将解决数据的密钥提交给实例。

对象存储加密包括以下 3 种。

- **客户侧加密**。在这种情况下，使用嵌入在应用程序或客户侧的加密引擎加密数据。在这种模式中，用户控制用于加密数据的加密密钥。
- **服务器侧加密**。服务器侧加密由云服务提供商进行加密，云服务提供商访问加密密钥并运行加密引擎。尽管这是加密数据最简单的方式，但这种方法需要对云服务提供商高度信任。如果云服务提供商保存加密密钥，政府机关有可能会强制他们解密数据并提交数据。
- **代理加密**。这是混合存储网关。这种方法可以与 IaaS 环境中的对象和文件存储协同工作，因为云服务提供商不需要访问你的数据就能进行数据传输。在这种情况下，代理处理所有的加密操作，并且加密密钥存放在设备内或者由外部密钥管理服务对密钥进行管理。

PaaS 加密

能提供 IaaS 加密服务的公司并不多，只有几个主要的公司能够提供相关服务。与 IaaS 加密不同，有很多 PaaS 服务提供商，这些服务提供商在加密方面提供的功能不尽相同。CSA 指南提出了在 PaaS 环境中使用加密的 3 个方面。

- **应用层加密**。在 PaaS 内运行应用程序时，通常都在应用程序内部或客户访问的平台上实现任何需要加密的服务。

- **数据库加密**。PaaS 数据库产品通常提供内置加密功能，这些功能由数据库平台支持。通用加密功能的实例包括透明数据库加密（Transparent Database Encryption，TDE），其对整个数据库加密，并且实现字段级别的加密（只对数据库的敏感部分加密）。
- **其他**。PaaS 云服务提供商可以对应用程序使用的各种组件（例如，消息队列服务）进行加密。

SaaS 加密

SaaS 加密与 IaaS 加密和 PaaS 加密完全不同。与其他模型不同，SaaS 通常被企业用来处理数据，以提供有洞察力的信息（例如 CRM 系统）。SaaS 服务提供商也可以使用 IaaS 服务提供商和 PaaS 服务提供商的加密方案。建议云服务提供商尽可能实施每个客户独立密钥策略，以改进多租户隔离的实施。

提示：客户可以有很多理由来选择使用云服务提供商提供的加密方案。例如，云服务提供商可能无法处理由用户进行加密的数据（通过加密代码实现数据加密）。

密钥管理（包括客户管理的密钥）

严格的密钥管理是加密最重要的事情。毕竟，如果将密钥丢失，就相当于丢失了所有已加密的数据。如果不怀好意的人能够获得密钥，那么他们也可以访问数据。根据 CSA 指南所说，密钥管理主要考虑密钥管理系统的性能、可访问性、延迟和安全性。

根据 CSA 指南，有以下 4 种密钥管理系统部署方法。

- **硬件安全模块 / 设备**。使用基于传统硬件安全模块（Hardware Security Module，HSM）或设备对密钥进行管理，这通常需要在本地（一些云服务提供商提供云硬件安全模块）进行，并且通过专门的连接将密钥发送到云环境。相对于密钥设备的大小来说，许多供应商都会声明，这种管理云环境中数据密钥的方法几乎没有延迟。
- **虚拟设备 / 软件**。一种不需要基于硬件的密钥管理系统。可以在云环境中部署虚拟设备和基于软件的密钥管理系统，用于维护云服务提供商环境内的密钥，从而减少数据中心和基于云的系统之间通信时可能存在的延迟或中断。在这种部署方式中，自己依然管理密钥，如果法律授权要求访问你的数据，云服务提供商不能使用这些密钥。

- **云服务提供商提供的服务**。由云服务提供商提供密钥管理服务。在选择这种部署方式之前，要了解其安全模型和服务级别协议（Service Level Agreement，SLA），再来确定是否将密钥提交给云服务提供商。还需要理解的一点是，尽管这是在云环境中管理密钥最方便的选项，但是云服务提供商能够访问密钥，并且法律机关可以强制云服务提供商根据要求提交任何数据。
- **混合模式**。这是一个组合系统。例如，可以使用硬件安全模块作为密钥的信任根，然后将某个应用程序的密钥发送到位于云中的虚拟设备，该虚拟设备仅为其特定上下文管理密钥。

许多云服务提供商（例如存储）默认情况下可以使用一些服务（例如，对象存储）提供加密。在这种情况下，云服务提供商拥有并管理加密密钥。因为云服务提供商保存密钥可能存在一定的风险，大多数供应商通常实施强制职责分离的系统。使用密钥访问用户的数据，需要云服务提供商的多个员工之间进行配合。当然，如果云服务提供商能够解密数据（如果他们管理密钥和引擎，就能解密数据），如果法律机关要求云服务提供商解密数据，他们就必须解密数据。用户应该确定是否使用自己的密钥替换云服务提供商的密钥，用户的密钥会与云服务提供商加密引擎一起工作。

用户管理的密钥在一定程度上受用户控制。例如，云服务提供商可以提供生成或导入加密密钥的服务。进入系统后，客户选择某个人来管理和 / 或使用密钥加密和解密数据。将密钥和云服务提供商的加密系统集成之后，可以使用云服务提供商创建和管理的加密引擎访问已加密的数据。使用云服务提供商管理的密钥时，因为云服务提供商也可以访问这些密钥，如果需要，云服务提供商必须使用它们将数据提交给法律机关。

如果存储的数据是敏感数据，不愿意冒险让政府访问数据，那么有两种选择：使用自己拥有的能完全控制的密钥，或者在云环境中处理数据。

提示：在云环境中处理的数据时，在处理之前需要解密。如果同态加密技术可用，可能会改变这一局面。

数据安全架构

云服务提供商花费了大量的时间和成本保障云环境的安全。将云服务提供商提供的服务作为自己架构的一部分可以增加整体的安全性。例如，通过让云实例通过提供商提供的服务传输数据这样简单的事情，可以大大提高架构的安全性。

例如，考虑到需要分析一组数据的情况。可以使用安全架构（如图 11-1 所示）将数据复制到云服务提供商的对象存储中。可以分析访问对象存储，收集数据，并且接着处理数据。然后将处理过的信息发送至对象存储，并且发送通知已经完成全部任务。如果要检索想要的信息，可以直接连接至存储并下载相关文件。应用程序只会完成所需的功能，运行在恶意网络中运行的服务器不可能连接至数据中心。从这个实例可以看出，云环境中新的安全体系结构模式可以多种多样。

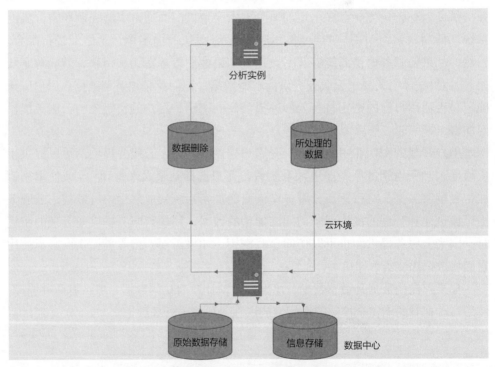

图 11-1　通过集成云服务提供商的服务增加架构的安全性

在大多数情况下，总是能够将云服务提供商服务结合到自己的架构中，与当前计算环境中使用的传统架构模式相比，这种架构更具有可扩展性，更便宜且更安全。

监控、审计和警告

至于监控云环境方面，需要访问应用结构和元结构层远程监测数据。换句话说，需要从服务器和应用程序（应用结构层）以及元结构层收集日志。

- **应用结构层**。从服务器和应用程序收集事件日志，并将其传送至安全信息和事件管理（Security Information and Event Management，SIEM）。为了收集数据库活动，可以考虑使用 DAM 解决方案。
- **元结构层**。在云环境中，只有 API 活动发生，就收集其全部数据。并且从使用的所有服务（例如，访问对象存储中的文件）收集日志。

强大的监控、审计和警告功能是必选项。应该将日志数据存储在安全位置，例如独立的日志账号。这样做的原因有多个，包括用于法律事务的证据链。但是，需要注意的是，管理员和工程师要能够访问日志数据，这样可以定位到相关的问题。还要确定云服务提供商是否提供了将这些数据复制到日志账户的功能。采用这种方式，管理员可以在不访问集中日志区域的情况下访问日志。

其他数据安全控制

还有一些其他的安全控制有助于增强安全性。下面介绍增强云环境中系统和信息安全的一些方法。

云平台 / 云服务提供商特定的控制

云服务提供商的各种安全控制能够完全做到与时俱进几乎是不可能的，IaaS 服务尤其如此。云服务提供商可以提供基于机器学习的异常检测、入侵防御系统、第 7 层防火墙（例如，Web 应用防火墙）、数据分类系统等。实际上，云服务提供商有些产品并不是专门为安全而设计，但可以利用它们来提高安全性。相关实例包括通过以下两种方式增强安全架构：一是实现移除直接数据路径的服务；二是通过实现告知运行在无服务环境中的应用程序使用各种服务的服务。

考试提示：因为云服务提供商不同，他们提供的额外服务及他们如何利用这些服务的方式会有所不同，所以 CCSK 考试中不会涉及相关内容。虽然下面的技术在指南中，但是参加 CCSK 考试不需要理解这些技术。

数据泄露防护

数据泄露防护（Data Loss Prevention，DLP）系统既能预防，也能检测，可以根据编程识别的信息检测潜在的数据泄露或滥用。它可以对正在使用的数据（例如，安装在端点的数据）、传输中的数据（例如，网络设备中的数据）或者静态数据（例如，在存储中读取的数据）进行相关操作。数据泄露防护系统需要进行配置，以明确哪些是敏感数据，以及什么情况下可以看作是敏感数据。例如，词语"跳"和"证据"本身不值得太多关注，但如果是短句"我要从房顶跳下去。"就是一个非常令人担忧的说法。与声明一样，个别信息可能不会被认为是敏感或重要的，但是在某些情况下，它们非常重要。例如，可以将数据泄露防护配置为能够理解信用卡号是什么形式的，例如，执行测试（Luhn 算法检查）以确定它是有效的信用卡号，并且接着报告或阻止信用卡号被传送到了另一个系统或传送至网络外部。

将数据泄露防护常被认为是一种 SaaS 安全控制。通常将数据泄露防护服务用于云访问安全代理（CSAB），通过将其与内联检测结合，用于标识并阻止敏感数据发送至 SaaS 产品。CSAB 内数据泄露防护功能可以是云访问安全代理 CSAB 本身的一部分，也可以与现有的数据泄露防护平台结合。在考虑使用哪种 CSAB 解决方案时，应该确定有数据泄露防护功能，并且看它是否与自己现有的数据泄露防护平台结合。CSAB 成功地识别并保护敏感数据主要依赖其使用的数据泄露防护解决方案。

云服务提供商也可以提供数据泄露防护功能。例如，云文件存储及协作产品可以使用其数据泄露防护系统中预先配置的关键字和 / 或正则表达式扫描上传的文件。

企业权限管理

企业权限管理（Enterprise Rights management，ERM，不要将其与企业风险管理相混淆）和数字版权管理（Digital Rights Management，DRM）都是对访问数据进行控制的安全控制技术。DRM 更多的是大众消费者控制，通常用于书籍、音乐、视频、游戏和其他消费者产品等媒体。ERM 通常用于员工安全控制，可用于控制对文件进行的相关操作，例如复制和粘贴操作、生成快照、打印等操作。有些情况下，需要将敏感文件发送给工作伙伴，但想要保证不能复制文件。这时，可以使用 ERM 来保护文件（在一定程度上对文件进行保护）。

注意： 企业权限管理也称为信息权限管理。

ERM 和 DRM 技术通常情况下不由云环境提供，也不适用于云环境。这两种技术依赖加密技术，但加密会破坏功能，在 SaaS 中尤其如此。

数据屏蔽和生成测试数据

数据屏蔽是一种模糊处理技术，在保留数据原始格式的同时改变数据。数据屏蔽技术可以支持多个标准，例如支付卡行业数据安全标准（Payment Card Industry Data Security Standard，PCI DSS）、个人识别信息（Personally Identifiable Information，PII）标准，以及受保护的健康信息（Protected Health Information，PHI）标准。下面以信用卡卡号为例说明。

4000 3967 6245 5243

采用数据屏蔽技术之后，变成

8276 1625 3736 2820

这个实例展示了替代技术，改变了信用卡卡号，实现了屏蔽。其他的数据屏蔽技术包括加密、置乱、置零、混排。

数据屏蔽通常采用以下两种方法之一实现：生成测试数据（通常称为静态数据屏蔽）和动态数据屏蔽。

- **生成测试数据**。数据屏蔽应用程序将数据从数据库中提取出来、传输数据，然后将这些数据复制到开发或测试环境中的另一个数据库。这通常是为了在开发过程中不使用生产数据。
- **动态数据屏蔽**。数据保存在源数据库中，但是实时转换数据流（在传输过程中进行）。这通常使用代理完成，并且依赖于谁访问数据。以工资数据库为例，如果开发人员访问数据，工资信息将会被屏蔽掉。但如果是人力资源经理访问相同的数据，他将可以看到实际的工资数据。

实施安全管理生命周期

如上所述,数据驻留可能会产生严重的法律后果。了解云服务提供商提供的方法,保证数据和系统仅限于批准的地理位置。你需要建立预防性控制以禁止个人访问未许可的区域,并建立检测控制以在预防性控制失效时发出警告。也可以使用云服务提供商的加密服务保护意外地跨区域移动的数据,假设加密密钥在将数据意外复制至的区域中不能使用。

所有的控制都需要记录、测试和许可。合规性构件可以说明你在云环境中一直坚持保持合规。

本章小结

本章详细介绍了 CSA 指南中对数据安全和加密方面的建议。在准备 CCSK 考试过程中,应该掌握以下几点。

- 访问控制是安全控制中唯一最重要的控制。
- 所有的云服务提供商和平台都是不同的,需要了解公司使用的平台和服务的具体功能。
- 利用云服务提供商提供的服务可以增强整体的安全性。在很多情况下,云服务提供商将以比你自己构建和维护的控件更低的成本提供控件,而且可扩展性和编排能力会低。
- 应该利用授权矩阵构建访问控制,并与系统拥有者意见保持一致。一旦确定授权方案之后,就可以实现访问控制了。访问控制的细致程度取决于云服务提供商的能力。
- 可使用 CSAB 监控并加强 SaaS 的使用策略。
- 加密有 3 个组件(引擎、密钥和数据),这些组件可以位于云环境中,也可以位于本地环境中。
- 用户管理的密钥可以由用户管理,但由云服务提供商保存。
- 云服务提供商管理的密钥可以使加密像复选框一样简单。这可以解决合规问题,但需要保证云服务提供商的加密系统得到安全监管部门的认可。
- 无论什么时候云服务提供商能够访问加密密钥,如果法律要求,政府机构都可以要求他们提供数据。如果不能接受相关风险,那么在本地使用自己的密钥加密数据,或者不在云环境中存储数据。

- 使用自己的加密方案（例如，使用加密代理设备）通常会破坏 SaaS 的功能。与 IaaS 和 PaaS 不同，SaaS 服务提供商通常用于将数据处理成有价值的信息。
- 再次强调，访问控制是安全控制中最重要的事情。
- 新的架构模式可以在云环境中使用。将云服务提供商的服务与自己的架构结合起来可以提高安全性。
- 加密和密钥管理的标准有多种，包括 NIST SP 800-57、ANSI X9.69 和 X9.73。（注意，只需要知道有这些标准就可以了，在准备 CCSK 考试时不需要知道标准的细节。）

本章练习

问题

1. SaaS 服务提供商将会提供什么方案加强多租户隔离？

   A. 云服务提供商管理密钥

   B. 基于 AES-256 加密

   C. 每个用户都有自己的密钥

   D. 用户管理的硬件安全模块

2. 如果公司需要保证在云环境中存储的数据不被未经允许的人访问（包括云服务提供商），应该怎么做？

   A. 使用本地 HSM，并将生成的密钥导入云服务提供商加密系统作为用户管理的密钥

   B. 基于专有算法使用加密密钥

   C. 不要将数据存储在云环境中

   D. 使用用户管理的密钥，使得能够在完全控制密钥的情况下进行加密

3. 下面哪一项控制可用于基于个人访问数据进行数据传输？

   A. 企业仅限管理

   B. 动态数据屏蔽

   C. 生成测试数据

   D. 数据丢失防护

4. 为什么 SaaS 服务提供商要求用户使用云服务提供商提供的加密方案？

A. 在将数据发送至云服务提供商的应用程序之前就加密可能会破坏某些功能

B. SaaS 中不存在用户管理的密钥

C. SaaS 不能使用加密，因为它会破坏功能

D. 所有的 SaaS 实现方案都要求所有的租户使用相同的加密密钥

5. 下面哪一项存储类型类似文件系统，并且通常通过 API 或前端接口访问？

A. 对象存储

B. 卷存储

C. 数据库存储

D. 应用程序 / 平台存储

6. 下面哪一项可以考虑作为主要安全控制？

A. 加密

B. 日志记录

C. 数据驻留限制

D. 访问控制

7. 下面哪一项部署模型使得在云服务提供商的云环境中实现加密时，用户能够完全控制加密密钥管理？

A. 基于 HSM/ 设备的密钥管理

B. 虚拟设备 / 软件密钥管理

C. 云服务提供商管理的密钥管理

D. 用户管理的密钥管理

8. 支付卡行业将下面哪一项安全控制作为保护信用卡数据的一种形式？

A. 令牌化

B. 云服务提供商管理的密钥

C. 动态数据屏蔽

D. 企业权限管理

9. URL 过滤和 CSAB 之间的主要区别是什么？

A. DLP

B. DRM

C. ERM

D. 根据白名单和黑名单阻止访问的能力

10. 在考虑云环境中的数据安全控制时，主要的因素不包括下面哪一项？

A. 控制允许发送到云的数据

B. 保护和管理云环境中数据的安全

C. 对云服务提供商进行风险评估

D. 加强信息生命周期管理

答案及解析

1. C。建议 SaaS 服务提供商尽可能实现每个用户采用不同密码，从而更好地增强多租户隔离。

2. C。仅有的选择是不使用云。如果在本地加密数据，然后将其复制到云环境中，如果法律机关强制对数据进行解密，那么云服务提供商也无法完成解密。通常不推荐使用自己的加密算法，因为在云服务提供商的环境中，自己的加密算法无法正常工作。

3. B。仅动态数据屏蔽才能使用代理等设备在数据传输过程中对数据进行转换，这样可以根据用户访问数据限制实际的数据的显示。生成测试数据要求导出数据，并为访问所复制数据库的每个用户转换数据。其他答案均不对。

4. A。如果用户在将数据发送至 SaaS 服务提供商之前加密数据，它可能会影响相关功能。SaaS 云服务提供商应该提供用户管理的密钥来加强多租户隔离。

5. A。对象存储类似于文件系统，通常可通过 API 或前端接口访问。其他答案均不对。

6. D。访问控制永远是第一位的安全控制。

7. B。云环境中加密密钥管理系统的唯一选择是实现用户管理的虚拟机或虚拟机上运行的软件。

8. A。令牌化是支付卡行业用于保护信用卡数据的安全控制。

9. A。URL 过滤和 CSAB 之间的主要区别是：与传统的域名黑名单和白名单不同，在对 SaaS 连接进行内联监测时，CSAB 可以使用 DLP。

10. C。尽管对云服务提供商进行风险评估很重要，但这个活动不是数据安全控制。

12 第12章
身份识别、授权和访问管理

本章涵盖 CSA 指南范围 12 中相关的内容，主要包括：

- 用于云计算的身份识别和访问管理标准。
- 管理用户和身份识别。
- 身份验证和凭证。
- 授权和访问管理。

别用一些基础知识来烦我！

——秘密系统工程师

当我强调对亚马逊 Web 服务（Amazon Web Services、AWS）S3 中存储的文件进行身份识别和访问管理（Identity and Access Management，IAM）的重要性时，有个系统工程师说了本章导言中的这句话。不久之后，发现这个工程师所在的公司通过 AWS S3 共享泄漏了数百万用户记录，任何人都可以对这些记录进行访问。身份识别和访问管理 IAM 是"基础知识"，但是正确地进行身份识别和访问管理是很重要的，不能忽视这个问题。

与云环境中其他的安全方案一样，身份识别和访问管理也采用责任共担模型。作为用户，需要利用云服务提供商提供的强大的控制，不仅包括身份识别服务，而且包括授权和访问控制服务〔即，身份识别、授权以及访问（Identity,Entitlement, and Access），或者缩写为 IdEA〕。在云环境中进行身份识别和访问管理方面，需要理解的最重要的概念是联合身份认证。联合身份认证使得云用户能够实现跨多个云平台和服务使用一致的身份管理方法。

因为不同的云服务提供商提供不同的身份识别和访问管理控制服务，所以针对不同的云服务提供商使用不同的身份识别和访问管理过程。现在需要改变这种现状。可以通过设计采用最小权限原则使用云服务提供商提供的服务。云环境中身份识别和访问管理要求用户和云服务提供商之间建立相互信任的关系，并且清楚地理解双方的角色和责任。

联合身份认证使得在根据需求将授权委托给云服务提供商时，用户依然能够控制身份认证。任何具有一定规模的云应用都需要使用联合认证。如果不使用联合认证，每个用户在公司使用的全部服务都需要分配一个独立的账号。

本章重点介绍使用云服务后，需要对身份识别和访问管理控制过程进行的改变。背景知识部分将深入介绍 CSA 指南中涉及的一些标准。与本书中其他的背景知识一样，这里的背景知识只是为了有助于理解 CSA 指南中提到的技术，CCSK 考试中不涉及到背景知识相关的内容。

身份识别和访问管理在云环境中的运行机制

下面先介绍在云环境中，身份识别和访问管理哪些方面未发生变化。还是需要将实例（要与系统交互的对象，例如人、系统或代理）映射到某个具有属性（例如，群组）的某个身份，然后根据权限确定访问许可。这个过程称为基于角色的访问控制（Role-Based Access Control，RBAC）。所以，用户是群组的成员，所以获得了使用资源的许可。

如果使用多个云服务提供商则会给身份识别和访问管理带来一定的复杂性。但如果使用联合身份识别和访问管理，就可以管理数十个不同的身份识别和访问管理系统。可以管理这些不同位置的设置，以增强身份识别和访问管理，但是必须在云服务提供商拥有并操作的环境中对此进行控制，云服务提供商提供的功能可能会受到限制。

从操作的角度来看，必须在本地目录服务（例如，活动目录）中创建每个用户账户，而不仅仅是一次，而是数十次或上百次。公司里的哪个员工来负责管理这些账户呢？更糟糕的是，谁来负责取消这些账号呢？假设某公司使用 100 个软件即服务（SaaS）产品，在需要削减成本的情况下被迫裁掉 1000 个用户。那么需要禁用 100 000 个账户！要多少人员工才能完成这项任务呢？

下面来看看对环境中用户的影响。用户很难记住在公司登录的细节。他们能够记住 100 个不同的密码？必将出现下面两种情况之一——员工会在每个 SaaS 系统中使用相同的密码（不太好的做法），或者不断地请求密码重置（也不是最优方案）。

仅从这种情况来看，就知道为什么部署云的时候迫使公司必须采用联合身份认证技术了。这也是 CSA 指南为什么说云环境中身份识别和访问管理是一个"被迫使用的功能"了。云的广泛采用以及身份识别和访问管理面临的挑战迫使公司采取措施解决即将面临的这一重要痛点。解决这个痛点的办法就是采用联合身份认证。

在联合身份认证的基础上，云的采用使公司有机会在云环境中使用的现代体系结构和标准上构建新的基础设施和流程。本章将介绍其中的一些先进技术和标准。

身份识别和访问管理术语

有很多与身份识别和访问管理相关的术语，它们使用并不广泛。即使是身份识别与访问管理本身也有不同的理解，通常指身份识别管理（Identity Management，IdM），或者指身份识别、授权和访问管理（Identity, Entitlement, and Access management"，IdEA）。下面是云安全联盟在指南中使用的一些术语。在准备 CCSK 考试时需要记住这些术语。

- **实体**。具有身份识别信息的人或事物。
- **身份标识**。实体在给定环境中唯一的表示。例如，当登录至公共 Web 站点，通常会使用电子邮件地址，因为电子邮件地址是全球唯一的。当你登录到系统时，用户名就是身份标识。
- **标识符**。数字环境中的加密令牌，用于向应用程序或服务标记身份标识（例如，用户）。例如，Windows 系统使用安全标识符（Security Identifier，SID）来标识用户。在实际生活中，标识符可以是护照。
- **属性**。身份标识的某个方面，可以是身份标识及其关联的任何信息。属性可以是静态的（群组成员关系、组织单位），也可以是高度动态的（连接使用的 IP 地址，物理地址）。例如，如果使用多因素身份验证登录，可以使用属性确定是否许可访问（基于属性的访问控制）。
- **人物角色**。身份标识和属性所处的具体状态。同一个人在不同情况下的角色可能会发生变化。例如，在工作中，可能是 IT 管理人员，这是工作角色。在家里，人物角色可能是两个孩子的父亲。在曲棍球联赛中，角色可能是球队的左翼球员和队长。但是身份标识不会改变，人物角色会考虑相关情况及属性。
- **角色**。①由云环境中的系统继承的临时凭证。②联合身份验证的一部分；如何在基础设施即服务（IaaS）提供商中授予您公司内群组成员资格。③在工作中完成的工作任务。

- **身份验证**。确定身份标识的过程。在出差想要入住宾馆时，在前台首先要做的事情就是核验身份，前台工作人员需要验证你自己说出的身份是否符合。当然，在数字世界，通常会使用用户名和密码来进行身份验证。

- **多因素身份验证**。在身份验证的过程中有 3 个因素：知道的事情、拥有的东西以及是什么。例如，可能正在使用用户名和密码（您知道的）进行身份验证，然后系统会提示您使用 Google Authenticator（您拥有的）在手机上生成基于时间的一次性密码（TOTP）。

- **访问控制**。限制对资源进行访问的控制。是身份识别和访问管理的"访问管理"部分。

- **记录**。日志记录和监控功能。

- **授权**。允许具有某种身份的对象能够做什么的能力。在得到宾馆钥匙的授权之后才能进入房间、健身房、洗衣房等。在 IT 领域类似，需要授权才能访问文件或系统。

- **资格**。对某个对象的权限。CSA 使用术语"资格"，而没有使用"权限"，其实其含义是一样的。资格的工作方式是：通过将身份标识与授权映射来确定允许某个身份标识的对象做什么事情。这些授权情况应该记录到资格矩阵中。

- **单点登录**。一种令牌或票证系统，用于授权用户，而不是让用户登录域中的各个系统。Kerberos 是 Windows 环境中单点登录的一个示例。

- **联合身份识别管理**。跨不同系统的单点登录的密钥启用码，支持本地身份验证和远程授权操作

- **权威来源**。身份标识的"根"源。权威来源常用的实例是目录服务器(例如，活动目录)。另外，工资系统也可以是真正的权威来源。

- **身份标识提供方**。管理身份标识并创建联合使用身份标识断言。

- **依赖方**。使用身份标识提供方提供身份标识断言的系统。依赖方有时候也指"服务提供商"。

 考试提示：在准备 CCSK 考试时，一定要记住这些术语。

身份识别和访问管理标准

在身份识别和访问管理方面，需要知道的标准有多个。本小节分成两个部分：第一部分涵盖 CSA 指南的相关标准，第二部分更深入地介绍每个标准的一系列背景知识，以加强对标准的理解。

在准备 CCSK 考试时，要注意考虑内容可能涉及与每个标准相关的以下信息。

- **安全断言标记语言**（Security Assertion Markup Language，**SAML**）。这是用于联合身份识别管理的（OASIS）标准支持的身份验证和授权。断言是基于 XML 语言的，在身份标识提供方和依赖方之间进行使用。断言可以包括身份识别、属性和授权的相关描述。SAML 得到了大多数云服务提供商的广泛支持，所以成为很多企业使用的工具。SAML 初始的配置比较复杂。

- **OAuth**。这是 IEFT 的授权标准，广泛地应用于 Web 和用户服务。OAuth 通过 HTTP 协议工作，当前为 2.0 版本。OAuth 2.0 不能兼容 OAuth 1.0。实际上，OAuth 2.0 更像一个框架，没有 OAuth 1.0 严格。OAuth 最常用于在服务之间进行委托访问控制和授权（委托授权）。

- **OpenID**。进行联合身份认证的标准，在 Web 服务中得到了很好支持。与 OAuth 一样，它通过 HTTP 和 URL 来识别身份提供者。当前版本是 OpenID Connect 1.0，在类似于登录至 Web 站点的用户服务中常见。

CSA 指南提到了广泛采用的两个其他标准。因为这两个标准并不常见，所以在背景知识部分没有对这两个标准进行介绍。在准备 CCSK 考试过程中，只要知道有这两个标准就够了。

- **可扩展访问控制标记语言**（eXtensible Access Control Markup Language，**XACML**）。它用于定义基于属性的访问控制和授权。XACML 是一种策略语言，用于在策略决策点（Policy Decision Point，PDP）定义访问控制，并将其传送至策略执行点（Policy Enforcement Point，PEP）。XACML 可以与 SAML 和 OAuth 一起工作，因为它决定了一个实体可以对一组属性做什么，而不是处理登录或授权。

- **跨域身份标识管理系统**（System for Cross-domain Identity Management，**SCIM**）。这个标准用于处理不同的域之间交换身份标识信息。它用于在外部系统中设置和取消设置账户以及交换属性信息。

所有这些标准都能够在联合身份认证系统中使用。大多数情况下，这些标准都依赖于一系列重定向，这些重定向涉及到 Web 浏览器、身份提供方和依赖方。图 12-1 来自 CSA 指南，它以 OpenID 为例说明了重定向的效果。

联合身份验证涉及身份标识提供方和依赖方，二者之间必须已建立信任关系，这样依赖方可以使用身份标识提供方提供的断言，这些断言用于交换身份凭证。

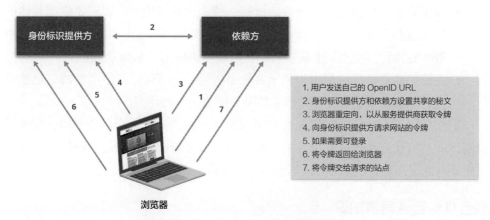

图 12-1 以 OpenID 为例的联合身份验证

下面是一个联合身份验证运行的实例。假设用户登录到工作站，然后访问内部服务器，服务器中有一系列用户可以登录的 SaaS 应用程序。用户选择所需的 SaaS 应用程序，并且可以在不需要提供用户名和密码的情况下自动登录。这一系列操作之所以能够完成，是因为用户的身份标识提供方会创建断言，并将断言发送至依赖方。依赖方将根据信任的身份标识提供方对用户进行身份验证之后创建断言，确定并实现对用户的授权。换句话说，本地目录服务器对用户进行身份认证，并告知依赖方什么授权用户可以进入远程系统（要深入理解联合身份认证的细节，可参见下面的"联合身份认证背景知识"）。

大多数情况下，云服务提供商都有自己的身份识别和访问管理系统，也可以称之为"内部身份标识"。与云服务提供商进行联合身份认证的能力依赖于云服务提供商提供哪种形式的联合身份认证连接器。尽管大多数云服务提供商根据相关标准（例如，SAML）提供某种形式的联合身份验证功能，但并不是所有的云服务商都提供相关功能（与云服务提供商提供的其他功能一样）。

可以使用 HTTP 请求签名访问云服务提供商提供的身份识别和访问管理功能。尽管第 6 章已经介绍了相关的内容，但这里还是需要重申一下。HTTP 请求签名可以将访问密钥用作身份标识和访问密钥，用于对加密的请求进行签名。在后端，云服务提供商使用自己的身份识别和访问管理系统确定合适的访问控制，用于控制实体请求执行某种操作。这个请求签名可以使用某种标准（例如，SAML 和 / 或 OAuth），也可以使用自己的令牌机制。

在选择使用哪种身份标识协议时，也可以考虑 CSA 指南中提到的以下几项。

- 对于联合身份验证协议来说，没有一劳永逸的解决方案，需要根据具体的情况选择合适的方案。要查看通过 Web 浏览器登录的用户吗？可以选用 SAML 协议。要实现委托授权吗？可以考虑使用 OAuth 协议。
- 关键的前提是身份标识相当于有一个边界，必须保障所使用的协议足够安全，能够安全地跨越存在恶意的公共网络——因特网。

上面介绍了 CCSK 考试相关的基础知识，下面进一步讨论在公司和云服务提供商之间进行联合身份验证以及进行联合身份验证所需要的协议。同样，背景知识只是有助于理解，CCSK 考试不会涉及相关内容。

联合身份验证背景知识

联合身份验证指两个内部结构不同的组织使用商定的标准进行的关联。使用标准（例如，SAML, OAuth, or OpenID Connect）创建身份标识管理，将两个不同组织关联起来。云服务提供商进行联合身份验证的主要原因是执行单点登录。简而言之，当说到"联合身份验证"时，通常指的是联合身份验证和单点登录。

采用云服务之后，联合身份验证成为公司必须要实现的功能。如果没有实现联合身份验证，那么用户管理将会是混乱不堪。采用云服务之后不使用联合身份验证就像驯服一群猫一样——一片混乱！这与日常的身份标识管理大相径庭。例如，假设管理员需要根据员工人工作性质确定其合适的权限，可以想象一下，这是一件非常困难的事情。如果身份标识在内部的各个位置，那更是雪上加霜了。而且如果要添加数十个或者数百个新的身份标识呢？如果不使用联合身份验证，那么问题简直是无解了。更有甚者，还有各种临时用户（例如，承包商），他们有可能很多年都在访问云服务。如果没有联合身份验证，可以想象在身份识别和访问管理方面的混乱程度。

作为用户，联合身份验证的目的非常简单，即本地对用户进行身份验证，远程给用户授权。用户就是身份标识的提供方（Identity Provider，IP），需要管理所有账号。服务提供商是依赖方（Rrelying Party，RP）[有时候称其为服务提供方

(Service Provider)，所以缩写为 RP/SP]。首先由用户创建身份标识提供方和服务提供方之间的关联。进行关联的方法主要依赖于服务提供商及相关协议。一旦创建关联之后，可以使用协议所用的断言（通常使用 SAML，之后将对此进行讨论）。用户产生断言（也可以称之为令牌），接着服务提供商使用断言。因为在用户和服务提供者之间最先就存在着信任，所以云服务提供商将信任断言（假设断言通过了安全检查）。

内部活动目录就是单点登录的实例，Kerberos 使用活动目录实现了单点登录。在活动目录域的情况下，使用用户名和密码登录（身份验证）。成功登录之后，工作站就会收到 Kerberos 票据（Kerberos 有很多相关的细节，例如票据授予之类的，但这里不关心这些细节，只要知道得到了某种形式的票据就可以了）。当要访问域中的另一台服务器或者任意资源时，需要再次进行登录吗？不需要，因为工作站会自动代表你提交 Kerberos 票据，表明你是谁（身份识别）以及你属于哪个群组（属性）。资源服务器接着查询访问控制列表，并且根据票据中说明的你的身份及所属群组来确定访问级别，或者是否应该授予你相关访问权限。

有的人可能会问，为什么选择 Kerberos 协议实现联合身份验证，而不是选择其他协议呢？这是个好问题，Kerberos 协议在自己创建的域之外的表现确实不尽如人意。但这是在域内使用的单点登录解决方案，不是用于不同组织所拥有的不同区域之间联接的协议。

如何与云服务提供商之间实现联合身份验证呢？可以创建自己的连接器（最好是基于某个标准的），或者使用代理，这将会使实现联合身份验证的过程更容易一些。在下面的讨论中，将先讨论自己创建的联合身份验证信息，然后讨论基于云的身份标识代理服务。

仍然考虑活动目录的情况，可以通过实现活动目录联合身份验证服务（Active Directory Federation Services，ADFS）来实现自己的联合身份验证连接器。活动目录联合身份验证服务基本上是安装在域控制器上的服务，除了实现活动目录联合身份验证服务本身外，还需要构建 Web 服务器（例如，因特网信息服务 IIS）和 SQL 服务器（MSSQL）。这个过程成本会很高，因为 MSSQL 的注册费用很高（需要注册两个 MSSQL 账号，以防止单点失效）。采用这种方法实现联合身份验证之后，就可以在云环境中使用活动目录联合身份验证服务，支持 Windows Server，并且可以使用它连接至正在使用的 IaaS 系统使用的 SAML 提供方。

需要构建 Web 服务器，这样用户就能连接至与其进行联合身份验证的云服务。

用户只需要进入内部 Web 服务器，单击想要使用的服务就可以了，它们是自动连接的。实现此功能的背后，是 Web 浏览器使用了内存中的断言。云服务提供商也使用这个断言。根据所使用的协议（可能是 SAML 协议，因为用户使用浏览器登录），读取用户的身份标识以及用户所属的群组信息，群组映射至云服务提供商的许可，根据断言给授权用户访问资源。最重要的一点是，用户的账户和密码依然保存在自己的环境内部。另外一个好处是用户需要合建自己管理的系统获得断言。如果禁用某个用户的账号，可以禁止他们使用用于实现联合身份验证的所有云服务即可。

至于使用基于云的身份识别代理，所讨论的原理依然适用，唯一不同的是必须创建自己的基础设施以支持联合身份验证。基于云的系统如何访问在身份标识提供方（例如，活动目录）内的所有用户的列表呢？这主要依赖于云服务提供商，有两种方式来完成，第一种方式是将活动目录中的用户列表复制到身份识别代理，另一种方法是在自己的域中安装代理。当有人想要通过联合身份验证来访问云服务时，首先连接至基于云的身份识别代理并登录，然后将用户名和密码发送至代理，代理接着检查活动目录服务器，以确定登录的 ID 是否合法。如果检测完毕，向用户展示完成联合身份验证之后可使用的各种链接。如果活动目录中禁用此账号，那么用户不能登录至身份识别代理，也不能访问任何服务。

注意：实际情况比这里给出的简单实例要复杂一些（也可能复杂很多）。身份识别代理很有可能使用哈希，而不是实际的凭据。这就需要讨论如何向云服务提供商传递凭据的问题了。

使用身份识别代理最后需要注意的一点是：一定要复核以确认是安装代理的那个域并且明确面临的风险。如果这一步做错了，你就会突然发现不小心将活动目录对外开放了，这会致暴力攻击和其他意想不到的事件发生。甚至有可能你突然发现，本来应该将身份识别代理安装在开发环境中，但却安装在了生产环境的域中（确实发生过这样的事情）。

现在已经深入了解了联合身份验证的实现方法，接着看看实现联合身份验证的一些协议。下面从联合身份验证协议的霸主——安全断言标记语言开始。

安全断言标记语言背景知识

安全断言标记语言 SAML 是开放标准协议，用户使用 Web 浏览器访问云服务时可以使用此协议。当前版本为 2.0，安全断言标记语言不仅可以进行授权，还可以进行身份验证。安全断言标记语言具有内置安全机制，但它并不是一个安全保障协议（同样，在安全方面，任何协议都不能完全保障安全）。

安全断言标记语言包括 3 个组件：身份标识提供方（公司）、服务提供商（云服务提供商）以及负责人。在使用安全断言标记语言时，既可以由身份标识提供方发起，也可以由云服务提供商发起。

在云服务提供商发起的情况下，用户连接至相关的服务，并输入电子邮件地址（身份标识）。首先进行检查，如果存在安全断言标记语言关联，那么将用户重定向至身份标识提供方，以获取令牌。当将令牌发送至工作站后，再次将令牌重定向至服务。图 12-2 显示了云服务提供商启动连接的步骤，这个图来源于《OASIS 安全断言标记语言（SMAL）V2.0 技术概览》。

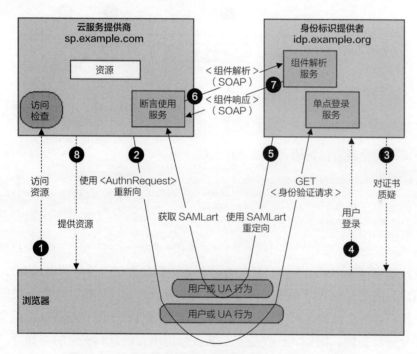

图 12-2 云服务提供商提供的连接步骤（来源：OASIS）

在身份标识提供方发起的情况下，用户访问内部 Web 服务器，选择所需要的服务，并且获取令牌后将其提交给所需的服务。图 12-3 所示为身份标识提供者启动连接的步骤。这个图同样来源于《OASIS 安全断言标记语言（SMAL）V2.0 技术概览》。

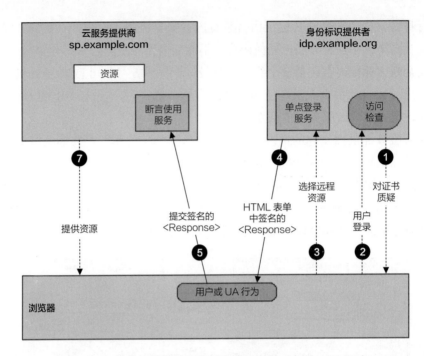

图 12-3　身份标识提供方发起连接的步骤（来源：OASIS）

下面是安全断言标记语言中断言片断的实例。

```
<saml:Issuer>https://idp.example.org/SAML2</saml:Issuer>
<saml:NameID Format="urn:oasis:names:tc:SAML:2.0:nameid-format:transient">
3f7b3dcf-1674-4ecd-92c8-1544f346baf8
<saml:Conditions NotBefore="2004-12-05T09:17:05" NotOnOrAfter="2004-12-
05T09:27:05">
<saml:AttributeValue xsi:type="xs:string">member</saml:AttributeValue>
```

从这些字符串中可以看出，依赖方必须知道启动方（身份标识提供方）。请求者（用户）的身份标识总是不同的（如果需要可以选择这样做，这样如果断言被截获，用户名不会被损坏），使用时间戳，并且将属性作为安全断言标记语言断言的一部分进行交换。同样，这仅是安全断言标记语言信息和安全的一部分。要了解安全断言标记语言及其内部工作过程的详细情况，可参阅《OASIS 安全断言标记语言（SAML）V2.0 技术概述》。

总之，安全断言标记语言是用户通过 Web 浏览器访问云服务提供商的标准。那么，系统和移动应用是怎么执行联合身份验证和单点登录呢？通常会使用 OAuth 和 OpenID 来解决这个问题，下面来看看这些相关标准。

OAuth 背景知识

OAuth 通常用于给用户和系统进行授权（OAuth 就是 AuthOrization（授权）的缩写）。与安全断言标记语言相比，它是轻量级的。因此适合于使用 HTTP 通过 API 实现系统到系统的通信。现在 OAuth 使用的是 2.0 版本，它与 OAuth 1.0 不兼容。

"委托授权"这个术语现在与 OAuth 几乎是同义词了，在现实生活中这意味着什么呢？大部分人应该遇到过这样的情况：在访问某个网站时，可以使用谷歌、FaceBook、LinedIn 或者大量其他大型网站的账号进行登录。采用这种方式登录时，基本上是表明，要使用谷歌的身份识别系统作为源，可以从中授权访问目标网站，而不需要使用单独的用户名和密码访问目标网站。单击 Logon With Google 的按钮后，被重定向回谷歌，以验证是否能够登录（也可能共享用户的信息）目标网站。单击确定按钮后，重定向回目标网站并可以开始访问了。

下面是另一个例子：假设想要构建一个名为 tweetermaster 的应用程序，该应用程序每天代表用户发表推文。为了代表用户使用 tweetermaster 应用程序发送推文，用户必须授权应用程序访问推特，并且代表用户发表推文。这是如何使用 OAuth 进行委托授权的实例，即委托授权某个对象代表你完成某件事情。

注意：要想了解 OAuth 相关的更多信息，可以参看 RFC 6749 "OAuth 2.0 框架"、RFC 6750 "OAuth 2.0 授权框架：承载令牌的使用"以及 RFC 8252 "用于原生应用程序的 OAuth 2.0"。

图 12-4 来自 RFC 6749 文档，展示了使用 OAuth 进行委托授权的流程。

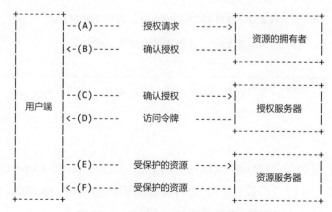

图 12-4　使用 OAuth 进行委托授权

　　OAuth 在移动和微服务的实现中有大量使用 API 的应用实例。OAuth 2.0 可以使用 JSON Web 令牌（JSON Web Tokens，JWT）作为 API 环境中的承载令牌（至于承载令牌，可以将其看作"授予令牌承载者访问权"）。图 12-5 所示为 JWT 如何与 OAuth 一起作用授权访问资源的过程。

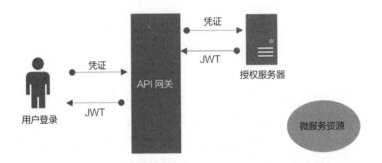

步骤 1：用户登录并接收 JSON Web 令牌（JWT）

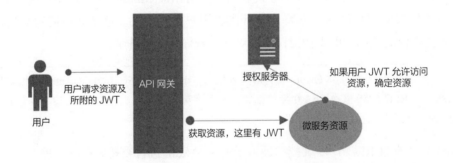

步骤 2：用户使用 JSON Web 令牌（JWT）请求访问资源

图 12-5　在微服务中使用 JWT

　注意：要想了解 JWT 更多的细节，可以参见 RFC 7519。

　　最后要注意的是，OAuth 与 OpenID 相关，因为 OpenID Connect 在 OAuth 授权功能的基础上进行身份验证。下面的背景知识将会讲解 OpenID，更确切地说，是 OpenID Connect（OIDC）协议相关的知识。

OpenID Connect 背景知识

最新版本的 OpenID 标准（版本 3）是 OpenID Connect（OIDC），版本 1.0 是在 2005 年发布的，2007 年发布了 OpenID 2.0。ODIC 是 2014 年发布的。根据 OIDC 常见问题解答，OIDC 解决的问题是"让应用程序和网站开发人员在互联网上验证用户身份，而不必承担存储和管理密码的责任，因为互联网上人满为患，有人试图为了自己的利益而破坏他人的账户"。换句话说，OIDC 的目标是将大量网站的身份验证集中至少数可信任的身份识别提供商。

OIDC 是建立在 OAuth 2.0 基础之上的身份验证层，这使得 OIDC 能够解决身份验证和授权的问题。OIDC 只能使用 HTTP 协议，并且只能使用 JSON 数据格式（OpenID 2.0 使用 XML 格式）。在 OAuth 授权功能的基础之上另外实现了 OIDC 的身份验证，这样就可以根据授权服务器执行的身份验证来验证终端用户的身份。

OIDC 是受很多机构支持的开放身份标识标准，包括很多大公司（例如，微软和谷歌）、机构（例如，美国国家标准技术研究所）以及其他政府和非营利组织。苹果公司最近使用 OIDC 实现了 Sign In with Apple 产品。

随着 OIDC 的创建以及与 OAuth 2.0 结合，每个标准的功能之间的界限变得越来越模糊了。只要记住以下几点，就能理解这些具有竞争关系的标准了。

- SAML 2.0 为 Web 用户进行身份验证和授权。
- OAuth 2.0 进行授权，它是一个轻量级的协议。
- OIDC 1.0 在 OAuth 2.0 基础之上运行，可以提供轻量级的身份标识和授权。

管理云计算环境中的用户身份标识

身份标识和访问管理部分的身份标识包括注册、配置、传输、管理并最终取消配置身份标识的全部过程。看到这些操作，可能很快就会发现，这些操作只不过是在目录服务（例如，活动目录）之外完成身份标识管理的过程而已。公司网络中身份标识授权的来源实际上可以是工资系统，例如，将用户添加至工资系统，然后将用户的身份标识传送至目录服务器。

正是由于有这些集中的目录服务器，所以不需要在传统环境中的每个服务器和应用程序内添加账户。当然，用户仍然具有多个账户，以支持没有与这些集中目录服务结合的应用程序。因此，理想中的真正的单点登录仍然遥不可及。但是，有了集中的目录服务器之后，使用的账户比之前使用的要少很多。

在云环境中，如何管理身份标识，需要云服务提供商和用户制定好计划。

- 云服务提供商需要提供身份识别服务，以支持用户使用自己的身份、身份标识和属性。云服务提供商还需要提供基于标准的联合身份验证服务，这样用户在使用云产品时，可以减少与身份标识管理相关的支出。

 考试提示：云服务提供商提供的身份识别服务在考试过程中也可能被称为"内部"身份识别系统。

- 云用户需要确定管理身份标识的方案。也就是说，用户需要确定管理身份标识的架构模型，以及为支持与当前及未来的云服务提供商集成应该实现的技术。

正如本章之前多次提到的，无论使用任何规模的云部署，都应该实现联合身份验证。没有联合身份验证，就会失去对身份标识和访问管理的控制权。这并不是说不在云服务提供商内部的身份标识与访问管理系统内创建并管理账户。例如，可以限制云服务提供商身份标识与访问管理系统内管理员账号的数量，这样在联合验证连接失效的情况下，可以更好地排查问题。

为了创建联合身份验证连接，用户需要确定哪个系统为"授权来源"系统，以作为身份标识提供方。通常是目录服务器。身份标识提供方接着执行联合身份验证。创建这个连接的方法主要有 2 个：一种方法是使用自由模型，在身份标识提供者和各个云服务之间建立单独的连接（如图 12-6 所示）；另一种方法是使用混合（星形）模型，使用集中的身份识别代理连接所有的云服务（如图 12-7 所示）。

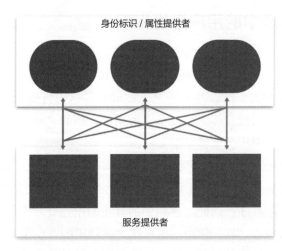

图 12-6　自由模型（获云安全联盟许可使用）

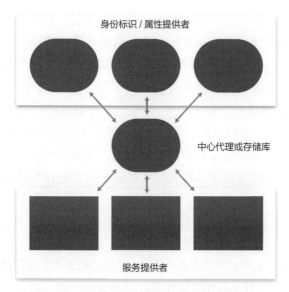

身份标识 / 属性提供者

中心代理或存储库

服务提供者

图 12-7　星形模型（获云安全联盟许可使用）

自由模型与星形模型相比，有几个明显的缺点。首先，授权来源与所有的云服务提供商连接时都要通过因特网。其次，为了支持在自己网络外部的用户，这些用户需要使用 VPN 连接至公司的网络来访问云解决方案，这样需要建立联合身份验证连接。最后，在具有多个授权服务器的环境中（例如，并不是为了公司的目的而组合在一起的多个域），每个授权服务器都需要连接至云服务提供商，这将会大大增加连接的数据量。

在星形模型中，身份识别代理可以是基于云的。实现基于云的身份识别代理有利于与多个云服务提供商构建联合身份验证，并且外部用户不需要使用 VPN 连接至公司网络，从而使用联合身份验证连接至各个云服务提供商。

还可以在云环境中（或者通过使用云服务的目录服务）运行目录服务器。在这种情况下，能够将内部目录服务器与基于云的目录服务器（或服务）同步。接着，基于云的目录可以为云环境中的操作系统和应用程序（应用结构层）提供服务，并且可用作依赖云服务提供商的其他各方联合身份验证连接的授权服务器。

除了前面介绍的部署模型之外，还需要考虑以下问题并确定相关架构。

- 如何管理应用程序编码、系统、设备和其他服务的身份标识？本章大部分涉及的都是用户访问服务的身份验证。服务访问服务以及其他方面的身份验证要选用不同的方法。

- 当使用云服务时，身份识别配置过程（如果有）将会发生什么变化呢？身份识别配置不仅限于创建身份标识，它还涉及改变许可以及取消身份识别配置。身份识别配置系统可以从人力资源数据库中获取信息，然后用于配置除目录服务器之外各种系统的访问权限，例如，Web 应用程序、数据库服务器，当然最重要的是去服务。如果当前使用的身份识别配置系统效率低，那么采用云服务可以重新设计并改善身份识别配置系统的性能。
- 当与新的云服务提供商合作时需要实施正式的流程，并将它们集成至已有的身份识别与访问管理环境。正式的流程包括创建联合身份验证以及以下几项内容。
  - ➢ 使用云服务提供商提供的粒度构建授权矩阵，所使用的服务模式不同（例如，SaaS 对 IaaS），授权矩阵也会不同。
  - ➢ 确定如何在身份标识提供方和依赖方之间进行映射，包括将内部群组（角色）映射至云服务提供商环境的群组。
  - ➢ 为满足安全策略，确定并实现监控和日志记录方案。新的身份识别和访问管理方案可能提供新的服务（例如，行为分析），可以将其加入到自己的策略中。
  - ➢ 如果在实现联合身份验证主（或其他技术）出现了失效的情况，用文档记录任何中断 / 修复的过程。
  - ➢ 更新与身份识别变更相关的应急响应计划，其中包含云服务提供商相关的处理流程。这个过程需要云服务提供商提供协助，尤其是处理特权账号移交时。
  - ➢ 确定在云环境中如何取消用户账号配置（或更改账号属性）。

最后，云服务提供商需要确定向用户提供哪种身份识别标准。云服务提供商通常提供某种形式的身份识别和访问管理系统。云服务提供商可以通过定制或实现基于标准的联合身份验证产品来提升身份识别和访问管理服务水平。提供基于标准的产品时，用户选择实现 SAML 标准的较多。

身份验证和身份凭据

身份验证由身份标识提供方负责。如果使用联合身份验证，自己控制的系统用作身份标识提供方。如果没的联合身份验证连接，云服务提供商为身份标识提供方。只要是需要确认身份的时候，都需要使用身份验证技术。例如，当实体证明他们是谁并且假定为某种身份时，就需要使用身份验证，不仅仅只在登录时使用身份验证。

至于云服务，由于它本身所具有的特征是可以从广泛的网络进行访问，简单的用户名和密码不足以保障账户的安全。云服务提供商应该提供多因素身份验证来增强身份验证的安全，对特权账号尤其如此。CSA 指南称之为"使用多因素的强身份验证"。

使用多因素身份验证技术进行身份验证可以用作属性。也就是说，将其作为访问控制（访问管理）的一部分，通过基于这个属性进行授权来增强安全性。下面是基于属性进行访问控制（Attribute-Based Access Control，ABAC）的实例，通常推荐在云环境中在基于角色的访问控制基础之上实现基于属性进行访问控制。注意，在进行访问控制时增加属性会使解决方案变得复杂。

身份验证所涉及的因素包括：知道什么，拥有什么或者是什么。在已知密码的基础之上，CSA 指南提出以下几项进行身份验证的因素。

- **硬件令牌**。此物理设备可以提供一次性密码，或者可以插入计算机。如果对安全性要求较高，那么硬件令牌是首选。
- **软件令牌**。其目的与硬件令牌一样，也提供一次性密码，但它是运行在手机或计算机上的软件。与硬件令牌不同，任何用户设备的损坏（例如，遭受恶意攻击）都有可能导致一次性密码失效。在构建威胁模型时必须考虑这一点。有大量的应用程序可以提供软件令牌。
- **带外密码**。通过独立的通信方法发送这些密码，例如短信（SMS）。构建威胁建模时，必须考虑这些通信方式有可能被打断（SMS 短信系统尤其如此）。
- **生物识别**。其他几个选项涉及的因素都是"有什么"，生物识别与这些选项不同，它所涉及的是"是什么"这个因素。对于云服务来说，生物识别是本地保护措施，并且所有的生物识别数据都保存在设备上，不发送给云服务提供商。生物识别身份验证可以作为一个属性发送给云服务提供商，将其作为基于属性进行访问控制的一部分。

除了列出的这些选项之外，可以查阅 FIDO 联盟相关的文档了解多因素身份验证的新方法。FIDO 通用第二因素（Universal 2nd Factor，U2F）身份验证在不久的将来会提供更强的安全保障。因为其他的技术虽然有更强的安全性，但行业采纳还需要一定的时间。

权限和访问管理

云会多方面影响权限、授权和访问管理。在准备 CCSK 考试时，必须知道云环境中以下几点变化。

- 云服务提供商都拥有各自的授权方案，一些服务提供商提供的授权方案粒度会更细致一些。通常由用户来将实体映射至这些授权（权限）（除非云服务提供商支持 XACML），但这种情况很少。
- 云服务提供商负责实施授权和访问控制。联合身份验证也不会改变这一点。联合身份验证使得身份标识提供方能够控制身份验证，并且指示依赖方如何实施身份验证。
- 云服务提供商首选基于属性的访问控制（Attribute-based access control，ABAC）模型，因为它比基于角色的访问控制（Role-Based Access Control，RBAC）模型更具弹性，并且更安全。可以基于任何与用户相关的东西及其联系确定属性，例如多因素身份验证、IP 地址、地理位置等。
- 云服务提供商应该提供更细粒度的属性和授权，这样能够实现基于属性的访问控制 ABAC，使得用户能够为终端用户实现更有效的安全保护。

特权用户管理

特权用户需要最强的身份验证。另外，特权账户完成的所有操作都必须记录下来，以尽可能地知道特权用户做了什么，对这些账户所做的操作负责。让这些账户通过堡垒主机或"跳转框"登录，可以更严格地控制身份验证并监视他们的操作。

本章小结

本章详细介绍了 CSA 指南中对身份识别、权限和访问管理方面的建议。在准备 CCSK 考试过程中，应该掌握指南中给出以下几点建议。

- 公司需要针对身份识别与访问管理方面的变化做好计划。这将需要制定管理身份和授权的计划和流程。
- 实现联合身份验证主，以控制用户的身份验证。要尽量减少单个云服务提供商身份识别服务内保存身份标识的数量。

- 身份识别代理可以很轻松地与大量云服务提供商创建联合身份验证的关联。在适当的时候可以使用身份识别代理。
- 在实现联合身份验证过程中，用户应该保持控制身份标识提供方。
- 身份标识的授权来源可以不是目录服务，人力资源系统通常是授权来源，这些身份识别信息复制到目录服务器，这个目录服务器便是身份标识提供方。
- 如果公司的组织分布在不同的地方，可以利用基于云的目录服务。可以像其他软件一样，将目录服务安装在云实例上。基于云的目录服务可以用于为不同地方的公司组织服务，并且支持云服务。
- 因为云的基本特征是可以通过网络访问，在对账户进行身份认证时，应该使用多因素身份验证作为身份验证控制。这一点对于特权用户账户来说尤为重要。
- 用户及其关联的任何信息都可以作为基于属性访问控制的一部分，使用多因素身份验证时也是如此。
- 在纸上创建权限矩阵，在从技术上实现授权之前，就权限矩阵与业务的拥有者达成一致意见，这样可以节约每个人的时间和精力。如果云服务提供商支持这种方式，可以将这些权限复制给云服务提供商，以实现相关设置。
- 对于云部署来说，基于属性的访问控制要优于基于角色的访问控制，毫不犹豫地选择使用它！
- 云服务提供商通常提供内部的身份识别服务，他们也会使用开放标准（例如，SAML）提供联合身份验证服务。
- 所有的联合身份验证协议均具有自己的优点和缺点。先选择用例和约束，然后在此基础上确定实现合适的标准。

本章练习

问题

1. 下面哪一项是基于属性访问控制可以使用属性的实例?

    A. 如果用户使用多因素身份验证登录

    B. 生物识别数据

    C. 生物识别身份验证状态

    D. A 和 C

2. 为什么要选用多因素身份验证?

    A. 根据 CSA 指南可知,它是最佳实践方案

    B. 任何人都可以使用 Web 浏览器访问云服务

    C. 广泛的网络访问是云服务重要的特征

    D. 不推荐使用多因素身份验证,因为丢失电话的用户会要求人工重置账户

3. 下面哪一项是最值得实现并支持的最好联合身份验证协议?

    A. SAML

    B. OAuth

    C. OpenID

    D. 没有最好的协议,要根据自己的用例和约束来选择协议

4. 什么是身份识别的授权来源?

    A. 身份标识从其中传播的系统

    B. 人力资源系统

    C. 目录服务系统

    D. 云服务提供商的身份识别与访问管理系统

5. 当与 IaaS 云服务提供商进行联合身份验证时,哪一方是依赖方,哪一方是身份标识提供方?

    A. 公司是依赖方,IaaS 云服务提供商是身份标识提供方

    B. 公司是身份标识提供方,IaaS 云服务提供商是依赖方

    C. 公司既是身份标识提供方,也是依赖方,因为它依赖云服务提供商实现联合身份验证

    D. 在联合身份验证模型中,云服务提供商既是身份标识提供方,也是依赖方

6. 下面哪个标准使用策略决策点(Policy Decision Point,PDP)和策略执行点(Policy Enforcement Points,PEP)的概念?

    A. SAML

    B. OAuth

    C. XACML

    D. SCIM

7. 身份标识和人物角色之间的区别是什么?

    A. 身份标识是用户名,人物角色是所属的群组

B. 身份标识是用户名，人物角色是身份标识和在特定情况下相关的所有其他属性

C. 身份标识用于授权，人物角色用于身份验证

D. 身份标识用于身份验证，人物角色用于授权

8. 什么是角色？

A. 角色是联合身份验证的一部分，它是指在 IaaS 云服务提供商内如何对公司内部群组进行授权

B. 角色是指在工作岗位上所做的工作

C. 角色是临时的身份凭据，它是从云环境内的系统继承来的

D. 以上都正确

9. 下面哪一项是多因素身份验证的因素？

A. 秘密握手

B. 眼睛的颜色

C. 一次性密码

D. 以上都是

10. 下面哪一项协议是基于 XML 的，并且支持身份认证和授权？

A. SAML

B. OAuth

C. OpenID

D. SCIM

答案及解析

1. D。用户及其关联的一切都可以用作属性，确定访问控制权限。但是，在生物识别模式中，生物识别数据保存在设备内部。实际上，生物识别特征可以作为属性来使用。

2. C。云服务重要的特征就是广泛的网络访问。虽然大多数情况下都通过浏览器进行访问,但是 C 是最佳答案。因为并不是必须使用浏览器访问云服务。当然，实现多因素身份验证是 CSA 提出的最佳实践，但它并不是必须实现多因素身份验证的原因。使用软件令牌多因素身份验证设备有可能需要人工重置 MFA 配置，但这不是不使用多因素身份验证的原因，对特权账户尤其要使用多因素身份验证。

3. D。对于联合身份验证来说，没有什么一劳永逸的方法。必须根据用例和约束考虑自己的需求。

4. A。身份标识的授权来源可以是任何系统。它是这样的系统：在其中创建用户账户，并将其传输给其他系统。在有些情况下，授权来源是目录服务器，另一些情况下，授权来源是人力资源系统。不要让使用其创建联合身份验证链接的云服务成为授权来源或身份标识提供方。

5. B。公司是身份标识的提供者，IaaS 服务提供者是依赖方。在进行联合身份认证时，公司一直都是身份标识提供方的角色。

6. C。XACML 使用策略决策点和策略执行点概念。XACML 用于更细粒度的访问控制决策，并且可以和 SAML 或 OAuth 一起工作。XACML 少有实现的例子。

7. B。身份标识是用户名，人物角色是身份标识和在特定情况下相关的所有其他属性。

8. D。所有答案都是正确的。这也是为什么 CSA 指南说"角色令人混淆，而且在很多情况下滥用"。

9. D。因素包括知道什么（秘密握手）、拥有什么（一次性密码）和是什么（眼睛颜色）。从技术的角度来看这有用吗？可能没有，但是它们同时满足 3 个因素的标准。

10. A。SAML 是基于 XML 的，可以进行身份验证和授权。OAuth 仅进行认证，OpenID 仅处理身份验证。SCIM 是身份标识配置语言。

安全即服务

本章涵盖 CSA 指南范围 13 中相关的内容，主要包括：

- SecaaS 的优点和需关注的要点。
- 安全即服务产品的主要类别。

变化越大，产生的效果就越显著。

——让·巴蒂斯特·阿尔方斯·卡尔

事物变化越多，它们就越有可能保持不变。在安全即服务（Security as a Service，SaaS）方面，我们应该始终秉持这个观点。

本书前面的内容主要让大家理解云的责任共担模型，已经介绍了云服务提供商和用户在安全方面的责任。本章主要介绍如何将云服务（通常为 SaaS 和平台即服务 PaaS）用于保障在云环境和传统环境中部署资产的安全。

CSA 指南将相关的服务称之为"安全即服务"或者 SecaaS，但是我认为"安全软件即服务"更恰当。因为，我们采购的是 SaaS 解决方案，只是它主要解决安全方面的问题。无论是从专门的 SecaaS 服务提供商购基于云的安全服务，还是利用基础设施即安全服务提供商的安全服务，这都是在购 SecaaS 服务。无论采用什么方式购买的些服务，必须满足以下两个标准。

- 必须是采用云服务形式的安全产品或服务。
- 必须满足云计算的基本特征。

 考试提示： 只要记住正在购买的是满足云计算基本特征的安全软件即可。

与 IT 领域（尤其是云计算方面）的其他产品一样，不断有新的产品出现。在准备参加 CCSK 考试时，只需要关注后面提到的产品类别即可。

SecaaS 的优点和需关注的要点

下面我将尽可能简单地介绍相关问题。前面已经介绍了购买云服务相关的好处和限制，其中大部分与适用于 SecaaS。也就是说，下面列出了只与 SecaaS 相关的一些优点和缺点。

SecaaS 有以下几个优点。

- **云计算相关的优点**。云计算相关的优点同样适用于 SecaaS，包括减少资本支出、提高灵活性、冗余、高可用性和恢复能力。同样，选择合适的能满足需求的云服务提供商是用户的责任。

- **人员配置和经验**。这是最大的优点，它是采用 SecaaS 最大的原因。世界各地的公司都在苦苦寻找合格的网络安全专业人员，通过使用 SecaaS 服务，立即就可以进入安全领域的专家库。这样，公司的员工能够更专注于公司的网络安全"大局"。

- **情报共享**。说实话，这并不是什么新内容。数十年来，防病毒用户一直受益于情报共享。当云服务提供商获取到某个受到恶意攻击的样本，他们会制作一个可以标识并隔离病毒的特征文件，其他用户可以使用这个特征文件。

- **弹性部署**。这是 SecaaS 的另一个优点。假设要管理公司位于不同位置的组织，是将安全控制全部部署在总部呢？还是在每个站点购买相关的硬件？远程工作人员怎么办？怎么保护他们的安全？为了控制远程工作人员连接的安全，要强制所有人都通过 VPN 连接至公司网络吗？现在有一个更好的选择：可以使用 SecaaS。

- **客户隔离**。你会选择放纵有人恶意攻击公司的网络，然后在本地观察他们吗？又是什么原因让你阻塞了外围的网络呢？使用 SecaaS 服务，通过远程系统扫描创建进入公司网络的"干净管道"，并且在恶意攻击进入公司网络之前将其清除。

- **扩展和成本**。如果一个有 500 员工的公司要购买一个有 250 员工的公司，会出现什么情况呢？公司的员工突然增加了 50%。这通常需要集成不同的技术和新的硬件来满足相关资源需求。使用 SecaaS 服务，只需要再购买 250 个注册账号就行了。这是使用 SecaaS 的"随增长而付费"成本效益的一个示例。

另一方面，使用 SecaaS 服务提供商可能会带来以下问题。

- **缺少可见性**。外包的性质意味着我们对供应商业务的了解受到了限制。SecaaS 不同，可以从更高的视角看到云服务提供商在做什么，但对于操作的细节却知之甚少。最大的影响是从云服务提供商接收的远程监测数据(例如，日志数据)，需要保证可用资源满足自己的需求。一定要尽到自己该尽的责任！

- **监管不同**。云服务提供商的具体地理位置是哪里？他们能够根据公司运营的司法管辖区解决公司的监管问题吗？

- **处理受监管的数据**。云服务提供商是否也是你的商业伙伴？例如，根据健康保险携带和责任法案 HIPAA，SecaaS 提供商如果处理健康记录，必须成为商业合作伙伴。PCI 又如何呢？除了这些标准之外，CSA 指南还提出了员工监控的情况。在某个司法管辖区法律允许的行为，在另一个司法管辖区可能会被禁止。同样，尽职调查应解决这些问题。

- **数据泄漏**。安全相关的信息（例如日志）通常包含敏感数据。在多租户环境中必须重点保护这些数据。这要求云服务提供商执行很强的隔离。当然，在法律案件中也需要这种类型的数据。当另一个用户面临电子举证请求时，需要保证自己的数据不会被意外暴露。数据泄露的另一个实例是泄漏内部 IP 地址。

- **更换云服务提供商**。当购买 SecaaS 解决方案时，基本上购买了一个专用的应用程序。从一个云服务提供商换到另一个云服务提供商有可能是非常困难的事情。不管是实际工作中还是准备参加 CCSK 考试，很重要的一点是必须保存法律和合规所需的历史日志和其他数据。不要采用云服务提供商特定的格式导出数据，这些格式只能使用云服务提供商的工具才能读取，可能会导致云服务提供商锁定数据。

- **迁移至 SecaaS 的过程**。采用云服务必须对各项操作做好计划，并按计划执行各项操作。SecaaS 服务也不例外。

SaaS 产品的主要安全策略

几乎每天都有新的技术发布，在准备 CCSK 考试的过程中，不需要关注本章未列出来的类别。下面介绍的许多相关技术在本书之前都介绍过。也就是说，不要跳过这部分，因为这时介绍了各个具体的类别，CCSK 考试会涉及相关的内容。

身份标识、权限及访问管理服务

这类 SecaaS 服务中最主要的产品是身份识别代理。可以使用此技术实现联合身份验证身份识别 。CSA 指南也指到这类产品的其他几种，例如策略执行点（PEP 即服务）、策略决策点（PDP 即服务）、策略访问点（PAP 即服务）、提供具有身份标识实体的服务以及提供属性的服务（例如多因素身份验证服务）。

这种类别的服务还有另外两种产品，一种是强身份验证服务，它使用应用程序和基础设施将各种强身份验证选项集成起来，包括移动设备应用程序和多因素身份验证令牌。另外一种是在云环境中托管目录服务，以用作公司的身份标识提供方。例如，可以通过在自己的实例中实现目录服务的方式来实现。

云访问安全代理

第 11 章的"云访问安全代理的背景知识"已介绍了云访问安全代理相关的知识，CSA 指南中没有什么超出此范围的新知识了。如果之前跳过了"云访问安全代理的背景知识"部分，准备 CCSK 考试的过程中，还需要掌握与云访问安全代理的几个要点。

云访问安全代理可用于内联阻塞模式，拦截指向云服务的通信，或者使用 API 监测活动和实施策略。而传统的 Web 过滤工具具有 Web 站点白名单和黑名单功能，可以根据内容来允许或限制访问站点，而不是直接允许或禁止访问某个站点。这是两种解决方案最主要的区别。云访问安全代理可以通过与数据丢失防护（Data Loss Prevention，DLP）服务结合实现基于内容进行阻止访问。

云访问安全代理可以部署为内部控制，也可以部署在云环境中。如之前提到的，在保护多个位置或远程用户安全时，云部署是更好的选择。

云访问安全代理通常支持对云服务提供商进行某种形式的排名。他们会对云服务提供商进行风险评估，并且为你提出一些建议，如数据中心的位置、云服务提供商系统中使用数据的所属关系（一旦上传之后，数据是属于云服务提供商还是属于用户）等。在某些情况下，云访问安全代理服务提供商使用云控制矩阵作为风险评估的基础。

尽管服务提供商可能同时提供云访问安全代理服务和身份识别代理服务，但大多数云服务提供商都是提供独立的解决方案。

Web 安全网关

使用 Web 安全网关技术可以进行 Web 过滤，这种技术使用已经很长时间了。Web 过滤可以确定阻止什么类别的站点（例如，限制黑客站点从终端访问站点）。这些解决方案也可以确定一天的什么时间可以访问站点，以及其他的安全解决方案。

基于云的解决方案的优点是能够在全球范围内实现自己的策略。例如，假设公司有一个办公室在纽约，销售人员在新加坡参加一系列会议，不需要强制这个用户通过 VPN 连接至办公室来观察他使用 Web 的情况，工作站可以使用新加坡本地的点来实施公司的策略。

考试提示：SecaaS 的主要的好处是能够使用其他人的基础设施实施自己的策略。

应用程序授权管理可以为 Web 应用程序提供更细粒度和上下文安全实施方案。

Email 安全

实现 SecaaS 为 E-mail 提供安全是一件轻而易举的事情。如今，90% 的电子邮件都是垃圾邮件，为什么要让这些垃圾邮件进入到自己的环境中之后再删除它呢？这是"用户隔离"最好的例子。

任何 E-mail 解决方案能够对进入和发出的 E-mail 进行控制，保护公司免受网络钓鱼和恶意附件等风险，实施公司的策略（例如，接受可使用的邮件并阻止垃圾邮件），并且提供业务持续性选项。一些电子邮件安全 SecaaS 解决方案可以提供电子邮件加密和数字签名等功能，以支持保密性、完整性和不可否认性。

安全评估

安全评估解决方案已经存在很多年了，公司可以使用这些解决方案支持 NIST、ISO、PCI 以及其他合规活动。这些成熟产品和 SecaaS 解决方案之间唯一的区别是一种在本地执行，另一种在云环境中部署。

CSA 指南具体地列出了 3 种形式的安全评估系统，在准备 CCSK 考试过程中需要记住这些系统。

- 基于云实例、内部服务器和工作站的传统安全 / 脆弱性评估。

- 应用程序安全评估，包括静态应用程序安全测试（Static Application Security Testing，SAST）、动态应用程序安全测试（Dynamic Application Security Testing，DAST），以及运行时应用程序自我保护（Runtime Application Self-Protection，RASP）管理。
- 云平台评估工具，它通过提供的 API 连接至云环境，从而可以访问元结构层配置和服务器实例。

风险承受能力和安全评估

这里讨论一下风险承受能力。安全评估 SecaaS 是很多人都很喜欢的解决方案，但还有一些人对之嗤之以鼻。为什么呢？因为有些安全评估 SecaaS 解决方案使用脆弱性扫描（云部署或传统的）的结果，并且将其放置到云环境中。有些人喜欢它是因为"可以在坐火车时查看网络中的漏洞"（引自 CISO）。从个人的观点来讲，我不愿意将网络的主干暴露出来，让别来人猜测我的密码，讨论如何能够彻底地使用我的网络。

Web 应用程序防火墙

SecaaS 中的 Web 应用程序防火墙（Web Application Firewall，WAF）是基于云的防火墙，其运行在第 7 层。这就是为什么要理解 HTTP 并且可以阻止恶意数据传输的原因。这种类型的 SecaaS 是另一种非常简单的安全保障技术。与 E-mail 一样，现在有很多传输至内网的因特网数据都是垃圾数据或进行恶意攻击。可以根据自己策略，使用其他的系统删除这些数据。

许多云 Web 应用程序防火墙可以保护网络，免受分布式拒绝服务（Distributed Denial of Service，DDoS）攻击。公司的网络能够处理 1.3T bit/s 的 DDoS 攻击吗？这就是 GitHub 在 2018 年实际遭受过的攻击。GitHub 使用 20 分钟来处理相关的攻击事件（约 10 分钟标识出攻击，云 Web 应用程序防火墙花 10 分钟解决恶意攻击，黑客在这个时间点就放弃攻击了）。

注意： 这里是我个人对 DDoS 方面的提示。我的孩子特里斯坦昨天从学校回家（他上 8 年级），告诉我说几个孩子在他们的手机上免费"雇佣"了一个机器人，在午餐时间玩一些在线游戏。也就是说，13 岁的孩子在午餐时间为了好玩，也在执行 DDoS。现在情况有所变化，你的网络会被一群孩子攻击吗？

入侵检测和入侵防御

入侵检测系统（Intrusion Detection System，IDS）和入侵防御系统（Intrusion Prevention System，IPS）能够检测和 / 或阻止对网络或主机的恶意攻击。这些系统基于恶意检测和 / 或特征工作。SecaaS 不会对这两种技术的功能做任何改变。

SecaaS 版本的入侵检测系统和入侵防御系统只是改变数据的收集和分析方法。除了公司分析通过代理内部收集的数据之外，云服务提供商也会使用自己的平台进行分析。这里不得不说 SecaaS 的另一个优点了，之前提到过——公司可以使用外部资源分析自己环境中可能存在的恶意网络数据，对公司来说，有很多资深专家和新技术来帮助完成相关操作，例如对于普通的公司来说，也可以使用机器学习和人工智能增强安全性。

安全信息和事件管理（SIEM）

众所周知，实现安全信息和事件管理（Security Information and Event Management，SIEM）是一件很难的事情。SIEM 可以获取日志数据，并对它进行各种高级分析。与入侵检测系统 / 入侵防御系统类似，SecaaS 版本的 SIEM 不会改变其原有的功能，它会使 SIEM 的实现更轻松，可以让之前几个月才能完成的项目，引入外部资源之后，可能一天就能完成了。

行业内达成共识的一点是，聘请 SIEM 专家都费用都非常高，而且相关人才有限。同样当使用 SecaaS 时，带来的好处是可以由很多专家为你服务。这样，公司的员工能够更专注于公司的网络安全"大局"。

加密和密钥管理

加密以及密钥管理的重要性是毋庸置疑的。同样，加密也是让人很头疼的一件事情。SecaaS 服务供商可以代表你加密数据并且 / 或者代表公司管理密钥。

考试提示： 很重要的一点是，无论是购买专用的"加密即服务"的相关服务，还是使用 IaaS 服务提供商提供的用户管理的密钥服务，都是购买 SecaaS 服务。

这类技术包括用于 SaaS 的加密代理。与 IaaS 和 PaaS 不同，当 SaaS 服务提供商无法访问未解密数据的密钥时，加密会破坏 SaaS 服务提供商的相关功能。这是因为 SaaS 服务提供商需要使用上传至平台的数据。

考试提示：加密会影响 SaaS 提供的功能。理解这一点可以帮助你回答 CCSK 考试中碰到的很多相关问题。

业务持续性和灾难恢复

现在在家里就有可能会使用这种技术，业务持续性和灾难恢复（Business Continuity and Disaster Recovery，BC/DR）SecaaS 服务提供商从个人系统（本地服务器或云实例）中备份数据，并将数据复制到云环境。

这些系统可以使用本地网关加速数据传输并执行本地恢复。这种 SecaaS 技术可以帮助解决在发生灾难时必须访问存储数据的最坏情况，也可以将其用作存档解决方案。使用这种方案作为存档解决方案时，就不需要再管理备份磁带了。它还有一个明显的好处，就是可以提供异地存储功能。

安全管理

称之为"终端安全管理"更确切一些，因为它所关注的就是安全终端管理。安全管理 SecaaS 解决方案将常用的终端安全控制集中在单个云服务中，例如终端保护平台（Endpoint Protection Platform，EPP）、代理管理、网络安全和移动设备管理。因为集中管理控制台是基于云的，所以不需要本地管理服务器，这具有多地组织或远程办公人员的公司带来很大好处。

免受分布式拒绝服务攻击

尽管云 Web 应用程序防火墙提供 DDOS 防御，但是有可能需要购买专门的 DDOS 防御解决方案。除了本章 Web 应用程序防火墙部分所介绍的相关知识外，免受分布式拒绝服务攻击方面没有什么新内容了。准备 CCSK 考试时，仅需要记住的一点是：免受分布式拒绝服务攻击可以是单独的 SecaaS 解决方案，不需要成为 Web 应用程序的一部分。

本章小结

本章根据 CSA 指南中的相关内容，详细介绍了 SecaaS 的优点和缺点，并讨论了各种产品。在准备 CCSK 考试过程中，应该掌握以下内容。

- 选择云服务提供商是公司的责任，选择 SecaaS 服务提供商同样如此。

- 各种类型安全工具产生的数据具有高度敏感性，对于 SecaaS 来说也是如此。需要清楚地理解合规目标的所有需求。这也会确定数据处理和日志数据归档的需求。

- 需要适当地管理受监管的数据。如果 SecaaS 系统使用受监管的数据进行交互，那么对这些数据的控制需要满足或者超过公司现有的对数进行控制的安全性。

- 如果云服务提供商不支持按可读取的格式导出数据，那么数据有可能会被锁定。

- 了解云服务提供商提供的数据保留功能。如果需要 5 年的保留期，但是云服务提供商只支持 6 个月的保留期，那么就需要解决保留时间的问题（可以导出在本地保留），或者需要换一个云服务提供商。

- 最后，要保证 SecaaS 服务尽可能与当前和未来使用的技术兼容。例如，SecaaS 服务提供商支持当前或计划使用的云服务提供商、操作系统和移动平台吗？

本章练习

问题

1. 下面哪一项 SecaaS 解决方案可用于使用其他人的系统实施自己的策略？

   A. 业务持续性和灾难恢复

   B. WAF

   C. CSAB

   D. Web 过滤

2. 下面哪一项 SecaaS 解决方案可用于监控 HTTP 传输数据并且可以阻止 DDoS 攻击？

   A. WAF

   B. Web 过滤

   C. 电子邮件安全

   D. 以上都对

3. 假设要求 SecaaS 提供商导出 Web 过滤日志数据。提供商告知只能使用它们的工具访问数据。这其中存在什么问题？

   A. 可能会出现数据锁定的情况

B. 需要采用 CVS 格式导现数据进行分析

C. 无法将数据导入 SIEM

D. 以上都正确

4. SecaaS 必须满足什么标准？

　　A. 必须采用云服务的形式提供云产品或服务

　　B. 必须有 SOC 2 报告并且 / 或者满足 ISO/IEC 27001 标准

　　C. 必须满足云计算的基本特征

　　D. A 和 C

5. 下面哪一项不是 SecaaS 的优点？

　　A. 用户隔离

　　B. 降低成本

　　C. 弹性部署

　　D. 情报共享

6. 下面哪一项最适合定义 IDS/IPS SecaaS？

　　A. 本地代理安装在工作站上

　　B. 本地代理安装在服务器上

　　C. 代理将数据传送至云服务提供商，而不是本地服务器

　　D. 以上都正确

7. 安全评估 SecaaS 能执行以下哪项功能？

　　A. 传统网络评估

　　B. 云环境中服务器实例评估

　　C. 应用程序评估

　　D. 以上都正确

8. Web 安全网关 SecaaS 能完成以下哪一项功能？

　　A. 监测 Web 数据传输

　　B. 限制用户可访问的 Web 站点

　　C. 加密连接

　　D. A 和 B

9. 下面哪一项不是 SecaaS 的优点？

　　A. 不具备多租户特征

　　B. 处理受监管的数据

C. 迁移至 SecaaS

D. 缺少可见性

10. 在使用业务持续性和灾难恢复 SecaaS 时，以下哪一项能加速数据传输？

A. 使用云服务提供商提供的压缩功能

B. 实现本地网关设备

C. 使用云服务提供商提供的重复数据消除技术

D. A 和 C

答案及解析

1. B。Web 应用程序防火墙（WAF）可以监测第 7 层的网络数据，因此可以理解 HTTP 数据传输。

2. D。所有答案都正确。SecaaS 通常使得能够使用云服务提供商的系统实施自己的策略。

3. A。如果云服务提供商强制使用他们的平台读取日志数据，那么很有可能导致出现数据锁定的情况。这会要求你维护各种关系以访问可能需要的数据，以证明合规性和 / 或满足法律要求。其他答案可能对也可能错。

4. D。为了选择 SecaaS 服务提供商，服务提供商必须采用云服务的形式提供产品和服务，并且必须满足云计算的基本特征。SOC 或 ISO/IEC 不做要求。

5. B。这个答案有点出乎意料。注意，降低成本并不只是使用 SacaaS 服务之后会节约开支，而是指"按需付费"。从这个角度来说，SecaaS 应该还是比较便宜？但也并不一定。实际上，它可能会比现在使用的内部系统贵。

6. C。IDS/IPS 系统从代理导入数据，并且在云服务提供商的环境中分析这些数据。

7. D。安全评估 SecaaS 可以执行列出来的所有活动。

8. D。Web 安全网关提供的保护控制包括监测 Web 传输数据是否存在恶意攻击，并且限制用户可访问的 Web 站点。它不执行加密。

9. A。当对云服务提供商进行尽职调查时，应该检查他们多租户相关的控制功能是否强大。因为多租户功能有问题，可能会导致很多问题，例如，因针对其他租户的电子举证请求时而导致另外的租户数据受损。

10. B。正确答案是实现本地网关设备。尽管本地网关使用其他技术可以加速数据传输，但它们不能直接加速数据传输。

14

相关技术

本章涵盖 CSA 指南范围 14 中相关的内容，主要包括：

- 大数据。
- 物联网。
- 移动通信。
- 无服务计算。

> 当新技术出现时，要么你掌握它，要么它掌握你。
>
> ——斯图尔特·布兰德

在我看来，斯图尔特·布兰德先生的这句话很好地总结了一个人的信息技术职业生涯，总是需要对新技术有某种程度的了解。并不是在每个技术领域都要成为专家，但至少要理解每种新技术带来的好处。

本章介绍几个关键技术，其中有些技术并不一定是云计算专有的，但在云环境中经常使用。这些技术通常依赖大量可用的资源，可以根据需要迅速扩展或收缩（甚至是动态扩展或收缩）。

在准备 CCSK 考试时，需要注意的是：CSA 的使命及指南文档是帮助公司确定谁负责选择应该采纳和实现的最佳实践（即，云服务供商和用户），以及为什么这些控制重要。本章主要介绍与这些技术相关的安全方面的内容，而不是如何在具体的云服务提供商的实现中配置安全控制。

如果有兴趣深入学习这些技术中的一个或多个，可以查看云安全联盟的网站，查阅相关领域的白皮书和研究成果。

大数据

"大数据"是指非常大的数据集，可以从中提取有价值的信息。大数据可以处理传统数据处理工具无法管理的大量数据。可以在某相平台购买大数据解决方案，大数据并不是单一的技术。它是指的一组分布式收集、存储和处理数据的框架。

根据研究机构 Gartner 的定义，"大数据是需要新处理模式才能具有更强的决策力、洞察发现力和流程优化能力的海量、高增长率和多样化的信息资产"。

CSA 将 Gartner 的定义中的标准称为"3V"，其定义如下。

- **海量**（**High Volume**）。由记录或属性构成的大量数据。
- **高增长率**（**High Velocity**）。快速地产生并处理数据（例如，实时控制或数据流）。
- **多样化**（**High Variety**）。结构化、半结构化或无结构数据。

大数据的 3V 特性非常适合于云部署，因为弹性特征和大量存储功能可适用于平台即服务（Platform as a Service，PaaS）和基础设施即服务（Infrastructure as a Service，IaaS）部署模型。另外，可以将大数据技术集成到云计算应用程序中。

- **分布式数据收集**。指系统收集大量数据的能力，通常指流式数据。所收集的数据范围可以从简单的网络点击流分析到科学和传感器数据。并不是所有的大数据都依赖于分布式或流式数据收集，但这是大数据核心的技术。要想了解更多的数据类型信息，可以参见"分布式数据收集背景知识"部分。
- **分布式存储**。指系统在分布式文件系统（例如，Google 文件系统、Hadoop 分布式文件系统等）或数据库（例如，NoSQL）中存储大量数据的能力。NoSQL（不仅仅是 SQL）是非关系分布式可扩展数据库，它适合于在大数据场景中使用，并且因为非分布式存储技术的限制通常必须使用 NoSQL。
- **分布式处理**。能够分布式处理作业的工具和技术（例如，MapReduce、Spark 等），能够有效地分析大量的并且快速变化的数据集，单源处理无法有效地处理这些数据。更详细的信息参见"分布式数据收集背景知识"部分。

 考试提示：需要记住这里列出的 3 个项：收集数据、存储数据和处理数据。

之前列表中的相关术语需要进一步解释。下面的背景知识部分会涉及相关内容。

 注意：与之前一样，背景知识中的信息只是为了帮助理解相关知识，CCSK 考试不涉及相关内容。

分布式数据收集背景知识

典型的分布式数据通常以批量的方式发送数据（例如，结构化的数据库记录）。与此不同，流式数据是由许多数据源持续产生的，这些数据源通常同时发送数据记录，并且每个源发送的数据都是小规模的（几千字节）。流式数据可以包括用户使用移动或 Web 应用程序产生的日志文件、来自社交网络的信息以及数据中心所连接设备或装置远程测量的数据。流式数据有利于持续产生新的或动态数据的大多数情况的处理。

网络点击流分析提供追踪用户与网站交互产生的数据。通常有以下两种类型的网络点击流分析。

- **数据传输分析**。在服务器级别运行，并且传输性能数据，例如跟踪用户访问的页数、页面加载时间、每个页面加载时长以及其他交互数据。
- **基于电子商务的分析**。使用网络点击分析数据确定电子商务功能的有效性。它分析购物者逗留的网页、购物车分析、购买的物品、购物者在购物车中放入或取出的物品、购物者购买的物品、使用的优惠券代码和付款方式。

这两种情况都显示了公司在日常运营中可能产生大量数据，需要使用工具将这些数据解释成公司可用于提高收入的可操作信息。

Hadoop 背景知识

Hadoop 是大数据的同义词。实际上，据估计，几乎有一半的财富 500 强公司使用 Hadoop 处理大数据，所以这里专门介绍 Hadoop 相关的背景知识。不管你信不信，我们现在所知道的大数据始于谷歌试图创建一个系统，用于索引互联网（称为谷歌文件系统）。在 2003 年，谷歌采用白皮书的形式将发明的内部工作原理公之于众。2005 年，道格·卡特和迈克·卡法雷拉利用这些知识创建了开源大数据框架 Hadoop。Hadoop 现在由 Apache Software Foundation 维护。

下面是 Hadoop 项目本身对 Hadoop 的解释，这也是对 Hadoop 最好的解释。

> Apache Hadoop 软件库是一个框架，该框架使得能够使用简单的编程模型跨计算机集群对大型数据集进行分布式处理。它旨在从单个服务器扩展到数千台机器，每台机器都提供本地计算和存储。

注意，Hadoop 使得能够对大数据集中的数据进行分布式处理。为了完成相关操作，Hadoop 在集群中的多个独立的 x86 系统上进行数据存储和处理。为什么在独立的 x86 系统上进行数据存储和处理呢？主要是成本和性能。这些 x86 系统（例如，笔记本电脑或工作个人计算机）比定制的硬件便宜。这种去中心化的方法意味着不需要使用超高成本、强大、高性能的计算机分析大量的数据。

存储和处理功能可分成两个部分。

- **Hadoop 分布式文件系统**（**Hadoop Distributed File System**，**HDFS**）。这是 Hadoop 的存储部分。当数据存储在 HDFS 上时，会将数据分成小块，然后分布存储在集群内的多个系统中。HDFS 本身位于运行操作系统（例如，Linux，但也支持 Windwos）之上本地文件系统的上面。HDFS 允许在集群中使用多种数据类型（结构化的、非结构化的、流式数据）。后面将详细讲解用于收集数据的各种组件（用于数据的 SQOOP 和用于流式数据的 Flume）的详细情况，因为这样可以更加深入地理解 Hadoop（特别是 HDFS）。

- **MapReduce**。这是 Hadoop 的处理部分。MapReduce 是分布式计算算法，它的名字是 Mapping（映射）和 Reducing（归约）的组合。映射部分对数据进行过滤和排序，而归约部分进行汇总操作。例如，假设要确定一个罐子中有多少硬币。可以一个人数整个罐子里有多少硬币。也可以组建一个四人小组，将整个罐子里的钱分成 4 份（映射功能），每个人数自己的部分并将结果记录下来（归约）。一起工作的 4 个人称这集群。这就是集群使用的分而治之的方法。假设现在有 4TB 的数据库，想要使用 4 个 Hadoop 节点的集群对此数据库进行分析。这个 4TB 的文件将被分成 4 个 1TB 的文件，在 4 个独立的节点上处理这 4 个文件，每个结点根据请求发回结果。

下面看看实际的大数据场景。假设有个很大的零售商需要从 11000 家每小时进行 500 次销售商店的所收银机读取实时销售数据，这样可以确定并预测每天需要从合作伙伴那里预定哪些商品，并且运输到哪个商店，这需要完成非常复杂的计算，这个数据非常适合之前讨论的流式数据。这些数据会汇集到分布在集群结点中的 Hadoop 系统内，然后处理所需要订单和运货单，并通过 REST API 发送至适当的系统。

这两个部分都是原始 Hadoop 框架的基础。随着时间的推移，Hadoop 框架中还加入了其他部分以提升功能，主要包括以下几个部分。

- **Spark**。Spark 是可以替代 MapReduce 的另一个数据处理功能，与 MapReduce 相比，它能够进行更多的内存处理。

- **YARN**。另一种资源协调者（Yet Another Resource Negotiator，YARN），它可以在 Hadoop 系统中执行资源管理功能（特别是集群资源管理）。
- **Hadoop 通用工具**。Hadoop 通用工具（Hadoop Common）使得操作系统能够读取存储在 Hadoop 文件系统中的数据。

到目前为止，完成了 101 级以 Hadoop 为例的大数据分析速成课程。这是目前非常重要的领域，而且以后会越来越重要。最后，也可以考虑使用很多商业的大数据产品。与大多数其他新领域一样，合并和收购几乎是家常便饭。例如，两个很大的大数据解决方案提供商 Cloudera 和 Hortonworks 在 2019 年完成了合并。

安全和隐私注意事项

大数据是一个框架，使用跨多个节点的多个模块处理高速并且快速变化来源的大量数据。使用不同工具和不同平台组合工作时，会给安全性和隐私性带来很大的隐患。

趁此机会来讨论一下如何在不熟悉的新技术（例如，大数据）中使用安全基本原则。在最基本的级别上，你需要对 Hadoop 环境中所有组件和模块进行身份验证、授权以及审计（AAA）最低权限访问，当然，包括要对从物理层一直到所有模块本身进行相关安全操作。对于应用程序级别的组件，云服务提供商必须提供最佳实践文档（例如，Cloudera 的安全文档长度将近 500 页），并且快速地对任何漏洞打补丁。在 AAA 基础之上，可以考虑加密技术，需要进行静态加密和传输加密。

数据收集

在收集数据时，将数据存储到大数据分析系统之前，会存储在某些形式的中间存储设备中。如之前所讨论的，也需要保证这些设备（虚拟机、实例、容器等）中数据的安全。中间存储设备可以是交换空间（内存中）。云服务提供商应该向用户提供相关文档，以满足用户的安全需求。

 考试提示： 在准备 CCSK 考试时，需要注意所需任何技术的所有组件和工作负载都必须有 AAA 的安全保障。公司在使用云服务进行大数据分析时也是如此。基于云的大数据系统的一个例子可以由在实例（此实例在卷存储中收集数据）中运行的处理节点构成。

密钥管理

如果实现大数据时，需要进行静态加密（所有事情都是基于风险的），由于节点是分布式的，静态加密实现起来比较复杂。至于静态保护数据，云环境中的加密功能可能由云服务提供商实现，由他们提供安全控制保障数据安全，其中包括密钥管理。密钥管理系统需要支持分布式密钥多地存储和分析工具。

安全功能

可以使用云服务提供商的控制来满足公司的安全需求，包括将这些服务作为自己大数据实现的一部分（例如，对象存储）。如果需要对数据加密，看看云服务提供商能否提供此项服务。如果需要细粒度的访问控制，看看云服务提供商的服务是否包括此功能。公司安全架构中应该包含这些服务的控制安全配置的细节。

身份识别和访问管理

正如之前提到的，授权和身份验证是最重要的安全控制。必须保证正确实行这两项措施。在云环境中，这意味着开始就保证根据最小权利原则限制访问管理平面的每个实体。最后，大数据系统本身的每个应用程序组件需要建立正确的访问控制。

PaaS

云服务提供商可以采用 PaaS 模型提供大数据服务。使用大数据平台而不是构建自己的大数据系统有很多好处，云服务提供商可以在自己的产品中实现先进的技术，例如机器学习。

需要充分了解可能存在数据暴露、法规遵从性和隐私等问题，并知道它们的影响。如果 PaaS 服务提供商使用某种技术访问企业数据是否存在合规风险？云服务提供商如何解决内部威胁？在使用大数据 PaaS 服务之前必须解决这类问题。

与本书涉及到的其他问题一样，基于风险进行决策，并且采用合适的安全控制满足公司的需求。

物联网

物联网（Internet of Things，IoT）包括物理世界的所有事物，从能源和水系统到健身追踪、家庭助理、医疗设备和其他工业和零售技术。除这些产品之外，企业在以下应用中也采用物联网技术。

- 供应链管理。
- 物流管理。
- 市场、零售和用户关系管理。
- 面向员工和消费者的互联医疗保健和生活方式应用程序。

在部署（例如，大量用户使用）之后，我相信你会非常满意这些设备产生的流式数据总量。虽然不是必须通过云来支持所有这些获取的数据及后续所需的处理，但通常会使用云来支持这些 IoT 设备。

下面是 CSA 指南提到的专门用于云的 IoT 安全元素。

- **安全数据收集和清理**。包括例如剥离敏感和 / 或恶意数据的代码。
- **设备注册、验证和授权**。当前一个普遍的问题是使用存储的身份标识直接调用后端云服务提供商的 API。黑客对应用程序和设备软件进行反编译，并且接着使用其中的身份标识进行恶意攻击的情况有很多。
- **设备连接至云基础设施 API 的安全**。除了刚才提到的身份标识问题之外，也可能对 API 本身解码，并且使用它们来攻击云基础设施。
- **通信加密**。许多当前使用的设备存在漏洞、过时或者没有加密，这将使数据和设备处在危险之中。
- **修补和更新设备以使它们不成为损害安全弱点的能力**。现在，设备按初始设置运行是普遍现象，这些设备从来没有对操作系统或应用程序进行过安全更新。这已经导致多起重大的并且关注度极高的安全事故，例如由于 IoT 设备的安全漏洞引起的大规模僵尸网络攻击。

 注意：查看有关 Mirai 和 Torii 恶意软件的文章，了解大规模 DDoS 攻击中使用的超大僵尸网络如何利用受损物联网设备进行攻击。

移动计算

移动计算并不是什么新内容。公司不需要云服务支持移动应用程序，但是很多移动应用程序依赖云服务进行后端处理。移动应用程序之所以利用云，不仅是因为它处理动态工作负责的强大能力，而且还因为它地理上的分布性。

CSA 指南提出在云环境中的移动计算存在以下安全问题。

- 因为移动应用程序用于 IoT 设备，所以设备注册、身份验证和授权都是移动应用程序要解决的问题，当通过 API 使用存储的身份标识直接连接至云服务提供商的基础设施和资源时，尤其如此。如果黑客对应用程序进行反编译，并获得了所存储的身份标识，那他们将能够操纵或攻击云基础设施。
- 将云环境内运行的任何应用程序 API 都看成是可能会受到攻击的弱点。如果攻击者运行可截获这些 API 调用的本地代理，他们就能够反编译未加密的信息，这样这些 API 就成为系统的安全漏洞。在应用程序内部锁定和验证证书有助于降低风险。

 注意：开放 Web 应用程序安全项目（Open Web Application Security Project，OWASP）将证书锁定定义为"将主机与其所期望的 X509 证书或公共密钥关联起来的过程。一旦证书或公共秘钥被主机知道或看到，那么证书或公共秘钥就会与主机关联或'锁定'"。

无服务计算

可以将无服务计算看作是用户不需要负责管理服务器的环境。在无服务计算模型中，云服务提供商根据用户运行的工作负载负责服务器。CSA 将无服务计算定义为"将某种 SaaS 功能扩展以下情况：所有或部分应用程序堆栈运行在云服务提供商的环境中，不需要用户管理操作系统甚至容器"。

大多数人将无服务计算看作是在云服务提供商的平台上运行脚本，这种观点是错误的 [请参阅后面的"无服务器与功能即服务（FaaS）"部分]。无服务不仅仅限于此，下面是 CSA 提供的无服务计算的实例。

- 对象存储。
- 云负载均衡。
- 云数据库。
- 机器学习。
- 消息队列。
- 通知服务。
- API 网关。
- Web 服务器。

毫无疑问，如果公司正在使用云服务，那么或多或少会使用部分无服务计算功能。如果公司打算使用云，那么很有可能会使用无服务产品。这本身并没有什么问题，因为这些服务可以很好地编排（也称为事件驱动），并与提供商提供的 IAM 服务深度集成。需要明白的一点是：使用云服务提供商提供的服务越多，公司对云服务提供商的依赖程度也就越高（锁定），因为迁移就需要在新环境中重新再造环境。

从安全的角度来看，CSA 指南提出了以下问题。在准备 CCSK 考试过程中，需要对这些问题引起重视。

- 无服务给云服务提供商带来了更多的安全责任。选择云服务提供商，了解其安全服务水平协议及功能绝对很重要。
- 使用无服务时，云用户不会访问常用的监测和日志系统，例如服务器或网络日志。应用程序需要集成更多的日志记录功能，云服务提供商应该提供所需的日志记录，以满足核心安全及合规要求。
- 尽管云服务提供商的服务已经过各种合规要求的认证或证明，但是并需要每个服务都与所有的规则匹配。云服务提供商需要使合规性映射保护最新，用记需要保证在自己的合规范围内使用服务。
- 对云提供商的管理平面拥有高级别的访问权限，因为这是集成和使用无服务器功能的唯一途径。
- 无服务会大大地减少攻击面和攻击路径，集成无服务组件是打破攻击链中连接的一个很好的选择，即使整个应用程序堆栈不采用无服务形式也是如此。
- 任何漏洞评估或其他安全测试必须遵守云服务提供商的服务条款。云用户不能再直接测试应用程序，或者只能在较小的范围内进行测试，因为云服务提供商的基础设施托管所有的事情，它不能区分合法的测试和攻击。
- 事故响应会很复杂，管理基于服务器的事故肯定需要更改流程和工具。

在查看指南中上述内容时，是什么感觉呢？有似曾相识的感受吗？应该会有，因为本书之前已经对每一条都进行过讨论，这些条款不仅仅适用于无服务计算。通过尽职调查的方式，信任云服务提供商，但也需要对云服务商进行验证，记住，我们不仅要进行防御，而且要进行检测。因为由云服务提供商通过无服务产品创建和管理服务，所以需要记录在无服务环境中运行的应用程序日志。

无服务器与功能即服务

"无服务计算"部分介绍的内容至今仍然适用。作为用户，可以利用云服务提供商构建并管理的服务，用户不需要构建功能或者运行服务器来访问相应的功能。最近，出现了新的功能即服务（Function as a Service，FaaS）产品（例如，AWS Lambda 和 Microsoft Azure Function），导致有人常常混淆相关的概念。尽管经常有人将功能即服务称为"无服务计算"，但它实际上并不是无服务计算。

在使用功能即服务时，在云服务提供商的服务器上运行自己的应用程序。无服务计算中，云服务提供商为用户运行所有应用程序——例如，"无服务计算"部分提到的例子。而在功能即服务中，应用程序是开发人员要完成的事情，这一点与传统的计算无异，只是应用程序运行在云服务提供商构建并运营的无状态计算容器中。

本章小结

本章介绍了一些新技术，在公司采用云服务时，无疑会使用到相关的技术。在准备参加 CCSK 考试时，记住各种技术的要点及其相关的安全问题。一定要记住，CCSK 考试是云安全相关的考试，而不是考察某种相关的技术。

在准备 CCSK 考试时，应该掌握以下 CSA 对本章中提到各种技术的相关建议。

CSA 对大数据相关的建议如下：

- 按最少权利原则锁定所有的服务和应用程序组件的授权和身份验证。
- 需要访问管理平面和大数据组件。需要使用权限矩阵，解决各种组件的授权问题时，权限矩阵可能会变得很复杂。
- 根据云服务提供商的建议保障大数据组件的安全。CSA 给出了保障大数据安全的白皮书（参加 CCSK 考试不强制要求阅读此白皮书）。
- 尽可能使用云服务提供商的大数据服务。将云服务提供商的服务作为大数据解决方案的一部分时，要了解采用这种服务的优点和安全风险。
- 如果要求进行静态数据加密，那么在所有的位置都要进行静态数据加密。注意，除了主存储器外，还必须对中间存储位置和备份存储位置的数据加密。

- 还需要满足安全和隐私需求。
- 通过审查云服务提供商的技术和处理控制，保证云服务提供商不会向员工或管理员暴露数据。
- 云服务提供商应该清楚地发布其大数据解决方案应该满足的任何合规标准。客户需要保证理解自己的合规需求。
- 如果存在安全、隐私或合规问题，那么用户可以考虑使用数据遮蔽或数据混淆技术。

CSA 对物联网相关的建议如下：
- IoT 设备必须能够打补丁并更新。
- 不要在设备上使用静态身份验证，这可能会导致云基础设施或组件受到攻击。
- 应始终遵循在云环境中进行设备注册和身份验证的最佳实践。为了达到此目标，可以使用联合身份识别系统。
- 通信必须加密。
- 从设备收集到的数据必须进行清理（输入验证最佳实践）。
- 要假设所有的 API 请求都是敌意的，并且在此基础上构建安全系统。
- IoT 领域在不停地发生变化，并且向前演进。关注 CSA 物联网工作小组可以跟上相关领域的最新发展。

CSA 对移动计算的相关建议如下：
- 设计移动应用程序时，按照云服务提供商的建议进行身份认证和授权。
- 与物联网一样，可以使用联合身份识别将移动应用连接至云托管的应用程序和服务。
- 不要使用未加密的方式传输密钥和身份标识。
- 在测试 API 时，假设所有的连接都具有敌意，并且黑客都具有经过身份验证的未加密的访问权限。
- 移动应用程序应该使用证书锁定和验证来降低风险，可以使用代理分析 API 数据传输从而确定数据是否会损坏系统安全。
- 对数据进行输入验证，并且从安全的角度对所有进入的数据进行监控。不要相信任何人。

- 黑客会访问你的应用程序。保障存储在移动设备上数据的安全并采用进行适当的加密。设备上不能存储可能会导致破坏云环境的数据（例如，身份标识）。
- 关注 CSA 移动安全工作组，与移动安全方面最新的行业推荐保持同步。

CSA 对无服务计算的相关建议如下：

- "无服务"仅仅只是表示用户不需要对基本的服务器操作系统进行相关的配置。用户还是需要对云服务提供商提供的控制进行安全配置。
- 无服务平台必须满足合规要求。云服务提供商应该能够清楚地向用户陈述每个平台应该获得什么样的证书。
- 用户应该选择满足合规要求的平台。
- 可以使用无服务计算增强整个安全架构。将云服务提供商提供的服务与自己的安全架构结合起来（例如，消息队列服务），黑客需要同时破坏用户和云服务提供商的安全保障，这对他们来说可能是一个很大的障碍。如果某个服务移除组件或云与用户数据中心存在任何直接的网络连接时尤其如此。
- 无服务会改变安全监控方案，因为云服务提供商假设会对安全负更多的责任，并且可能不向用户提供日志数据。这可能要求应用程序在无服务环境中内置更多的日志功能。
- 应用程序利用云服务提供商平台进行安全评估和渗透测试将会发生变化。找到对云服务提供商环境了解的人进行评估和测试。
- 在 PaaS 环境中，事故响应的变化比在 IaaS 环境中要大。与云服务提供商就事故响应的作用进行沟通是非常重要的。
- 需要注意，即使云服务提供商管理平台和底层服务器（以及操作系统），也需要按常规式方对云服务提供商提供的控制进行配置和评估。

本章练习

问题

1. 什么是证书锁定？
   A. 在移动设备上安全证书
   B. 在开放式证书注册表中存储可用于验证的证书
   C. 将主机与证书关联

    D. 以上都对

2. 在大数据系统中，应该在哪里进行数据加密？

    A. 主存储

    B. 中间存储

    C. 内部存储

    D. A 和 B

3. 在大数据中，Spark 的作用是什么？

    A. Spark 是大数据存储文件系统

    B. Spark 是机器学习模块

    C. Spark 是大数据处理模块

    D. Spark 用于存储大数据

4. 下面哪一项在之前曾经导致 IoT 设备出现安全问题？

    A. 在设备中内置身份标识

    B. 不进行加密

    C. IoT 设备无更新设备

    D. 以上都对

5. 当在大数据中使用权限矩阵时，为什么权限矩阵会很复杂？

    A. 多个组件与大数据实现关联

    B. 多个组件不允许进行细粒度授权

    C. 实现大数据时，将云环境组件作为大数据的一部分

    D. A 和 C 正确

6. 与大数据系统相关的常用组件是什么？

    A. 分布式数据收集

    B. 分布式存储

    C. 分布式处理

    D. 以上都正确

7. 根据 CSA，大数据的"3V"指的是什么？

    A. 高增长率、海量和高差异性

    B. 高增长率、海量和多样性

    C. 高验证性、海量和多样性

    D. 高价值、高差异性和高增长率

8. 根据 CSA，无服务平台不需要考虑以下哪一项？

　　A. 负载均衡

　　B. DNA 服务器

　　C. 通告服务

　　D. 对象存储

9. 什么时候应该执行输入验证？

　　A. 当使用云作为移动应用程序的后端时

　　B. 当使用云作为 IoT 设备的后端时

　　C. 当使用云服务支持大数据系统时

　　D. 以上都正确

10. 根据 CSA，云的什么特征使得它能够很好地支持移动应用程序？

　　A. 运行所需基础设施的成本

　　B. 云分布式地理位置的特征

　　C. 云服务固有的安全性

　　D. B 和 C

答案及解析

1. C。证书锁定是指将证书与主机关联起来。这可以用于防止黑客使用代理查看能用于识别安全弱点的未加密的网络活动。其他答案均不对。

2. D。大数据加密（如果需要）需要在所有的存储位置执行，包括主存储和中间存储。

3. C。Spark 是 Hadoop 的处理模块，它被看作是下一代 MapReduce。尽管作为大数据的背景知识来讨论 Hadoop，但是它确实是本书及 CSA 关于大数据处理模块的核心内容。

4. D。列出的所有答案在之前均会导致 IoT 设备的安全问题。

5. D。CSA 指出，导致权限矩阵复杂的原因有两个，一是大数据系统中组件的数量，二是可以将云资源作为大数据实现的一部分。

6. D。大数据系统由分布式收集、分布式存储和分布式处理构成。

7. B。"3V" 是指海量、高增长率和多样化。这表示大数据系统必须处理高速进入的海量数据，而且这些数据的格式是各种各样的（结构化数据、非结构化数据和流式数据）。

8. B。根据 CSA，DNS 服务器不是无服务选项。这里有一个深刻的教训。云服务提供商很好地为用户提供 DNS 服务。不过，这里并不是这个意思。在参加考试的过程中，花一点时间认真读题，确保不被题目所迷惑。在 IaaS 环境中创建 DNS 服务器是没有问题的，或者如果云服务提供商提供 DNS 服务，也可以使用云服务提供商提供的服务。其他答案都是无服务平台。

9. D。对任何进入的网络传输数据进行验证是安全最佳实践。它包含列出的所有技术。

10. B。CSA 指南列出的与云适用于移动应用程序相关的属性是云的地理特征。当然，可以让云环境更安全，但它使用的是责任共担模型。不要想当然，认为在云环境中运行系统的成本比在自己的数据中心运行系统更便宜。

ENISA 云计算：信息安全的效益、风险和建议

本章涵盖欧洲网络和信息安全局（European Network and Information Security Agency，ENISA）云计算安全、风险和评估文档中的以下主题。

- 隔离失败。
- 低成本的拒绝服务。
- 许可风险。
- 虚拟机跳跃。
- 所有场景中常见的五个关键法律问题。
- ENISA 研究中最高安全风险。
- OVF（开放虚拟化格式）。
- 治理缺失可能存在的漏洞。
- 用户配置漏洞。
- 收购云服务提供商相关的风险。
- 云在安全方面的优点。
- 风险 R.1~R.35 及可能存在的漏洞。
- 数据控制方与数据处理方的限定。
- IaaS 中用户系统监控的责任。

> 欧洲网络和信息安全局（ENISA）自 2004 年起就开始尽力保障欧洲网络安全。
>
> ——ENISA

正如本章引言所说，ENISA 是欧盟关注网络安全问题的机构。ENISA 创建了 "ENISA 云计算：信息安全的好处、风险和建议" 文档，以支持欧盟成员国和欧盟利益相关国采用云服务。

ENISA 文档在很大程度上仍然是相关的，因为它对云服务相关的风险和漏洞认识的水平较高。但是，这个文档是在 2009 年完成的，自从它发布以后，增加了很多风险和记录相关的问题。另外，文档发布的时候，有一些技术（例如，容器）还没有出现。我尽力介绍 ENISA 文档中现在还适用的方面，以及 CCSK 考试中涉及到的相关内容。也就是说，在参加开卷的 CCSK 考试期间，我还是建议你准备一份 ENISA 文档。

本书之前的章节已经介绍了文档中很多相关的内容。这是因为 ENISA 文档是 CSA 指南的基本来源之一。这里，我将介绍 ENISA 文档中之前章节还没有介绍的内容。许多内容只是迅速地过一遍，以便你能够快速地消化相关知识。

云的安全优势

在阅读完之前的章节后，应该能够理解云实现带来的很多好处。也应该理解，只有正确地计划并且确定合适的架构之后，才能发挥云的优势。下面是 ENISA 的成员列出的安全方面的优势，以强调云计算给安全方面带来的明显优势。

安全和规模效益

如果大规模地实施安全策略，就会降低成本。这就意味着，从云服务提供商的角度来看，在安全方面会产生规模经济。以下是由于云计算的大规模带来的好处。

- **多个地理位置**。云服务提供商有足够的经济资源支持其在不同的位置复制内容和服务。这会大大提高用户进行灾难恢复的能力（当然，需要事先确定好相关架构）。
- **边缘网络**。之前的章节中没有讨论边缘网络。加特纳将边缘计算定义为"分布式计算拓扑结构的一部分，其中在产生和使用对象的边缘附近进行信息处理。"因为可使用多个地理位置，可以缩小分支机构办公室和处理位置之间的物理距离。在使用内容分发网络（Content Delivery Network，CDN）时尤其如此，并且可以在别的位置使用云服务提供商的产品。
- **改善响应的及时性问题**。从第 9 章介绍的内容可以了解到，使用基础设施即代码、通过虚拟防火墙隔离工作负载（安全群组）以及使用云环境中其他产品可以大大地改善事故响应的性能。在改善事故响应性能方面，需要合适的架构并经常测试。

- **威胁管理**。鉴于围绕安全的规模经济，以及安全事件可能造成的声誉损害，云服务提供商通常会雇用安全威胁方面的专家进行高级安全威胁检测。这会给用户带来好处，可以提高用户工作负载运行环境的安全底线。

根据安全性能区分云产品市场

对于许多云服务提供商来说，安全是市场上的一个卖点。可以通过云服务提供商获得合规标准的个数来窥见一斑。增加安全证书的功能不仅能够使云服务提供商将产品销售给各行各业的公司，而且还能够帮他们打开产品的市场。

管理安全服务的标准接口

云服务提供商可以向安全托管服务（Managed Security Service，MSS）提供商提供标准开放接口。这样，这些服务提供商可以重新向自己的用户售卖服务。

迅速智能地扩展资源

云服务提供商具有大量可使用的可扩展计算资源。通过过滤进入的网络数据并且执行其他保护用户的防御措施（例如，保护用户不受分布式拒绝服务攻击），可以将这些资源重新分配来解决威胁问题。ENISA 文档还指出，提供商可以以细粒度的方式响应，而无需扩展所有类型的系统资源（例如，增加 CPU，但不增加内存或存储），这样可以减少对突发峰值（非恶意）进行响应的成本。

审计和证据收集

在之前的章节（特别是第 4 章）中，已经介绍过云环境会增加审计功能。ENISA 文档确实指出，在云环境中存储日志是存储日志数据以支持审计的一种经济高效的方式。

及时、有效、高效地更新和默认设置

不可变（第 7 章）、快照（第 9 章）和基础设施即代码（第 10 章）等技术可以用于基础设施即服务（IaaS）环境中维护所有虚拟机的安全性，并对其进行标准化。ENISA 文档提示：传统基于客户端系统依赖补丁模式，在云环境中，可以在同构平台上以更快的速度多次进行更新。单个云服务提供商拥有并支持同构平台。这就说明，与现在数据中心按标准打补丁相比，使用之前提到的工具可以快速进行更新。

使用平台即服务（PaaS）和安全即服务（SaaS）平台，对平台更新的方式与采用集中式更新类似，这样会减少漏洞存在的时间窗。

根据审计和服务协议水平改进风险管理

云安全服务提供商会面临大量的安全认证，每年都要进行多次评估和审计，并且在此期间还会出现新的风险。

资源集中的好处

这关系到之前提到的规模经济，它会给云服务提供商带来好处。与用户使用传的数据中心相比，对每个基本单元进行控制花费的成本要低很多。例如，在传统的数据中心，1000 个服务器的物理安全花费一百万美元，相当于每个单元花费 1000 美元。在 100 000 台服务器构成的云数据中心，每个单元的成本为 10 美元。

顶级安全风险

根据 ENISA 文档，顶级安全风险不会按照特定的顺序出现。因为之前的章节已经讨论过这类风险，这里只是快速地总结 ENISA 文档相关的信息。首先介绍风险相关的背景知识。

IT 风险背景知识

ENISA 文档和 CSA 指南都假设读者对 IT 风险相关的概念有一定的了解。ENISA 实际上使用这些概念非常系统地分析了云安全。尽管 CCSK 考试中包含这些概念，但你应该熟悉它们，这样有助于你理解这些文档，并且有助于在实际应用中使用云安全相关的知识。在我的经验中，理解并应用这些概念会让你在保障 IT 安全方面有更多的选择，在云安全方面同样如此。这样，会更容易和专业人士对话。

风险分析最开始要做的一件事情是分析所保护对象的价值。这就是所谓有资产。例如，存储磁盘的容量或一组敏感的数据。所有的资产都会有漏洞。根据 ENISA，漏洞是"任何可能通过未经授权的访问、破坏、披露、修改数据和 / 或拒绝服务对资产产生不利影响的情况或事件"。在我们的实例中，磁盘容量可能会耗尽，敏感数据可能会被泄漏。最重要的是，要时刻记住漏洞一直存在，不管它有没有产生实际的破坏都是如此。

　　ENISA 还提出，风险是利用漏洞进行威胁的结果。需要理解，威胁有可能是恶意的（有意而为之），有可能不是恶意的（例如，由于消耗或疏忽引起的）。无论是哪种情况，结果都是消极的，并且会产生实际的不好的结果。在 IT 领域，负面影响通常分为这样几种类型：失去保密性、失去完整性和失去可用性。最终，对使用 IT 的业务造成损害，因此应该用对这些利益相关者能看懂的术语进行解释。这可能是一个很长的过程，但重要的是讲好一个完整的故事。如果只是说恶意攻击者可以访问这台机器，所有的利益相关者都会问："那会怎么样呢？"如果你说敏感数据在那台机器上，之后要将这台机器交给数据保护机构，这将导致他们受到罚款或更糟的处罚。这样你应该会得到不同的回应。

　　在上面的实例中，存储磁盘如果装满数据之后，会导致服务无法使用，这将会使用户感到不快。数据泄漏可能导致声誉损失或法律处罚。因此，风险对资产会产生影响，尤其会影响资产的价值。出现风险的可能性越大，风险产生的影响也会越大，对风险进行控制就越重要。如果风险发生的可能越小，产生的影响越小，那么开始不需要考虑这些风险。

　　减少风险发生的可能性和/或对风险产生影响的事情都称为控制或对策。例如，可以监测磁盘空间或者对数据加密。实际上，有很多工程方法。旧的控制很难适应云环境，但可以采用新的控制，例如动态或细粒度网络访问控制。因此，通常很难说云环境使 IT 更安全或者是更不安全。

治理缺失

　　云环境中使用责任共担模型。当用户将控制权转让给云服务提供商时，如果提供商在服务水平协议(SLA)中没有承诺，则安全防御可能存在漏洞。合约条款(例如，使用条款）可能会限制用户执行支持治理的合规活动。

　　如果云服务提供商与第三方合作（例如，SaaS 服务提供商与 IaaS 服务提供商合作），用户会彻底丧失治理能力。如果云服务提供商被另一家公司收购，新公司可能会修改服务条款。这种控制和治理的缺失会导致公司不能满足安全要求，他们可能会遭受性能损失或服务质量下降，或者可能会遇到重大的合规性挑战。

锁定

　　缺乏移植性可能会导致与云服务提供商锁定。几乎无法购买或从其他资源（例如，开源）获取工具可以帮助你方便地从一个服务提供商将系统和/或数复制到另一个服务提供商。锁定的原因有很多，这种情况可能发生在每年签订的 SaaS 合同中，其中包含非常严苛的取消条款，也可能发生在技术问题上，例如，从一个云服务提供商导出的数据因采用特定的格式，无法在另一个云服务提供商的环境中使用。即使核心技术是标准化的（例如，容器和 VM），但是云服务提供商的管理平面接口却千差万别。

ENISA 文档重点讨论了各种服务模型相关的锁定。下面给出了用户使用各种云服务模型时，可能会面临的各种不同类型的锁定。

SaaS 锁定

与 SaaS 相关的锁定大多与输出数据的格式有关，输出的格式应该能够在其他位置使用。云服务提供商会将租户的数据存储在特定的数据库架构中。通常不会要求使用相同结构的数据，但是输出数据会采用通用格式（例如，XML）。

当然，在处理 SaaS 时，实际上是在处理特定的应用程序。从一个 SaaS 服务提供商迁移至另一个 SaaS 服务提供商时，会对终端用户产生影响。这需要对终端用户重新培训，对于大型企业来说是一笔不小的支出。另外，需要重新构建与内部系统的结合的部分（例如，API）和现在使用的 SaaS 解决方案。

 注意： 从一个 SaaS 应用程序迁移至另一个 SaaS 应用程序与从数据中心迁移应用程序并没有太大的区别，都需要付出很大的努力才能完成。

PaaS 锁定

尽管公司使用的 PaaS 解决方案由应用程序开发构成，但还需要知道另外一些方面的东西。PaaS 锁定的主要问题与使用云服务提供商的服务有关，通常通过 API 访问这些服务，并且用这些服务来创建完整的应用程序功能。ENISA 文档称之为 API 锁定。

如果云服务提供商认为某个功能"危险"（例如，访问底层共享操作系统层的功能），不提供这个功能，应用程序代码本身需要定制。这需要公司的开发人员理解这些可能存在的限制，并且通过定制在特定环境中运行的代码来解决相关。ENISA 文档称之为运行时锁定。

除了应用程序开发之外，PaaS 系统产生的任何数据都不会以易于使用的格式导出。ENISA 文档称之为数据锁定。

IaaS 锁定

在 IaaS 锁定方面，需要考虑存储在云服务提供商环境中的工作负载和数据。在这两种情况下，最大的问题是 ENISA 文档所谓的"挤兑"的情况。如果云服务提供商出现重大问题，很多用户同时开始导出系统和数据，导致网络性能下降，会使得导出数据的时间急剧增加。

从虚拟机锁定方面来看，尽管将软件和虚拟机元数据绑在一起便于移植，但是这仅限于在云服务提供商环境内部。开放虚拟格式（Open Virtualization Format，OVF）可用于解决虚拟机锁定问题。

IaaS 存储云服务提供商的功能和特征范围广泛。主要的锁定问题来源于特定策略功能（例如，访问控制）可能存在应用程序级别的依赖，这种依赖会对用户选择云服务提供商有所限制。

隔离失败

多租户是云固有的特征，无论在哪里共享资源（例如，内存、存储器和网络），都需要很强的隔离功能。这种隔离并不一定只与硬件相关，使用多租户数据库的 SaaS 产品也有可能导致隔离失败。如果隔离失败，安全保障就失败了。隔离失败的影响可能导致用户丢失有价值的或敏感的数据，并且 / 或者云服务提供商解决隔离失败问题有可能并闭访问从而中断服务。从云服务提供商的角度来看，因为可能破坏声誉并由此造成的客户损失，所以隔离失败有可能导致业务失败。

合规风险

购买云服务时，公司需要与法规和行业标准合规其实是一件很难的事情。合规风险可能会包含以下几项。

- 云服务提供商可能无法提供证据来证明其与公司必须满足的法规和 / 或行业标准合规。
- 云服务提供商不允许进行审计，也不采用其他方式证明其与公司必须满足的法规和 / 或行业标准合规。

管理接口漏洞

因为通常都可以通过因特网访问云服务提供商的管理接口（即，管理平面），所以任何人都能访问管理平面，包括进行恶意攻击的用户。一定要注意，访问控制是保障管理平面安全的主要控制手段，并且总是要对有权限访问管理平面的账号进行多因素身份验证。

数据保护

检查云服务提供商如何处理数据，并且保证其能代表用户按合法的方式进行数据处理是很难的。这让公司面临着数据保护的风险，在多个云服务提供商存储某个解决方案的信息（例如，联合云计算）时尤其如此。通过审查云服务提供商的证书和所提供的安全文档可以降低相关风险。

删除数据不安全或不完整

在共享云环境中删除数据会让用户面临风险，这是因为共享存储本身所具有的特征，以及无法确认数据已经完全从云服务提供商的环境中删除。另外，如第 11 章所提到的，云服务提供商通常采用分散的方式存储数据，这种类型的存储使得数据有多个复本，并且分散在多个服务器和多个驱动器上。根据之前提到的问题，与使用专用内部硬件存储数据相比，这会导致大大增加用户的风险。

内部恶意攻击

使用云服务时，云服务提供商的员工和合作公司会给公司带来巨大的风险。尽管出现相关风险的情况很少发生，但是其影响是巨大的。

考试提示：注意，内部恶意攻击者不仅限于管理员。审计人员也有可能会带来风险，因为他们对云服务提供商的内部架构、处理和弱点都一清二楚。

所有场景中常见的五个关键法律问题

五个关键法律问题已被确定为所有场景中的常见问题。可以查阅 ENISA 文档的"附录 1"了解相关信息。下面介绍的相关内容不是专门针对云计算的，可以适用于所有形式的计算。

大多数公司确定合约控制是否满足法律法规的要求主要基于云服务提供商的规模及其用户的规模。大型云服务提供商对较小的潜在用户采取的方式可能是"要么接受，要么放弃"，但是它对潜在的大用户也可以开放谈判。对于实力强的用户，规模较小的云服务提供商也是如此，较小的云服务提供商可能与大的潜在用户进行条款协商，但不会与小和或中等业务的用户进行协商。

提示：下面的内容已经涵盖了 ENISA 文档"附录 1"中的内容，所以不需要花大量的时间研究附录中的细节，在 CCSK 考试中不会涉及到这些细节。

数据保护

ENISA 文档中提到的数据保护涉及处理完整性和可用性。本节主要关注指令 95/46/EC（数据保护指令），该指令已被 GDPR 取代。

在理解本部分内容时，主要记住包含个人身份信息（PII）的数据需要加强保护，因为这种类型的数据一旦被破坏，将会导致公司面临法律问题。

注意：本节涵盖了数据控制器和数据处理器之间的区别。在本章后面的"其他考试项目"一节中专门对此介绍，因为 CCSK 考试有可能会涉及相关题目。

保密性

保密性是一个主要的安全规则，数据只能由被授权的个人访问。附录的本部分包含一个之前没有提到的术语"专有技术"，ENISA 将"专有技术"定义为类似于记录在案的商业秘密，即客户如何完成其工作，如制造过程。

知识产权

一些云服务提供商可能会以合约形式获得上传到其系统的任何数据的所有权。所以，用户应该通过知识产权条款（Intellectual Property Clause）和保密 / 不披露条款（Confidentiality/Non-Disclosure Clause）中的专门合约条款来管理知识产权。如果云服务提供商没有正确地保护数据和消费者单方面终止协议的权利，可以按这些条款对云服务提供商进行惩罚。

专业过失

对于诉讼方面来说，最简单的方法就是看谁和谁签订了合约。终端用户与数据控制方签订合约，数据控制方与云服务提供商（数据处理方）签订合约。如果终端用户的数据受到损坏，那么他们可以对数据控制方进行起诉，因为他们是直接和数据控制方签订的合约。

责任限制和赔偿条款可能有助于直接使用处理方将责任转移给提供商，但是，数据控制方必须对终端用户的数据损失负法律责任。

外包服务与控制权变更

ENISA 文档中的相关部分涉及使用的某个云服务提供商采用外包服务的形式让另外一个云服务提供商实现某些（或全部）功能。这样，用户就必须了解第三方甚至是第四方的情况。

ENISA 建议，用户有责任了解云服务提供商所有的外包服务商。云服务提供商必须保证外包服务的性能。INISA 还建议在合同中包含相关条款，规定云服务提供商对外包协议进行修改时，必须经过用户的同意，否则用户有权终止合同或重新就合同条款进行谈判。

其他考试内容

下面是 CCSK 考试中可能会涉及的 ENISA 文档中的其他内容。

开放虚拟化格式

ENISA 文档中与开放虚拟化格式（Open Virtualization Format，OVF）相关的内容只有这样一句话：在开放标准（例如，OVF）使用之前，要在云服务提供商之间进行迁移是非同小可的事情。那么，其中所说的 OVF 究竟是什么呢？OVF 是分布式管理任务组（Distributed Management Task Force，DMTF）制定的开放标准，旨在帮助虚拟机能够将服务器镜像轻松地从一个虚拟环境迁移到另一个虚拟机环境。

需要注意的是，你看到的开放虚拟化文档（OVA）通常是一个 ZIP 文件（实际上是一个 TAR 文件），其中包含与 OVF 相关的所有文件。

 考试提示： 如果在 CCSK 考试中碰到了与 OVF 相关的问题，要记住便利性是 OVF 最重要的特征。

虚拟机跳跃

虚拟机跳跃是指隔离失败，攻击者从一个虚拟机进入另一个虚拟机，他们并没有打算访问这个虚拟机的。底层的监管程序应该实现虚拟机隔离，但由于监管程序失效或出现漏洞，所以引起了虚拟机跳跃的情况。

 注意： 幽灵（Spectre）和熔毁（Meltdown）是最近出现的两个漏洞，它们会对隔离产生影响，从而引起虚拟机跳跃的情况。

低成本拒绝服务攻击

随着云服务（尤其是 IaaS）迅猛地发展，用户可以根据业务增长的需要自动按需增加计算能力（通常通过自动扩展群组在 IaaS 中增加试算能力）。但是，在计划使用这种弹性产品时，先要考虑以下问题：如果花费大量的计算能力来处理拒绝响应攻击，会出现什么情况呢？

注册风险

在云环境（尤其 IaaS 环境）中，仍然需要解决注册的问题。任何运行商业软件的服务器都必须要有集中注册管理系统，用于防止非法使用软件。

云服务提供商收购相关的风险

如果使用的云服务提供商被收购了，那么会对公司产生很大的影响。ENISA 文件规定，这可能会导致与供应商签订的非约束性协议（例如，供应商未按合同要求提供的物品）面临风险。

现实中已经有很多云服务提供商被收购的例子，在一些情况下，新的云服务提供商决定将服务重点倾向于重点行业。还有一些情况是，新的云服务提供商决定收购完成几年之后终止提供相关产品。

云服务提供商被收购后，就需要持续对公司使用的新的云服务提供商进行监控。如果不随时了解和新服务提供商之间的关系，新的云服务提供商进行重大变更和 / 或变更业务计划，可能会给公司带来风险。

数据控制方与数据处理方的限定

第 3 章介绍过，数据控制方是指根据公司所在司法管辖区的法律和法规确定处理个人数据目的和方法的实体。数据处理方是指代表数据控制方处理个人数据的实体。

IaaS 中用户系统监控的责任

用户系统监控是用户的责任。简而言之，ENISA 文档规定，用户必须对自己在云上部署的应用程序负全责。当然，其中就包含负责监控用户的所有行为。

用户配置漏洞

ENISA 文档中提到，多个漏洞与用户配置相关。将文档中列出的漏洞放在一起介绍，在流程方面存在几个潜在的弱点。并不是说这里列出的所有漏洞都存在，但需要关注相关的方面，从而避免受到攻击。

- 用户不能控制云服务提供商的配置过程。
- 用户注册上传的信息不足以用于验证用户的身份。
- 云系统组件中有的身份标识和用户个人信息之间存在同步延迟的情况。
- 身份标识可能有多个副本，其中有些副本可能不同步。
- 身份标识可能被拦截或重用。

ENISA 文档中指出，这些漏洞可能面临以下风险：

- 低成本的拒绝服务攻击。
- 修改网络传输的数据。
- 特权升级。
- 社会工程攻击。
- 操作日志缺失或损坏。
- 安全日志缺失或损坏。
- 备份丢失或被盗。

治理缺失可能存在的漏洞

本章前面的"顶级安全风险"部分介绍过治理可能面临的风险。ENISA 文档列出了下面相关的漏洞，并且简单地描述了治理缺失相关的内容。

- **角色和责任不明确**。指云服务提供商的角色和责任的属性不足。
- **角色限定执行不力**。未能分离角色可能会导致出现权限过大的角色，从而致使超大系统易受攻击。
- **与云外部的责任或合约义务进行同步**。云用户可能不理解自己的责任。
- **服务水平协议条款与不同利益相关者的承诺冲突**。服务水平协议条款可能与其他条款或与其他云服务提供商的条款产生冲突。

- **用户不能使用审计或证书**。云服务提供商不能通过审计证书向用户提供保证。

- 跨云应用程序产生隐性依赖。服务供应链中存在隐性依赖。当涉及到第三方、分包商，或者用户公司与云服务提供商分离（例如，断开连接）时，云服务提供商的架构不支持继续提供服务。

- 缺乏标准技术和解决方案。缺乏标准意味着与云服务提供商锁定，如果云服务提供商终止运营则会面临巨大的风险。

- 在多个司法管辖区存储数据并且缺乏透明度。监控边缘网络传递的数据以及冗余存储，冗余存储存储的不是实时信息，存储在其中的数据可能会导致漏洞。

- 无来源托管协议。无来源托管意味着如果 PaaS 或 SaaS 云服务提供商破产，其用户不会受到保护。软件托管协议可以让用户与另外的服务提供商签订类似的服务协议。

- 对漏洞评估过程不控制。对端口扫描和漏洞测试的限制本身就是一个重要的漏洞，再加上将保护基础设施元素的责任交给客户的使用条款，更是一个严重的安全问题。

- 不适用于云基础设施的认证方案。并不是所有的认证都包含特定于云环境的控制，这就意味着有可能忽略了特定于云环境的安全漏洞。

- 缺乏司法管辖区相关的信息。可能在高风险的司法管辖区域存储和 / 或处理数据，这些司法管辖区域可能存在能够强行进入的漏洞。如果用户没有获得相关的信息，那么不会采取相应的措施来避免风险。

- **使用过程中缺乏完整性和透明性**。如果云服务提供商的使用策略不清晰或者缺乏细节，就会发生这种情况。

- **资产所属关系不明确**。客户不了解资产所有权可能导致安全底线和对应用程序的安全措施不足、出现人为错误和存在未经培训的管理员。

风险 R.1~R.35 及可能存在的漏洞

在本节中，列出了 ENISA 确定的各种风险，以及 ENISA 为每种风险确定的风险评级。本章之前已经讨论过比较重要的风险和漏洞。我建议在参加 CCSK 考试之前，通过这个表来理解 ENISA 确定的高风险、中风险和低风险。但是，没有必要把表 15-1 中的这些内容记下来。

注意：你可能已经注意到了，ENISA 没有将任何风险列为低风险。这是因为列出的每个风险的影响都不小。

表 15-1　ENISA 确定的各种风险

风　险	风险等级	可能的漏洞
策略和组织风险		
R.1：锁定	高级	• 不使用标准的技术和解决方案 • 选择不好的云服务提供商 • 没有其他云服务提供商备用 • 在使用方面缺乏完整性和透明度
R.2：治理缺失	高级	• 参见本章"治理缺失"部分中的可能存在的漏洞
R.3：合规风险	高级	• 用户不能使用审计或证书 • 不使用标准技术和解决 • 在多个司法管辖区域中存储数据并缺少透明度 • 认证方案不适用于云基础设施 • 缺少司法管辖区域的相关信息 • 在使用方面缺乏完整性和透明度
R.4：因共同承租人的活动而丧失商业信誉	中级	• 缺少资源隔离 • 声誉损失的风险 • 监管程序漏洞
R.5：云服务终止或失效	中级	• 选择不好的云服务提供商 • 没有其他云服务提供商备用 • 在使用方面缺乏完整性和透明度
R.6：云服务提供商被收购	中级	• 在使用方面缺乏完整性和透明度
R.7：供应链失效	中级	• 在使用方面缺乏完整性和透明度 • 跨云的应用程序可能会导致隐性依赖 • 选择不好的云服务提供商 • 没有其他云服务提供商备用
技术风险		
R.8：资源耗尽	中级	• 资源使用建模不准确 • 基础设施中的资源配置和投资不足 • 没有资源上限的策略 • 没有其他云服务提供商备用

续表

风　　险	风险等级	可能的漏洞
R.9：隔离失败	高级	• 监管程序漏洞 • 缺少资源隔离 • 声誉损失的风险 • 有可能发生内部（云环境）网络刺探 • 执行共同驻留检查的可能性
R.10：云服务提供商内部恶意攻击	高级	• 角色和责任区分不清晰 • 角色限定实施不力 • 未遵循"需要知道"原则 • AAA 漏洞 • 系统或操作系统漏洞 • 物理安全措施不足 • 无法处理加密的数据 • 应用程序漏洞或补丁管理较差
R.11：管理接口出现漏洞	中级	• AAA 漏洞 • 远程访问管理平面 • 错误配置 • 系统或操作系统漏洞 • 应用程序漏洞或补丁管理较差
R.12：拦截传输中的数据	中级	• AAA 漏洞 • 通信加密漏洞 • 传输过程中文档和数据未加密或简单加密 • 有可能发生内部（云环境）网络刺探 • 执行共同驻留检查的可能性 • 在使用方面缺乏完整性和透明度
R.13：云内上传/下载时数据泄漏	中级	• AAA 漏洞 • 通信加密漏洞 • 有可能发生内部（云环境）网络刺探 • 执行共同驻留检查的可能性 • 无法处理加密的数据 • 应用程序漏洞或补丁管理较差
R.14：删除数据不安全或无效	中级	• 敏感介质清理
R.15：分布式拒绝服务攻击	中级	• 错误配置 • 系统或操作系统漏洞 • 过滤资源不足或配置错误

风　　险	风险等级	可能的漏洞
R.16：低成本的拒绝服务攻击	中级	• AAA 漏洞 • 用户配置漏洞 • 用户取消配置漏洞 • 远程访问管理平面 • 没有资源上限的策略
R.17：加密密钥丢失	中级	• 密钥管理较差 • 密钥生成：随机数生成的低熵
R.18：进行恶意探测或扫描	中级	• 有可能发生内部（云环境）网络刺探 • 执行共同驻留检查的可能性
R.19：服务引擎受到攻击	中级	• 监管程序漏洞 • 缺少资源隔离
R.20：用户加强安全防护的近程与云环境冲突	中级	• 在使用方面缺乏完整性和透明度 • 服务水平协议条款与对不同利益相关者的承诺冲突 • 角色和责任区分不清晰
法律风险		
R.21：传票和电子举证	高级	• 缺少资源隔离 • 缺少资源隔离在多个司法管辖区域中存储数据并缺少透明度 • 缺少司法管辖区域的相关信息
R.22：改变司法管辖区域的风险	高级	• 缺少资源隔离在多个司法管辖区域中存储数据并缺少透明度 • 缺少司法管辖区域的相关信息
R.23：数据保护风险	高级	• 缺少资源隔离在多个司法管辖区域中存储数据并缺少透明度 • 缺少司法管辖区域的相关信息
R.24：注册风险	中级	• 在使用方面缺乏完整性和透明度
不特定于云的风险		
R.25：网络中断	中级	• 错误配置 • 系统或操作系统漏洞 • 缺少资源隔离 • 没有，或低劣或者未经测试的业务持续性和灾难恢复计划
R.26：网络管理（网络拥塞或未采用最佳使用方式）	高级	• 错误配置 • 系统或操作系统漏洞 • 缺少资源隔离 • 没有，或低劣或者未经测试的业务持续性和灾难恢复计划
R.27：修改网络传输数据	中级	• 用户配置漏洞 • 用户取消配置漏洞 • 通信加密漏洞 • 不控制漏洞评估过程

风　　险	风险等级	可能的漏洞
R.28：特权提升	中级	• AAA 漏洞 • 用户配置漏洞 • 用户取消配置漏洞 • 监管程序漏洞 • 角色和责任区分不清晰 • 角色限定实施不力 • 未遵循"需要知道"原则 • 错误配置
R.29：社交引擎攻击	中级	• 缺乏安全意识 • 用户配置漏洞 • 缺少资源隔离 • 通信加密漏洞 • 物理安全措施不足
R.30：操作日志丢失或损坏	中级	• 缺少日志收集和保存策略，或者日志收集和保存环节薄弱 • AAA 漏洞 • 用户配置漏洞 • 缺少司法准备 • 系统或操作系统漏洞
R.31：安全日志丢失或损坏	中级	• 缺少日志收集和保存策略，或者日志收集和保存环节薄弱 • AAA 漏洞 • 用户配置漏洞 • 缺少司法准备 • 系统或操作系统漏洞
R.32：备份丢失或被偷窃	中级	• 物理安全措施不足 • AAA 漏洞 • 用户配置漏洞 • 用户取消配置漏洞
R.33：未授权访问	中级	• 物理安全措施不足
R.34：计算机设备失窃	中级	• 物理安全措施不足
R.35：自然灾害	中级	• 没有，或低劣或者未经测试的业务持续性和灾难恢复计划

本章小结

本章涵盖了 ENISA 文档中关键的内容，CCSK 考试也会涉及这些内容。ENISA 文档包含 CCSK 考试内容的 6%（87% 为 CSA 指南中的内容，7% 为云控制矩阵和共识评估倡议调查问卷中的内容）。在准备 CCSK 考试时，应该掌握以下内容。

- 从业务的角度理解所列出的云所带来的安全方面的好处。
- 理解云计算相关的顶级安全风险。
- 理解在各种情况下公司所面临的主要法律问题。
- 理解所列出的风险及相关的漏洞。

本章练习

问题

1. 下面哪一项是 ENISA 列出的 SaaS 和 PaaS 服务提供商保护用户的方法？

   A. 云服务提供商应该在适当的位置进行冗余存储

   B. 云服务提供商应该有适当的源代码托管协议

   C. 用户应该签订协议，约束对云服务提供商丢失代码之后按协议进行惩罚

   D. 以上都正确

2. 根据 ENISA 文档，下面哪一项可用于解决便利性问题？

   A. OVF

   B. WAF

   C. IAM

   D. DAM

3. 根据 ENISA 文档，为什么数据删除被列为顶级安全风险？

   A. 因为存储具有共享的特征

   B. 因为不能验证数据是否真正全部删除

   C. 因为 SSD 驱动不能可靠地删除数据

   D. A 和 B

4. 下面哪一项不是云服务提供商锁定的例子？

   A. 有终止处罚的合同

   B. 云服务提供商以专有的格式导出数据

C. 定制 SaaS 应用程序

D. 限制可用功能的 PaaS 平台

5. 在什么失效的情况下可能会出现虚拟机跳跃攻击？

A. 虚拟存储控失效

B. 监管程序分离失效

C. 监管程序隔离失效

D. 用户的安全控制不足

6. 根据 ENISA"顶级安全风险"，下面哪一项可能是内部恶意攻击人员？

A. 用户管理员

B. 云服务提供商审计人员

C. 用户的审计人员

D. 以上都是

7. 公司管理人员决定采用最好的方法处理突然新增的网络数据流，最后选择
　增加自动扩展群组，这样可以创建多个 Web 服务器来满足流量增加的需求。
　公司管理人员创建了什么？

A. 管理人员实现了自动扩展，它通常是利用云的弹性特征实现的

B. 管理人员实现了应用程序负载均衡

C. 管理人员实现了网络负载均衡

D. 如果公司遭到拒绝服务攻击，管理人员已创建了一个低成本的拒绝服务
　　场景

8. 下面哪一项不是由于共同租户行为引起商业信誉受损风险相关的漏洞？

A. 缺少资源隔离

B. 缺少信誉隔离

C. 监管程序漏洞

D. 对象存储

9. 下列 ENISA 文档中列出的利用用户配置需要考虑和保护的方面中，不包含
　以下哪一项？

A. 容易被拦截和重用的身份标识

B. 如果用户不能控制云服务商的配置过程

C. 如果用户注册的身份标识不足以验证用户身份

D. 用户限制一定范围内的 IP 地址访问云服务提供商提供的身份识别和访问管理系统

10. 当管理接口被损坏时，黑客可以访问云环境，下面哪一项是保护管理接口最好的方法？

A. 通过 IPSec VPN 连接至管理接口

B. 使用 TLS 保护连接

C. 对所有授权的账号实现 MFA

D. 为访问管理平面的管理员创建独立的账号

答案及解析

1. B。为了保证在云服务提供商服务失效的情况下，SaaS 和 PaaS 软件不被孤立或被放弃，用户应该保证云服务提供商与第三方托管代理签订源代码托管协议。尽管其他答案也可以保护用户，但 ENISA 文档中仅列出了源代码托管协议。

2. A。ENISA 文档指出开放虚拟化格式（OVF）有利于解决 IaaS 环境中的便利性问题。

3. D。因为存储具有共享特征以及无法验证数据是否完全删除，云环境中存在未采用安全方式删除数据以及未完全删除数据的风险。尽管 SSD 清除也有可能（仅使用云服务提供商提供的工具），但这不是文档中列出来的原因。而且并不是所有的云服务提供商都使用 SSD 存储用户数据。

4. C。所有的 SaaS 产品都是定制的应用程序。但这并不是云服务提供商锁定的原因。之所以产生与 SaaS 锁定的情况，是因为从一个 SaaS 云服务提供商将数据迁移到另一个云服务提供商是一件很难的事情。如果存在从一个 SaaS 服务提供商将数据迁移至另一个 SaaS 服务提供商的工具（使用会受到限制），就可以轻而易举地解决云服务提供商锁定的问题。其他的答案都是锁定的情况。

5. C。虚拟机跳跃是监管程序隔离失败的结果。其他答案都不对。记住，分离和隔离不是一回事。

6. B。ENSIA 文档指出云服务提供商的员工和分包商有可能是内部恶意攻击人员。正因为如此，唯一正确的答案是云服务提供商的审计人员。

7. D。如果公司遭受了拒绝服务攻击，那么管理人员已经创建了低成本拒绝服务场景。这是因为云计算的可测量服务特性，公司根据使用的资源来付费。负载平衡仅通过已创建的服务器分配流量，所以 B 和 C 没有解决管理员面对的问题。最后，尽管自动扩展群组非常普遍，但是需要对将要创建的服务器数量设置一个限制。

8. D。对象存储是唯一的答案，由于共同租户行为引起商业信誉受损风险相关的漏洞中未列出这一项。

9. D。未列出的唯一可能的答案是，用户会限制一定范围内的 IP 地址访问云服务提供商提供的身份识别和访问管理系统，这是因为身份识别和访问管理系统是管理平面的一部分，由于可以通过广泛网络访问云环境，任何人都可以通过网络访问管理平面，进而访问身份识别与身份验证系统。所有其他选项都是要考虑和受保护的项。

10. C。特权账号应该使用多因素身份验证访问管理平面。因为可以全球访问，管理平面会面临受损的风险。因此，没有将实现任何类型的 VPN 列出作为可能的保障方法。所有访问管理平面的用户应该具有独立的账户，但是 D 解决的不是账户访问管理平面的安全问题。尽管应该保护传输中所有的连接（例如，使用 TLS），但 B 不是最佳答案。

云计算安全策略实例

当采用云服务时，公司需要制定合适的策略指导员工实现所需的云服务治理。不能对现有 IT 安全策略进行修改就变成解决云环境中特定安全问题的策略。相反的，这些指令应该包含在单独的云安全策略中。

以下是虚拟公司 ACME Incorporated 的云安全策略，其中提供了两个不同的云安全策略实例。第一个实例有 CIO 办公室，它批准采用的云服务，可将这个实例称之为"集中式管理"的实例。第二个实例示出分类模型，它在以下两个方面对员工进行指导，其一，CIO 办公室需要使用哪些分类级别的云服务；其二，用户可以自己购买哪些级别的云服务。可将这个实例称之为"分类管理"的实例。

后面会注意到，这两种安全策略都非常简短。与标准的 IT 策略不同，它们涵盖了多个领域，专用于云的安全策略通常专注于解决购买云服务会遇到的安全问题。可以将这些策略看作某种形式的模板，并且可以将其修改为适合自己特定的云环境。

云安全策略：集中管理实例

这个策略实例采用集中管理的方法管理 ACME Incorporated 使用的云服务。

目标

本策略概述了使用云计算服务支持 ACME Incorporated 机构数据的处理、共享、存储和管理的最佳实践和批准流程。

范围

本策略适用于 ACME Incorporated 公司购买的云计算服务。项目经理必须在规划过程的早期与运营单位 CIO 协调规划，以避免在规划和购买生命周期的后期出现不必要的问题。

本政策适用于从 ACME Incorporated 以外的来源获取服务。现有需求已经涵盖了内部云计算服务。

背景

NIST 将云计算定义为"一种模型，用于何时何地方便地按需对共享的可配置计算资源池（例如，网络、服务器、存储、应用程序和服务）进行访问，这些资源可以通过最小的管理工作或与服务提供商交互快速配置和发布。"云计算有 5 个重要的特征：按需自服务、广泛的网络访问、资源池、快速弹性或扩展以及可测量服务。可以通过低级的托管基础设施（IaaS）、中级的托管平台（PaaS）或高级的软件服务来实现云计算。云服务提供商可以使用私有云、公有云或混合云模型。

策略

根据 ACME Incorporated 公司风险管理过程，使用云计算服务必须经过正式授权。具体如下。

- 使用云计算服务必须遵守当前法律、IT 安全及风险管理策略。
- 使用云计算服务必须遵守所有保护隐私的法律法规，限定云计算资源维护隐私安全责任时，必须采用恰当的语言。
- 对于外部云计算服务，需要用户同意服务协议，此协议必须由 ACME Incorporated 法律总顾问批准。
- 所有云计算服务的使用都必须得到运营单位 CIO 批准。运营单位 CIO 在批准使用云计算服务之前，必须确认已经解决好了安全性、隐私性和其他 IT 管理方面的问题。
- 在运营单位 CIO 未签署同意之前，不能将云计算服务加入到产品中。
- 项目经理必须保留 CIO 的证书及其投资访谈录。

批准日期：2017 年 12 月 15 日
最后审查日期：2019 年 11 月 14 日

云安全策略：分类管理实例

在这个实例中，ACME Incorporated 公司采用混合方法使用云服务。根据数据分类确定是通过个人操作单元购买云服务还是必须集中购买云服务。

目标

为了保证 ACME Incorporated 公司的信息在由第三方云服务提供商存储、处理或传输时保证保密性、整体性和可用性。

范围

本策略涉及提供服务、平台和基础设施的云计算服务资源,这些资源支持广泛的活动,包括处理、交换、存储或管理机构的数据。

背景

云计算服务是能通过因特网访问的应用程序和基础设施资源。这些服务由例如亚马逊、微软和谷歌等公司按合约进行提供,使得用户能够利用计算资源。云服务能够提供服务、平台和基础设施,以支持广泛的业务活动。这些服务支持处理、共享和存储等。云计算服务非常方便个人和公司使用,可通过各种平台(工作站、笔记本电脑、平板或智能手机)通过因特网访问云计算服务,它们可能比内部计算服务更容易、更有效地适应需求高峰。

策略

ACME Incorporated 公司的员工必须仔细配置云服务来处理、共享、存储公司数据或对公司数据进行其他处理。自己配置云服务可能会使数据管理面临重大风险,或者可能会在事先通知或不通知的情况下发生风险变化。虚拟化所有的云服务需要单个用户单击接受协议。这些协议不允许用户协商条款,不提供澄清条款的机会,通常提供服务和保障措施的描述模糊,并且经常在未经通知的情况下进行更改。

与自己配置云服务相关的风险包括以下一些。

- 访问控制管理不清晰或者较差,或者安全配置一般。
- 在未通知的情况下突然不提供服务。
- 在未通知的情况下丢失数据。
- 在云服务上存储、处理或共享的数据通常被挖掘出来转售给第三方,这可能会损害人们的隐私。
- 云服务上存储、处理或共享数据的专有知识产权可能会受到损害。

考虑到购买云服务的好处和风险，ACME Incorporated 实施了一种多层方法，该方法考虑了数据分类，以集中采购高度保密的数据相关的云服务，同时让业务部门自行购买公开可用的数据相关的云服务。

保密性级别	描　述	使用云服务
A 级：受限制的数据	受法律、法规、合同、约束性协议或行业要求所要求的隐私或信息保护授权管辖的所有数据	不能使用自己配置的云服务存储、处理、共享受限制的数据，或者对受限制的数据进行其他处理。希望购买用于受限制数据的云服务的员工必须通过 CIO 办公室批准
B 级：中等敏感度的数据	仅向那些需要机构数据支持其工作的人提供有限分发的公司数据。该数据对 ACME 公司具有商业价值，不能公开披露	在不能保证服务的保障措施适用于保密性的机构数据时，不能使用自己配置的云服务存储、处理、共享中等敏感度的数据，或者对中等敏感度的数据进行其他处理。 在 CIO 办公室确认服务适合用于公司敏感数据时，应该仅使用集中管理或本地配置的云服务。并非所有合同提供的服务都设计用于处理敏感的公司数据。
C 级：公共数据	这部分数据不包含机密性数据。数据可以向大众公开发布	可以使用自己配置的云服务小心存储和管理公共数据。员工需要保证使用这些云服务不会违反任何注册协议。 可以使用合约配置的云服务存储或管理公共的机构数据。

批准日期：2017 年 12 月 15 日

最后审查日期：2019 年 11 月 14 日

关于在线内容

本书配有 TotalTester 在线可定制考试练习软件，其中有 200 道考试练习题。

系统需求

支持当前和之前主要的桌面浏览器版本：Chrome、Microsoft Edge、Firefox 和 Safari。这些浏览器经常更新，有时候更新后会出现与 TotalTester 在线考试系统或在 Training Hub 上托管的其他内容不兼容的情况。如果使用某个浏览器出现了问题，可以试试其他浏览器。

Total Seminars Training Hub 账号

需要在 Total Seminars Training Hub 上注册账号才能获得线上的内容。注册是免费的，使用自己的账号可以追踪所有在线学习的内容。也可以选择从 McGraw-Hill 教育或 Total Seminars 获得相关信息，但并不强制访问线上内容。

隐私公告

McGraw-Hill 教育重视读者的隐私。请务必阅读注册期间提供的隐私声明，了解我们将如何使用您提供的信息。

您可以访问 McGraw-Hill 教育隐私中心查看我们的公司客户隐私政策。访问 mheducation.com 网站并单击页面底部的 Privacy 即可。

单用户许可条款和条件

本书所含数字内容的在线访问受下文概述的 McGraw-Hill 教育许可协议约束。使用此数字内容即表示您同意该许可证的条款。

访问。按以下步骤即可轻松注册并激活 Total Seminars Training Hub 账号。

（1）打开 hub.totalsem.com/mheclaim 页面。

（2）注册一个新的 Total Seminars Training Hub 账号，输入电子邮件地址、用户名和密码。不需要其他信息即可创建账号。

（3）输入产品密钥：`f07m-6r9k-0wgf`。

（4）单击接受用户注册条款。

（5）单击 Register and Claim 创建账号。此时会打开 Training Hub 页面，并可访问关于本书的内容。

注册期限。通过 Total Conferences Training Hub 访问在线内容将在出版商宣布该书绝版之日起一年后过期。

如果通过零售商店购买本 McGraw-Hill 教育产品（包括其访问代码），应遵守该商店的退款政策。

该内容是 McGraw-Hill 教育公司的版权作品，McGraw-Hill 教育公司保留对该内容的所有权利。该作品由 McGraw Hill LLC 于 ©2020 年完成。

根据本书的购买和持续所有权，用户仅获得有限的内部和个人使用内容的权利。未经 McGraw-Hill 教育同意，用户不得复制、转发、修改、基于本作品再创作、传输、分发、传播、出售、发布或再授权内容的衍生作品，或以任何方式将内容与其它第三方内容汇编。

质量保证。McGraw-Hill 教育提供的产品基于"所见即所得"的原则。McGraw-Hill 教育及其授权人均未做出任何明示或暗示的担保或保证，包括但不限于：

对任何 McGraw-Hill 教育内容或其中信息的营销性或适用性的默示保证；访问或使用 McGraw-Hill 教育内容，或该内容中引用的任何材料或者用户或其他人输入被许可方产品的任何信息，和／或可通过被许可方产品（包括通过任何超链接或其他方式）访问或不侵犯第三方权利的任何材料获得准确性、完整性、正确性或结果的默示保证。对于任何类型的担保，无论是明示的还是暗示的，均不承担责任。通过使用 MaGraw-Hill 教育内容获得的任何材料或数据都由读者自行决定并承担风险。读者需要理解，如果使用过程中对其计算机系统造成的任何损坏或数据丢失，将由读者全权负责。

McGraw Hill Education 及其授权人均不对任何订阅者、任何用户或任何其他人的任何不准确、延迟、服务中断、错误或遗漏（无论原因为何）或由此造成的任何损害负责。

在任何情况下，McGraw Hill 教育或其授权人均不对任何间接、特殊或后果性损害负责，包括但不限于时间损失、金钱损失、利润损失或善意损失，无论是合同、侵权、严格责任还是其他方面，以及对于 McGraw-Hill 教育内容的任何使用，此类损害是否可预见或不可预见。

TotalTester Online

可以使用 TotalTester Online 在线模拟 CCSK 考试，其中包括练习模式和考试。练习模式中有一个协助窗口，其中包括提示、书中的参考材料、对正确和错误答案的解释，以及参加考试时检查答案的选项。考试模式模拟实际的考试，问题的个数、问题的类型以及考试时间与考试环境基本一致。自定义测验的选项允许从选定的范围或章节创建自定义考试，还可以进一步自定义问题数量和允许的时间。

要使用在线考试资源，需要按照前面的步骤注册并激活 Total Seminars Training Hub 账号。注册完成之后，就会打开 Total Seminars Training Hub。在主页，从页面顶部 Study 下拉菜单，或者从主页的 Your Topics 中选择 CCSK Certificate of Cloud Security Knowledge All-in-One Exam Guide TotalTester。接着选择各个选项定制测试过程，并且可以使用练习模式或考试模式完成测试。所有的考试都会给出最终整体成绩和各个范围的成绩。

技术支持

如果在 TotalTester 在线测试或在 Training Hub 操作过程中遇到问题，可以访问 www.totalsem.com 或者发送电子邮件至 support@totalsem.com。

如果有与书中的内容相关的问题，可以访问 www.mheducation.com/customerservice。